等価回路で
しっかり理解！

詳解 電子回路

吉河武文・三木拓司 [共著]
Yoshikawa Takefumi + Miki Takuji

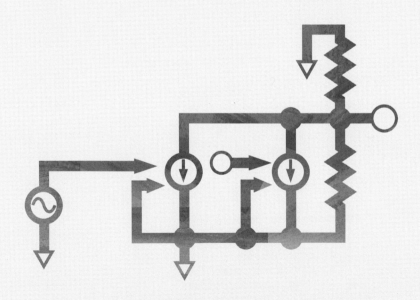

Ohmsha

まえがき

　町の本屋さんか通販か，はたまた大学の生協かわかりませんが，本書を手に取っていただき，いままさに「まえがき」と書かれたこのパートを読んでいただいている，あなたはどんなことを期待してこの本を手に取っていただいたのでしょうか．

　本書『等価回路でしっかり理解！　詳解　電子回路』は，5年前に私が企業のエンジニアから高専・大学の教員に転身し「電子回路」の授業を担当した際に思ったこと，および感じたことが基軸になっています．私としては，大学の学部2年生相当の学生にバイポーラトランジスタ（BJT）およびMOSFETを用いたアナログ回路とMOSFETのデジタル回路を1年間の授業で一通り教えたかったのですが，このような範囲をカバーした適切な分量とレベルの教科書が見つけられませんでした．このため，複数冊の教科書を使い分けながら授業を行っていましたが，学生のみなさんには教科書代の負担をかけたかもしれません．

　また，実際に授業や話をしてみると，電子回路についてどのようなものであるかのイメージをもっている学生が非常に少ないことに驚きました．教員に回路記号を書かれて動作を説明されてもピンとこないのだなぁと感じた次第です．

　このような思いから本書を執筆しました．本書のコンセプトは以下の通りです．

- ・実際のシミュレーション（LTspice）の回路図と波形を載せてイメージを掴みやすくする．
- ・回路解説，シミュレーション実施および実機回路の製作を一連で説明した章を設ける．
- ・回路図は等価回路に置き換えて数値解析を行う．その際の数式はできるだけ省略しない．近似する際も根拠を明示する．

　このようなコンセプトで書かれた本書は，教科書でありながら参考書としても使える内容だと思います．とにかくきちんと読んで数式を追えば，他分野から転入してきた方でも電子回路の動作を理解できます．数式は分野を超えて内容を伝える共通のコミュニケーションツールだと考えています．使用している数式は電子回路特有の書き方から初めは拒否反応が出るかもしれませんが，基本は四則演算ですので決して難しいものではありません．近似する際は，その考え方を明示してありますので，詰まることなく数式を追えると思います．

　回路図の変形過程や数式の導出過程もできるだけ省かずに記載しているので，

読み物のように本書を読んでいけば自習ができるようにしたつもりです．コロナ禍の状況で自主学習する際にも有用ではないかと思っています．私の演習の授業では，学生にLTspiceでの回路シミュレーションをしてもらっています．本書との併用で電子回路に対する理解を深めていってもらうつもりです．

　等価回路については，特にBJTの等価回路がとっつき難いのではと思っていました．「これがBJTの等価回路です」と結論だけを述べても解析自体は進めていけるのですが，自己バイアス回路にした場合などの応用が利かなくなってしまいますので，本書ではBJTの等価回路の導出を厚めに記載しました．これも特徴の1つになっています．

本書の想定する読者対象

　本書は以下のような読者をおもな対象として書かれました．

（1）電気・電子・情報工学系の大学生・高専生

（2）別分野から回路設計の部署（たとえば機械や情報から車載の回路設計部など）に配属になったメーカの新入社員・若手社員

　（1）については，冒頭で述べたように，情報・コンピュータ系の学生でも電子回路の動作をイメージしてもらえるようにシミュレーションの回路図と波形を載せました．まずイメージを掴んでもらうことで理解が深められると思います．また，多くはないですが，実際の回路とオシロスコープの波形も載せています．

　（2）については，等価回路と数式により，理詰めで解けるように流れを作っていますので，他分野からのスキルチェンジであっても電気電子回路は不可解という感触が湧かないようにしています．また，シミュレーション回路図をみると，さまざまな回路定数が記載されていますので，ご自分で実際にシミュレーションを実行することができると思います．

本書の構成

　本書の構成は次のようになっています．まず，第1章では電気回路に共通する物理量と受動素子の基礎知識を，第2章では電気回路で利用した各解析手法をそれぞれ記載しました．電気回路の内容ですが，回路解析の基礎として必要不可欠な知識を復習できるようになっています．すでにわかっている読者は読み飛ばしても構いません．

　第3章では，電子回路の主役である電子デバイスの基礎となる半導体物理について知っておくべき事項を紹介しました．第4章では，半導体デバイスの基本構造であるpn接合についてエネルギーバンド構造を交えて説明しています．

　第5章では，いよいよ電子回路の主役であるトランジスタについて構造と動作原理を述べ，第6章で等価回路について導出から詳述しました．

　第7章ではBJTを用いた基本的な増幅回路を，第8章ではMOSFETを用い

た基本的な増幅回路をそれぞれ説明しました．第9章ではBJTおよび増幅回路の周波数特性についてボード線図を交えて説明します．

第10章では，MOSFET増幅回路で最もメジャーな差動増幅回路について述べました．そして，第11章で，差動増幅回路を使ったオペアンプについて，各種活用方法と特性を説明しました．オペアンプは電子回路の設計において，最も基本的な増幅素子の1つです．しっかりと理解しましょう．

第12章では，差動増幅回路の使い方で最も多用される負帰還回路と安定性について説明しました．第13章では，負帰還回路とは逆に定常的に不安定にする発振回路について条件式を交えて述べました．

第14章では，少し毛色が変わってCMOSデジタル回路について基礎的事項を紹介します．第15章では，現在で最も多く世界中で使われている電子回路形態である集積回路（IC）について，動向を交えながら述べました．

本書を使って電子回路設計の実務的な基礎をと考えている読者には，第7章から読んでもらえればと思います．

本書の執筆にあたりご指導いただいた，大阪大学名誉教授の谷口研二先生，東京工業大学名誉教授の松澤昭先生，および神戸大学教授の永田真先生には，厚く御礼申し上げます．また，富山県立大学の岩田達哉先生，石坂圭吾先生，大学院生の島崎凌くんと高木駿くんは，回路設計について，いろいろな助力や助言をくださいました．株式会社MGICの尾原恵英さまと神戸大学大学院生の渡辺航くんには，実機回路の制作でご協力いただきました．各位に深く感謝いたします．さらに，このような機会を与えていただいたオーム社の皆さまに感謝いたします．

最後に，本書に記載させていただいた参考文献は，私がアナログ電子回路を学習するうえで使わせていただいていたものです．これらは私の知識と理解のベースになっています．各書籍の執筆者の先生方にはこの場を借りて御礼申し上げます．

2021年7月

吉河　武文

凡　例

(1) 学術用語は,『学術用語集　電気工学編』および日本産業規格（JIS），IEC 60050 によっています．ただし，「型」と「形」の使い分けなど，現在広く用いられているものを採用した語もあります．

(2) 単位は，国際単位系（SI）によります．

(3) 重要と思われる一文や用語は，太字にして示しました．

(4) 図，表は，最初に引用する際に太字にして示しました．

(5) 図記号は，従来多く用いられている記号を採用しました．

(6) 量記号は斜体文字，単位記号は立体文字で示しました．

(7) 量記号の後に単位記号があるときは，その区切りが明確になるように，単位記号を括弧のなかに示しました．例：R〔Ω〕，V〔V〕

(8) 小数点はピリオドとし，桁区切りは国際単位系（SI）によりスペースとしました．

(9) 対数の底を省略した場合，log ならば常用対数（底 10），ln ならば自然対数（底 e：ネイピア数）としました．

(10) その他の図記号，略字については，本文中で適宜説明をしました．

目 次

第3章　半導体　　　　　　　　　　　　　　　　　39

第4章　pn 接合とダイオード　　　　　　　　48

第**1**章

電子回路とは

　電子回路と半導体デバイスは，世の中のいろいろなところで活躍し役に立っています．特に最近では，スマートフォンが普及していますが，スマートフォンには，さまざまな電子回路がたくさん搭載されています．演算を行う中央演算装置（CPU）やイメージセンサ（カメラ）や電源モジュールが入っています．スマートフォンの電子回路は，小型化のために基本的に集積回路（IC）に入っています．では，そもそも電子回路とは何なのでしょうか？　まずは，そこから考えてみたいと思います．

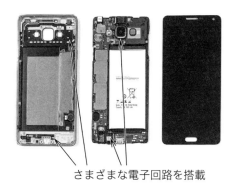

さまざまな電子回路を搭載

図1.1■スマートフォンと電子回路

1.1　電気回路と電子回路

　電子回路とは，増幅や演算などのために，受動素子（抵抗，キャパシタ，インダクタ）と能動素子（電子デバイス，トランジスタ，ダイオード）を配線で接続したもの，です*．

　電気回路と電子回路は次のように区別されています．

・電気回路：受動素子のみで構成される回路

・電子回路：能動素子を含む回路

　受動素子は線形素子です．線形素子は，基本的に印加電圧 V と電流 I の関係

---

* 素子：「それ自身の機能が全体としての機能に対して本質的に重要な意味を持つ個々の構成要素」（広辞苑（第七版）より）

が比例になる素子であり，抵抗 R は代表的な線形素子です．これはオームの法則（$V=RI$）から明確でしょう．

キャパシタ C とインダクタ L にかかる電流・電圧の関係は，それぞれのインピーダンス$*$ を $Z_C=1/j\omega C$，$Z_L=j\omega L$ とすると $V=Z_C I$，$V=Z_L I$ で表すことができます．

キャパシタはコンデンサ，インダクタはコイルのことです．

ここで ω は $2\pi f$（f は周波数）で角周波数です．電圧と電流の関係は比例といえますので，線形素子です．受動素子については 1.4.1 項で改めて解説します．

　一方の能動素子は，外部から電気や光などのエネルギーを加えることで，スイッチの ON・OFF の切換え（スイッチング）や増幅といった非線形の動作を行う素子のことです．ダイオードやトランジスタなどの電子デバイスが能動素子にあたります．

　たとえばダイオードは，図 1.2 に示すように，ダイオードのカソードに対するアノードの印加電圧 V_{AK} を加えていくと，$+0.6\,\mathrm{V}$ 付近で電流が一気に流れます（電圧と電流の関係が非線形といえます）．これにより，電流の ON・OFF を切り替えるスイッチング動作や整流動作（逆方向への電流をカットして交流を直流に変換）を実現することができます．

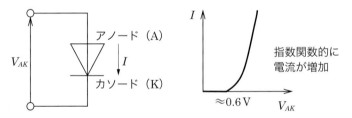

図 1.2 ■ ダイオードの電流・電圧特性

　また，トランジスタでは，図 1.3 に示すように，トランジスタのエミッタに対するベースの電圧 V_{BE} を印加していくと，$+0.7\,\mathrm{V}$ 付近で，コレクタ・エミッタ間電流 I_C が一気に流れます（電圧と電流の関係が非線形）．これにより，スイッチング動作や信号の増幅動作が実現されます．詳しくは後の章で説明します．

　そもそも「回路」を英語で表記すると "Circuit" です．カーレースで使われるサーキットと同じ語で，意味は「巡回」です．サーキット場では車が周回しますが，電気・電子回路では電流が巡回します．換言すれば，回路では配線によって電流の経路が一巡しないと，機能を発揮することはできません．

$*$ インピーダンス：「交流回路において，直流の場合の回路抵抗に相当するもの」（広辞苑（第七版））．詳しくは 2.5.4 項を参照．

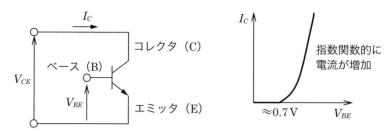

図1.3▪トランジスタの電流・電圧特性

　ではなぜ，経路が一巡していなければならないのでしょうか．それは，経路が一巡していないと，電流が流れないからです．電気回路や電子回路に仕事（スピーカーを鳴らすなどの機能を発揮すること）をさせるためには電流が必要であり，回路に電流が流れると仕事がなされるので，エネルギーが消費されます．電流が流れていないときにエネルギーは消費されませんが，電圧は印加されます（**図1.4**）．力学でいうと，電圧は位置エネルギーで，電流は運動エネルギーのようなものだと考えるとピンとくるかもしれません（あくまでたとえですが）．

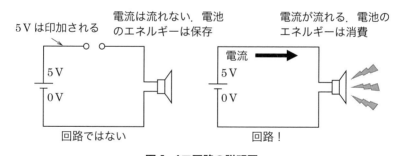

図1.4▪回路の説明図

1.2　電気を表す物理量

　電気の世界では，いろいろな**物理量**を扱います．物理量の**単位**は，**国際単位系（SI）**で国際的に決められています．

　表1.1に電気の世界でよく用いられる物理量を列記します．

　また，SIでは，**単位の接頭辞**（prefix）も決められており，10の整数乗倍で表します．

> 国際単位系（SI）は国立研究開発法人産業技術総合研究所 計量標準総合センターのホームページなどで閲覧することができます．本書執筆時点では第9版が発行されています．

これは，物理量が，非常に大きいものから小さいものまで広く分布しているからです．**表1.2**に代表的な接頭辞を列記します．これからわかるように，接頭辞

表 1.1■電気でよく使う物理量

名称	記号	単位	名称	内容	他との関係
電流	I	A	アンペア	電荷（電気的性質の粒子）の流れ	$I=V/R$
電圧	V, E	V	ボルト	電荷を流す強さ	$V=IR$
抵抗	R	Ω	オーム	電流の流れにくさ	$R=V/I$
電力	P, W	W	ワット	電気エネルギー	$P=VI$
周波数	f	Hz	ヘルツ	1秒間の信号の振動回数	$f=\omega/2\pi$
電荷量	Q	C	クーロン	電荷がもつ電気量	$Q=CV$
静電容量	C	F	ファラド	電荷の蓄積可能量を示す物理量	$C=Q/V$
磁束	Φ	Wb	ウェーバ	磁力線の量	$\Phi=LI$
インダクタンス	L	H	ヘンリー	電流による磁力線の発生能力を示す物理量	$L=\Phi/I$

表 1.2■国際単位系（SI）における接頭辞

乗倍	接頭辞	乗倍	接頭辞
10^{12}	T（テラ）	10^{-12}	p（ピコ）
10^{9}	G（ギガ）	10^{-9}	n（ナノ）
10^{6}	M（メガ）	10^{-6}	μ（マイクロ）
10^{3}	k（キロ）	10^{-3}	m（ミリ）

は，正の整数乗倍の場合は大文字に，負の整数乗倍の場合は小文字にそれぞれなります．だた，キロについては小文字です．これは，大文字 K が熱力学温度の単位であるケルビンの記号になっているからです．

コラム 1.1　物理量と単位

　長さについて，5m と 5〔m〕では，正しい表記はどちらでしょうか？　また長さ ℓ について，ℓm と ℓ〔m〕では適切な表記はどちらでしょうか？　物理量（物質系の物理的な性質・状態を表現する量）は，数字と単位がセットです．長さは物理量ですので，5m が正解です．では，長さ ℓ については，どうでしょうか？長さ ℓ は，それ自身が物理量を表しているので，単位がなくても OK です．ただ，ℓ だけだと単位がわからないかもしれないので，カッコで単位を明記してあげるとわかりやすくなります．したがって，ℓ〔m〕が適切です．なお，使われるカッコの種類は出版社や学会，雑誌などによって異なります．

　数字と単位の間にはスペース（通常は半角）を入れます．また，量記号として扱うときはイタリック（斜体）にします．このような単位記号や記載方法については，公益財団法人日本適合性認定協会発行の「単位や学名等の記載方法について」などを参照してください．Web で参照できます．

1.3　直流信号と交流信号

　電気回路や電子回路の入力信号は，基本的に電圧か電流です．また，信号や電源には，電圧や電流が時間に対して一定の**直流**（Direct Current：**DC**）と，電圧や電流が時間とともに周期的に変化する**交流**（Alternative Current：**AC**）があります．直流は乾電池からの電圧を，交流は家庭用コンセントからの電圧をそれぞれイメージしてもらえばピンとくるのではないでしょうか．

　なお，回路における記号表記の慣例として，直流（DC）のときは大文字（例：V, I など）を，交流（AC）のときは小文字（例：v, i など）を用いています．

1.3.1　直流信号

　図 1.5(a)に信号が電圧の場合の直流信号の波形を示します．このように信号電圧は，その向きと大きさが時間によらず一定です．大きさが一定なので，信号振幅はゼロとなります．直流では電源電圧や信号の大きさが一定なので，交流に比べて回路解析は簡単になります．また，信号が電流の場合も，その向きと大きさが時間によらず一定です．

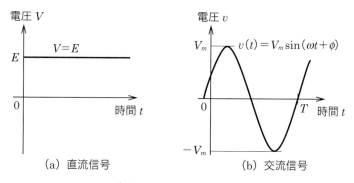

(a)　直流信号　　　　　　(b)　交流信号

図 1.5■直流信号と交流信号（電圧の場合）

1.3.2　交流信号

　図 1.5(b)に信号が電圧の場合の交流信号の波形を示します．このように，信号電圧は，その向きと大きさが時間に伴って周期的に変化しています．したがって，信号の振幅（$\pm V_m$）と信号の周期（T）が存在します．また，周期の中のどこかを表すために位相という概念を用います．したがって，直流に比べて回路解

析が複雑になります．また，直流と同様に，信号が電流の場合もあります．この場合も信号電流は，振幅や周期，位相を用いて表されます．

　交流信号で最も一般的なのは**正弦波交流**です．名前の通り，電圧や電流の向きと大きさが正弦波状に変化します．正弦波交流は，時間 t に対して，以下のように表されます．

$$v(t) = V_m \sin(\omega t + \phi) = \sqrt{2}\, V_{\mathrm{rms}} \sin(\omega t + \phi) \qquad （電圧の場合）$$
$$i(t) = I_m \sin(\omega t + \phi) = \sqrt{2}\, I_{\mathrm{rms}} \sin(\omega t + \phi) \qquad （電流の場合）$$

ω は角周波数，V_m と I_m は振幅，ϕ は初期位相を表しています．これらの式は，ある時間 t における電圧や電流を示していますので，**瞬時値表示**になります．

　また，V_{rms} と I_{rms} は**実効値**とよばれており，正弦波の場合は，最大値（振幅）の $1/\sqrt{2}$ になります．実効値については，コラム 1.2 を参照してください．

　正弦波交流信号は，このような瞬時値で表示する場合もありますが，複素数で表現する場合が多いです．複素表示だと，三角関数を考えなくてもよいので計算が比較的楽になるからです．この複素表示について説明します．

　いま，正弦波交流電圧 $v(t) = V_m \sin(\omega t + \phi)$ を考えると，**図 1.6** に示すように，正弦波交流電圧のある点が半径 V_m の円周上を角周波数 ω で反時計回りに移動したときの高さ方向を時間軸に写したものになります．初期位相は ϕ です．

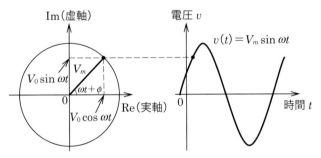

図 1.6■正弦波交流電圧の複素表示

　よって，オイラーの公式 $e^{j\theta} = \cos\theta + j\sin\theta$ を用いると，交流電圧 $v(t)$ は次式のような複素ベクトルで表すことができます．本書では，複素平面上の１点と原点とを結んだベクトルを複素ベクトルとします．

$$\dot{V} = V_m e^{j\omega t} = V_m \cos(\omega t + \phi) + j V_m \sin(\omega t + \phi) \qquad (1.1)$$

ここで，複素表現の虚数項を取り出せば，交流電圧が得られます．

$$v(t) = \mathrm{Im}(\dot{V}) \qquad (1.2)$$

　このように，三角関数ではなく複素平面の極座標表示で表すと，交流信号を複素数

> 複素数の虚数部分（虚部）を取り出す操作を Im(·)，実数部分（実部）を取り出す操作を Re(·) と表します．

で扱うことができます．ここで，$\dot{V}=V_m e^{j\omega t}$ の微積分を考えると，以下のように
なります．

$$\frac{d\dot{V}}{dt}=j\omega V_m e^{j\omega t}=j\omega\dot{V} \qquad (1.3)$$

$$\int\dot{V}dt=\frac{1}{j\omega}V_m e^{j\omega t}=\frac{1}{j\omega}\dot{V} \qquad (1.4)$$

すなわち，微分 d/dt では $j\omega$ を，積分 $\int dt$ では $1/j\omega$ を，それぞれ掛ければ
よいことになります．これは，次の 1.4 節のキャパシタやインダクタの式(1.6)
や式(1.9)で使われています．なお，$\dot{V}$ の上の「・」（ドット）は V がベクトル
（ここでは複素ベクトル）であることを表しています．

コラム 1.2　実効値

交流信号は，時間とともに信号の大きさと向きが変化します．したがって，時
間の関数になるのですが，これを直流と同じような形で表せるように考えられた
のが，**実効値**（Root Mean Square value：**RMS**）です．

図 C1.1 に示すように，同じ大きさの抵抗 R に直流電圧と交流電圧をそれぞれ
印加したとします．このときの電力量が同じになった場合に，この交流電圧（電
流）の大きさを直流電圧（電流）の値で表したものが実効値です．

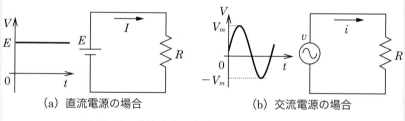

(a) 直流電源の場合　　　(b) 交流電源の場合

図 C1.1■直流または交流電源と抵抗による回路

図(a)の直流電源における抵抗 R で消費する電力 P_D は，

$$P_D=I^2R=\frac{E^2}{R}=P_{D\_rms} \qquad (C1.1)$$

です．ここで P_D の値は時間によらず一定なので，平均電力 P_{D_rms} も同じ値にな
ります．

また，図(b)の交流電源における抵抗 R で消費する電力 P_A は，

$$P_A=i^2R \qquad (C1.2)$$

となります．ここで，正弦波交流電圧を，$v=V_m\sin\omega t$ とすると，$i=\dfrac{V_m}{R}\sin\omega t$
となるので，式(C1.2)は

$$P_A = i^2 R = \frac{V_m^2}{R}\sin^2\omega t = \frac{V_m^2}{2R}(1-\cos 2\omega t) \tag{C1.3}$$

となります．したがって，平均電力 P_{A_rms} は，周期を T（$=2\pi/\omega$）とすると，1周期にわたって積分し，周期 T で割れば求まるので，次の式で表せます．

> 三角関数の倍角の公式から，$\sin^2\omega t = (1-\cos 2\omega t)/2$ となります．

$$P_{A\_rms} = \frac{1}{T}\int_0^T P_A dt = \frac{V_m^2}{2RT}\int_0^T (1-\cos 2\omega t)dt \tag{C1.4}$$

ここで，$\int_0^T \cos 2x\,dx = \left[\frac{1}{2}\sin 2x\right]_0^T$ ですから，式（C1.4）の第2項は図C1.1(b)より1周期で積分するとゼロになるので，平均電力 P_{A_rms} は，次の式になります．

$$P_{A\_rms} = \frac{V_m^2}{2R} = \frac{1}{R}\left(\frac{V_m}{\sqrt{2}}\right)^2 \tag{C1.5}$$

実効値の定義により，P_{D_rms} と P_{A_rms} が等しいとして，式（C1.1）と式（C1.5）を見比べると，

$$E = \frac{V_m}{\sqrt{2}} = V_{rms} \tag{C1.6}$$

となります．つまり，正弦波交流電圧の大きさを直流電圧の値で表した実効値 V_{rms} は，最大値 V_m の $1/\sqrt{2}$ になります．これは，電流にもあてはまり，正弦波交流電流の実効値 I_{rms} は，最大値 I_m の $1/\sqrt{2}$ になります．

$$I_{rms} = \frac{I_m}{\sqrt{2}} \tag{C1.7}$$

この実効値を使うと，交流電力の電力計算が直流と同様に計算できるので非常に楽になります．したがって，交流電力の計算に使用される電圧・電流は，通常は実効値で表示されています．

1.4　回路を構成する素子

電子回路は，前述したように受動素子と能動素子に加えて，電源素子で構成されます．能動素子によって，スイッチングしたり入力信号を増幅したりすることができます．

1.4.1　受動素子

受動素子は，線形素子ともよばれ，素子に印加された電圧と流れる電流は比例関係になります．

（1）抵抗（resistor）

抵抗は，加えられる電気エネルギーを**蓄積することなく**，熱に変換する素子です．記号には R が用いられます．抵抗にかかる直流電圧 V と直流電流 I の関係

は，図 1.7(a)に示すように $V=RI$（オームの法則）になり，電圧と電流が比例関係です．この関係は交流でも成り立ち，次の式が成立します．

$$v(t)=Ri(t) \tag{1.5}$$

　ここで，記号 t は時間を表しますが，省略して単に v, i と表記することもあります．抵抗値（resistance）の単位は Ω（オーム）で，電流の流れにくさを表します．また，その逆数（$1/\Omega$）はコンダクタンス（conductance）と呼ばれており，単位は S（ジーメンス，siemens）です．記号としては G が使われ，電流の流れやすさを表します．

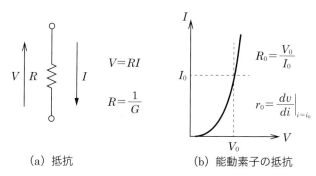

(a) 抵抗　　　　　(b) 能動素子の抵抗

図 1.7■抵抗（resistor）

　能動素子については，素子にかかる電圧と電流が比例せず，静的抵抗と動的抵抗があります．図 1.7(b)に示すように，ある動作点（V_0, I_0）において，静的抵抗 R_0 は $R_0=V_0/I_0$ で表されますが，動的抵抗 r_0 は動作点（V_0, I_0）における交流電圧 v と交流電流 i の変化割合であり微分値で表されます．この動的抵抗は，後述する増幅回路の動作解析で用いられます．

(2) キャパシタ（capacitor）

　キャパシタ（コンデンサ）は，端子間に**電圧がかかる**と，内部に電荷（electric charge）を保存して**静電エネルギーを蓄積する**素子です．キャパシタの容量（capacitance）の記号には C が用いられ，電圧 V，電荷 Q との関係は $Q=CV$ になります．容量の単位は，F（ファラド）で，電荷の溜まりやすさを表しています．

　交流的な電圧 v と電流 i の関係は，電荷 Q が電流 i の時間積分であることから，次式および図 1.8 のようになります（$1/j\omega$ への置き換えは，1.3.2 項を参照してください）．

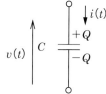

$$v(t)=\frac{Q(t)}{C}=\frac{1}{C}\int i(t)\,dt=\frac{i(t)}{j\omega C} \tag{1.6}$$

図 1.8■容量（capacitor）

したがって，電圧と電流が比例関係になり，容量に蓄えられた電荷（＝静電エネルギー）は電流が流れ出さない限り保存されます（電荷保存の法則）．なお，直流においては，キャパシタは断線（open，開放）として扱われます．

（3）インダクタ（inductor）

インダクタ（コイル）は，**端子間に電流が流れると**，その電流を磁束に変換して**磁気エネルギーを蓄積する**素子です．記号には L が用いられ，単位は H（ヘンリー）です．インダクタに電流 i が流れたとき，単位巻数あたりに発生する磁束を ϕ とすると，次の式が成り立ちます．

$$N\phi(t) = Li(t) \tag{1.7}$$

ここで，N はインダクタの巻数です．この比例定数 L をインダクタンス（inductance）とよび，磁束 ϕ の方向は電流 i の流れる方向に対していわゆる右手の法則が適用できます．また，磁束 $N\phi$ が時間的に変化すると，誘導起電力 $e(t)$ が発生します（ファラデーの電磁誘導の法則）．

$$e(t) = -N\frac{d\phi(t)}{dt} \tag{1.8}$$

そして，式(1.7)，(1.8)より，電圧 $i(t)$ が流れたときの端子間電圧 v は，次式および図 **1.9** のようになります（$j\omega$ への置き換えは，1.3.2 項を参照してください）．

$$v(t) = -e(t) = N\frac{d\phi(t)}{dt} = L\frac{di(t)}{dt}$$

$$= j\omega Li(t) \tag{1.9}$$

したがって，電圧と電流が比例関係になります．冒頭で磁気エネルギーを蓄積する

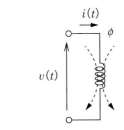

図 1.9■インダクタ（inductor）

と書きましたが，エネルギーを蓄えるためには電流を流し続けないといけません．しかし，インダクタ自身のもつ抵抗による熱損失があるので，電流を長時間流し続けることは実際には難しいです．なお，直流においては，インダクタは短絡（short）として扱われます．

能動素子であるダイオードとトランジスタについては，後の章で詳述します．

1.4.2　電源素子

電気回路や電子回路にエネルギーを供給するのが電源素子です．電源素子には，接続する負荷によらず一定の電圧や電流を出力する独立電源と，外部からの入力電圧や電流によって制御された電圧や電流を出力する制御電源があります．

（1）独立電源

負荷にかかわらず所定の電圧と電流を供給する素子を，それぞれ独立電圧源および独立電流源とよびます．図 **1.10** に独立電源素子の回路記号（electronic

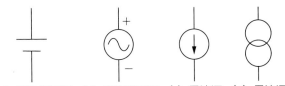

(a) 直流電圧源　(b) 交流電圧源　(c) 電流源　(d) 電流源

図1.10■独立電源の回路記号（シンボル）

symbol，シンボル）を示します．同図(a)と(b)は，直流と交流の電圧源を示しています．

　図(c)は電流源を示しています．直流と交流でシンボルの区別はなく，直流の場合は円の中の矢印で電流の流れる方向を，交流の場合は円の中の矢印で正の値を取る方向をそれぞれ表します．また，電流源としては図(d)に示すように，円を少しずらして描いたものも用いられます．

　回路シミュレーションで用いられる独立電源は理想電源であり，電圧や電流を設定値にするために，無限大に電流や電圧を発生させることができます．しかし，実際の電源には内部抵抗 r が存在します．この内部抵抗 r は，**図1.11** に示すように，電圧源では直列に，電流源では並列にそれぞれ接続されていると考えられます．電圧源の場合に端子の開放時の電圧 v_0 を開放電圧，電流源の場合の電流 i_0 を短絡電流と呼びます．

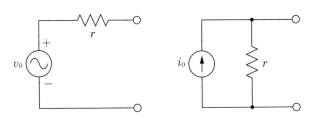

図1.11■電圧源と電流源のモデル

（2）制御電源（従属電源）

　別途設けられた端子に印加された電圧や流れる電流によって電圧源や電流源が制御される電源を**制御電源（従属電源）**といいます．この制御電源は，主に半導体素子や増幅回路のモデル化などに用いられます．制御と出力において，それぞれ電圧と電流がありますから，4種類の組合せが存在します．**図1.12** にそれぞれの回路表現を示します．

　①　**電圧制御電圧源**（Voltage Controlled Voltage Source：VCVS），図(a)
　　制御端子に印加される電圧 v_{in} によって，出力電圧 v_{out} が制御されます．電圧増幅係数を α とすると，$v_{out}=\alpha v_{in}$ となります．なお，基本的には，制御

端子の入力インピーダンスは無限大で制御端子には電流は流れないと考える
ことになっています．

② **電圧制御電流源**（Voltage Controlled Current Source：VCCS），図(b)
制御端子に印加される電圧 v_{in} によって，出力電流 i_{out} が制御されます．相
互コンダクタンスを g_m とすると，$i_{out}=g_m v_{in}$ となります．なお，基本的に
は，制御端子の入力インピーダンスは無限大で制御端子には電流は流れない
と考えることになっています．

③ **電流制御電圧源**（Current Controlled Voltage Source：CCVS），図(c)
制御端子に流れる電流 i_{in} によって，出力電圧 v_{out} が制御されます．相互抵
抗を r_m とすると，$v_{out}=r_m i_{in}$ となります．なお，基本的には，制御端子の入
力インピーダンスは無限小で制御端子間には電圧は発生しないと考えること
になっています．

④ **電流制御電流源**（Current Controlled Current Source：CCCS），図(d)
制御端子に流れる電流 i_{in} によって，出力電流 i_{out} が制御されます．電流増
幅係数を β とすると，$i_{out}=\beta i_{in}$ となります．なお，基本的には，制御端子
の入力インピーダンスは無限小で制御端子間には電圧は発生しないと考える
ことになっています．

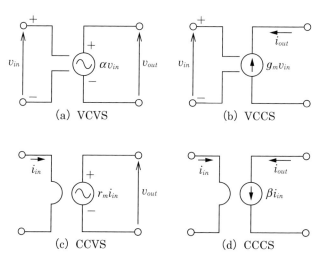

(a) VCVS　　　　　　　(b) VCCS

(c) CCVS　　　　　　　(d) CCCS

図1.12■制御電源

　詳細は後述しますが，制御電源をトランジスタのモデル化に使用する場合に
は，**図1.13**に示すように抵抗を挿入して入力や出力のインピーダンスを規定す
る場合が多いです．図(a)のバイポーラトランジスタモデルでは CCCS を，同図
(b)の MOSFET とよばれるトランジスタでは VCCS を使っています．

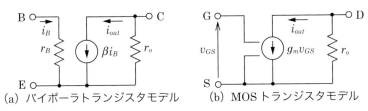

(a) バイポーラトランジスタモデル　　(b) MOS トランジスタモデル

図1.13■トランジスタモデル

1.5　デシベル表示

　デシベルは，2つのエネルギー量の比較における比の大きさを常用対数（底が10）で表現した単位で，回路では増幅器の入力と出力の比（利得といいます）を表すときやノイズの量の表示などに使われています．記号ではdBと表記され，次元はありません．比の大きさをAとしてデシベルで表すと，$10 \log A$〔dB〕となります．

　デシベルは音の大きさ（エネルギー）を表すときに使われますので，一度は耳にしたことがあると思います．人間の感覚量は受ける刺激の強さの対数に比例する（ウェーバー・フェヒナーの法則）ので，人が聞く音の大きさは，デシベルで表されているのです．ちなみに，デシ（d）は，デシリットル（dL）で用いられるように1/10を表し，ベル（B）は，有名なAlexander Graham Bellに由来します．

　たとえば，ある増幅器の入力電力をP_i〔W〕，出力電力をP_o〔W〕とすれば，この増幅器の電力利得A_P〔dB〕は，次式のように表すことができます．

$$A_P = 10 \log \frac{P_o}{P_i} \tag{1.10}$$

　また，入力や出力のインピーダンスが与えられた場合の電力は，電圧または電流の2乗に比例しますので，電圧利得A_V〔dB〕と電流利得A_I〔dB〕は，以下のようになります．

$$A_V = 10 \log \left(\frac{V_o}{V_i}\right)^2 = 20 \log \frac{V_o}{V_i} \tag{1.11}$$

$$A_I = 10 \log \left(\frac{I_o}{I_i}\right)^2 = 20 \log \frac{I_o}{I_i} \tag{1.12}$$

　ここで，電圧や電流の比をデシベルで表す場合は，$20 \log A$になっていることに注意が必要です．これは，デシベルがエネルギーの比を表す単位であり，エネルギー（電力）は，V^2/RやRI^2のように電圧や電流の2乗で表されるからです．

　また，デシベルで表すと，**図1.14**のように増幅器を縦続接続（カスケード接続）したときに，利得計算が楽になります．

　全体利得Aは，$A_1 \times A_2 \times A_3$で表すことができますが，デシベルで表すと次式

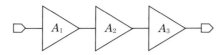

図1.14■増幅器の縦続接続

表1.3■デシベル変換例

比の大きさ	電力比 dB	電圧比 dB	比の大きさ	電力比 dB	電圧比 dB
$1/1000$	-30	-60	$\sqrt{2}$	1.5^*	3^*
$1/100$	-20	-40	2	3^*	6^*
$1/10$	-10	-20	4	6^*	12^*
$1/2$	-3^*	-6^*	10	10	20
$1/\sqrt{2}$	-1.5^*	-3^*	100	20	40
1	0	0	1000	30	60

* 概算値です.

のようになります.

　A のデシベル表示を A_{dB} とすると

$$A_{dB}=10\log(A_1\times A_2\times A_3)=10\log A_1+10\log A_2+10\log A_3 \qquad (1.13)$$

　つまり，各増幅器のデシベル表示の利得の算術和を取れば，デシベル表示の全体利得が得られるというわけです．これは，電圧や電流の利得でも同様です.

　表1.3 に代表的な変換例を挙げておきます．暗記しておくと便利です.

1.6　回路シミュレータ

　電子回路は，素子を適切にモデル化して計算すれば動作を解析することができます．しかし，回路の規模が大きくなると手で計算するのは非常に大変ですし，集積回路（IC）のように構造上発生する寄生素子まで考慮しての解析が必要なものだと実質的に計算が不可能です．そこで，電子回路の動作解析を計算機にさせようという試みが始まり，いろいろなシミュレータ（simulator）が開発されました．特にIC用には，デジタル回路用の論理シミュレータと，アナログ回路用の物理シミュレータがそれぞれ発展し，アナログ回路用シミュレータでは，1970年代に米国カリフォルニア大学バークレー校で開発されたSPICE（Simulation Program with Integrated Circuit Emphasis）が世界標準となっています.

　残念ながら，ICのEDA（Electronic Design Automation）ツール開発において，日本は存在感を発揮できていません．長年のM&Aの結果，ICの設計ツールは現在，米国の数社がほぼ独占しています.

　本書では，Analog Devices（アナログ・デバイセズ）社が提供しているシミュレータである LTspice を用いてシミュレーションを行っています．LTspice は商用の設計ツールというわけではなく，多彩な解析機能はありませんが，完全無料であり標準的な機能は問題なく使用できますので，興味があればぜひ使ってみてください．

　ただし，心にとめておいてもらいたいことがあります．シミュレータはあくまで確認するための道具だということです．シミュレータを頼り，大量のシミュレーションを実行して設計していく設計者をたまに見かけますが，それは本来の使い方ではありません．きちんと回路の内容を理解して手計算でパラメータを設定し，それが正しいことをシミュレーションで確認するのが基本的な手順です．計算リソースと時間を無駄に消費することなく，目的の設計が遂行できる技術者になってください．

1.7　第 1 章のまとめ

　第 1 章では，電子回路が身近に役立っていることを改めて認識してもらうとともに，まず電子回路とは何かという定義について述べました．そして，電子回路を学習するための第 1 段階として，複素数表現を含めた電気物理の基礎知識と電気回路の構成要素について解説しました．これらの基礎的事項は，電子回路を理解するうえで必須であり避けて通れません．電子回路に限らず工学的な学問の本当の基礎ですので，必ず理解するようにしてください．

1.8　第 1 章の演習問題

（1）抵抗 R と容量 C の積が時間の次元をもつことを示しなさい．

（2）周波数が 10 MHz の場合の 470 μH のインダクタのインピーダンス Z_L を求めなさい．

（3）周波数が 10 kHz の場合の 100 μF のキャパシタのインピーダンスを求めなさい．

（4）表 1.3 を参照して，電圧利得が 40 の増幅回路の電圧利得をデシベルで答えなさい．

【解答は巻末を参照】

第2章

電子回路の解析手法

この章では，電子回路の解析に有効な諸定理と表記方法について述べます．通常は電気回路で学ぶ内容ですが，回路解析の基本中の基本ですので，電子回路の解析にも非常によく使います．ただ，線形素子を前提として分解や置換を行うことで，解析を容易にする手法もありますので，電子回路にそのまま使えない場合も存在します．電子回路で使う場合は，小信号等価回路に置き換えて線形近似して使います．これについては，後の章で述べます．

2.1 分圧と分流

電気回路や電子回路において複数の抵抗が存在し，これらの抵抗に電圧が印加されて電流が流れている場合は，それぞれの抵抗値に応じて電圧の分圧や電流の分流が発生します．これは電気回路と電子回路で最も基本となる法則です．確認しておきましょう．

2.1.1 分圧の法則

複数の抵抗を直列に接続して電圧を印加して電流を流すと，各抵抗には抵抗値に応じた大きさの電圧がかかり，これを分圧といいます．**図 2.1**(a)において流れる電流 I は，全抵抗の合成抵抗 R_T が (R_1+R_2) であることから

$$I=\frac{E}{R_T}=\frac{E}{R_1+R_2} \tag{2.1}$$

となるので，各抵抗に加わる電圧 V_1, V_2 は，次のように求まります．

$$V_1=IR_1=\frac{R_1}{R_1+R_2}E, \qquad V_2=IR_2=\frac{R_2}{R_1+R_2}E \tag{2.2}$$

つまり，電源電圧 E は，抵抗値の比で各抵抗に分圧されることになります．

2.1.2 分流の法則

複数の抵抗を並列に接続して電圧を印加して電流を流すと，各抵抗には抵抗値に関連した大きさの電流が流れます．これを分流といいます．図 2.1(b)において，各抵抗 R_1, R_2 にかかる電圧は等しく E です．このことより，各抵抗を流れる電流 I_1, I_2 は

$$I_1 = \frac{E}{R_1}, \qquad I_2 = \frac{E}{R_2} \tag{2.3}$$

となります．一方，回路を流れる電流 I は，全抵抗の合成抵抗 R_T が $(R_1 R_2)/(R_1 + R_2)$ で表されることにより，次の式で表されます．

$$I = I_1 + I_2 = \frac{E}{R_T} = \frac{R_1 + R_2}{R_1 R_2} E \tag{2.4}$$

この式を使って，式(2.3)を書き直すと，次のようになります．

$$I_1 = \frac{E}{R_1} = \frac{R_2}{R_1 + R_2} I, \qquad I_2 = \frac{E}{R_2} = \frac{R_1}{R_1 + R_2} I \tag{2.5}$$

すなわち，回路を流れる電流 I は抵抗値の逆数の比で各抵抗に分流されることになります．

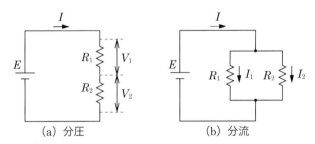

(a) 分圧　　　　　　　　(b) 分流

図2.1■分圧と分流

2.2　キルヒホッフの法則

キルヒホッフの法則には，電流に関する第1法則と，電圧に関する第2法則があります．この法則は，能動素子（非線形素子）にも適用できるので，電子回路においても成立します．

2.2.1　キルヒホッフの第1法則（電流則）

第1法則は，「回路中の任意の接点に流入する電流と流出する電流の総和はそれぞれ等しい」というものです．言い換えれば，接点に電荷を蓄えることはできないので，入った電流は必ず出ていくということになります．つまり，**図2.2** に示すように，回路の任意の接点において，流れ込む電流をプラス（＋），流れ出す電流をマイナス（－）とすると

$$i_0 + i_1 - i_2 = 0 \tag{2.6}$$

となります．

したがって，一般的には次のようになります．

$$\sum_{k=0}^{n} i_k = 0 \tag{2.7}$$

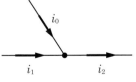

図2.2■キルヒホッフの第1法則

2.2.2　キルヒホッフの第2法則（電圧則）

第2法則は,「回路中の任意の閉回路に沿った電圧の和はゼロである」という
ものです. これは, もしゼロでなければ, 一周して始点に戻った場合に始点の電
位が変わってしまうことになることの辻褄が合わなくなるからです. 図2.3にお
いて, 回路中に任意の閉回路（A → B → C → D → E）を規定した場合に, 次の
式が成り立ちます.

$$V_1 + V_2 + V_3 + V_4 + V_5 = V_1 + R_2 i_2 + R_3 i_3 + V_4 + R_5 i_5 = 0 \tag{2.8}$$

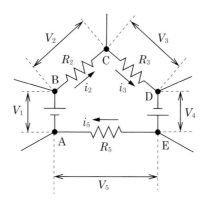

図2.3■キルヒホッフの第2法則

したがって, 一般的には次のようになります.

$$\sum_{\text{閉回路}} v_k = 0 \tag{2.9}$$

┌─ **例　題** ─────────────────────────────────

次の回路の各抵抗に流れる電流をキルヒホッフの法則を使って求めよ.

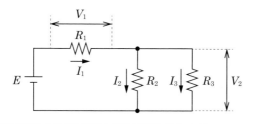

［解説］

キルヒホッフの電流則と電圧則より, 次の式が得られます.

$$I_1 - I_2 - I_3 = 0 \tag{①}$$

$$E = V_1 + V_2 \tag{②}$$

また, オームの法則より, 次の式が成り立ちます.

$$V_1 = R_1 I_1 \tag{③}$$

$$V_2 = R_2 I_2 = R_3 I_3 \qquad\qquad ④$$

これらの式から各電流を求めます.

④より，$I_3 = (R_2/R_3)I_2$ となり，これを①に代入すると，次のようになります

$$I_1 = I_2 + I_3 = I_2 + \frac{R_2}{R_3} I_2 = \frac{R_2 + R_3}{R_3} I_2$$

これを③に代入するとともに，②と④を用いて整理すると，次のようになります.

$$R_1 I_1 = \frac{R_1(R_2 + R_3)}{R_3} I_2 = V_1 = E - V_2 = E - R_2 I_2$$

これから，

$$\frac{R_1(R_2 + R_3)}{R_3} I_2 + R_2 I_2 = \frac{R_1 R_2 + R_1 R_3 + R_2 R_3}{R_3} I_2 = E$$

となるので，I_2 が求まります.

$$I_2 = \frac{R_3 E}{R_1 R_2 + R_1 R_3 + R_2 R_3}$$

これを用いて，他の電流を計算すると，次のようになります.

$$I_3 = \frac{R_2}{R_3} I_2 = \frac{R_2 E}{R_1 R_2 + R_1 R_3 + R_2 R_3}$$

$$I_1 = I_2 + I_3 = \frac{R_2 + R_3}{R_1 R_2 + R_1 R_3 + R_2 R_3} E$$

この例題のように，キルヒホッフの法則を使えば回路解析ができますが，うまく式を解いていかないと簡単な回路でも結構手間がかかります.そこで，次に述べる諸定理を用いると，解析が比較的簡単になります.

2.3 重ね合わせの理

重ね合わせの理（principle of superposition）は，電気回路計算によく利用され，線形素子のみの回路（線形回路といいます）であることを条件に適用されます.つまり，電圧が電流に比例する回路において適用可能です.重ね合わせの理は重畳の理ともいわれます.この原理は，「複数の電源が存在する線形回路において，任意の点の電流および任意の点間の電圧は，各電源が単独の場合の和に等しい」というものです.電源を単独にするということは，他の電源をゼロにするということです.すなわち，電圧源なら短絡し，電流源なら開放します.

重ね合わせの理を用いると，図 2.4(a) に示す複数電源（v_a, I_b, v_c）の線形回路は，同図(b)〜(d)のそれぞれに示す単独電源の線形回路に分解されます.そして，負荷 Z_L における電流と電圧は，次のように，それぞれの場合の電流および電圧の和で求まります.

$$v_L = v_1 + v_2 + v_3 \qquad\qquad (2.10)$$

$$i_L = i_1 + i_2 + i_3 \qquad\qquad (2.11)$$

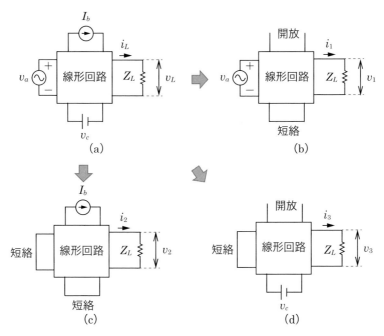

図 2.4■重ね合わせの理

例　題

次の回路における抵抗 R に流れる電流 I を求めよ．

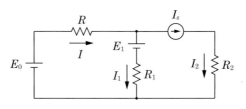

[**解説**]

　例題の回路に重ね合わせの理を用いると，次の(a)〜(c)に示す3つの回路に分かれます．そして，それぞれにおいて抵抗 R に流れる電流を求め，算術和を取れば電流 I が得られます．

　まず，(a)と(b)において，抵抗 R を流れる電流 I_a, I_b は次式になります．

$$I_a = \frac{E_0}{R+R_1}, \qquad I_b = -\frac{E_1}{R+R_1}$$

　(c) において，抵抗 R を流れる電流 I_c は，抵抗 R_1 との分流から求まります．

$$I_c = \frac{R_1}{R+R_1} I_s$$

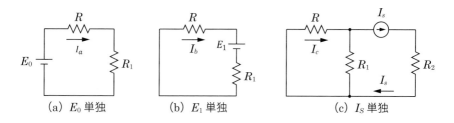

(a) E_0 単独　　　　　(b) E_1 単独　　　　　(c) I_S 単独

したがって，抵抗 R を流れる電流 I は，次のようになります．

$$I = I_a + I_b + I_c = \frac{E_0}{R+R_1} - \frac{E_1}{R+R_1} + \frac{R_1}{R+R_1}I_s = \frac{E_0 - E_1 + R_1 I_s}{R+R_1}$$

このように，複雑な回路でも重ね合わせの理を使えば，比較的簡単に回路解析が可能になります．

2.4　テブナン定理とノートン定理

前述のキルヒホッフの法則と重ね合わせの理を用いれば，線形回路の解析はできますが，線形回路網の特定の2点だけを抜き出して，その間の電流や電圧を見たい場合は，テブナン定理やノートン定理が便利です．テブナン定理は，**線形回路の任意の2点において，この2点から当該線形回路を見た場合に，理想電圧源 v_0 と内部インピーダンス Z_0 を直列接続した等価電圧源とみなすことができる**というものです．

図 2.5 に示すように，負荷 Z_L が接続された2つの端子（A, B）から線形回路を見た場合に，当該線形回路は，内部インピーダンス Z_0 で開放電圧 v_0 の電圧源に置き換えることができます（テブナン定理）．

このとき，電圧源 v_0 は，図に示す通り，当該2端子間の開放電圧です．内部インピーダンス Z_0 は，当該線形回路内の電源をゼロ（電圧源なら短絡，電流源なら開放）にした場合の，当該2端子から線形回路を見た場合の合成インピーダンスです．

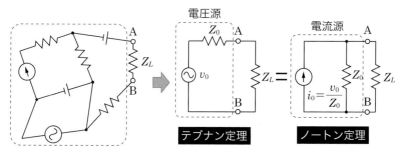

図 2.5 ■ テブナン定理とノートン定理

　また，同図に示すように，理想電流源 i_0 と内部インピーダンス Z_0 の電流源に置き換えることもできます．これがノートン定理です．図中の電圧源と電流源は等価であり相互変換ができることから，テブナン定理とノートン定理は双対の関係にあります．

　テブナン定理は求めたいものが電流の場合に向いていますし，ノートン定理は求めたいものが電圧の場合に向いています．

　なお，1922 年に東京大学の鳳秀太郎博士がテブナン定理は交流においても成立することを発表しました．このため，当該定理は，鳳・テブナン定理（ほう・テブナンていり）ともいわれます．

例　題

　次の回路における抵抗 R_L にかかる電圧 V_L と流れる電流 I_L を，テブナン定理とノートン定理をそれぞれ用いて求めよ．

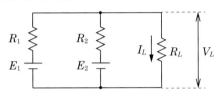

［解説］

　まずは，テブナン定理を使って求めてみましょう．

　見たいポイントは，抵抗 R_L の両端ですから，抵抗 R_L を切り離した残りの回路を等価電源に置き換えます．まず開放電圧 V_0 は，流れる電流を I とすると $I = (E_1 - E_2)/(R_1 + R_2)$ で表されるので，次のようになります．

$$V_0 = E_1 - R_1 I = E_1 - R_1 \frac{E_1 - E_2}{R_1 + R_2} = \frac{E_1 R_2 + E_2 R_1}{R_1 + R_2}$$

これは，$V_0 = E_2 + R_2 I$ からでも求まります．

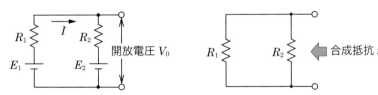

　また，電圧源を短絡し，開放した端子から見た合成抵抗 r_0 は R_1 と R_2 の並列接続になり，次のようになります．

$$r_0 = R_1 /\!/ R_2 = \frac{R_1 R_2}{R_1 + R_2}$$

　したがって，例題の回路は，テブナン定理を用いると，次のような回路になります．

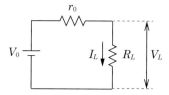

これにより，抵抗 R_L にかかる電圧 V_L と流れる電流 I_L は，次のようになります．

$$I_L = \frac{V_0}{r_0 + R_L} = \frac{\dfrac{E_1 R_2 + E_2 R_1}{R_1 + R_2}}{\dfrac{R_1 R_2}{R_1 + R_2} + R_L} = \frac{E_1 R_2 + E_2 R_1}{R_1 R_2 + R_1 R_L + R_2 R_L}$$

$$V_L = R_L I_L = \frac{R_L (E_1 R_2 + E_2 R_1)}{R_1 R_2 + R_1 R_L + R_2 R_L}$$

また，ノートン定理を用いると，短絡電流 i_0 は，次の図の左に示すように端子を短絡したときに流れる電流になります．したがって，短絡電流 I_0 は，次のようになります．

$$I_0 = I_1 + I_2 = \frac{E_1}{R_1} + \frac{E_2}{R_2} = \frac{E_1 R_2 + E_2 R_1}{R_1 R_2}$$

そして，合成抵抗 r_0 は電圧源を短絡した場合に開放端からみた抵抗ですので，テブナン定理の場合と同様になります．したがって，例題の回路は，ノートン定理を用いると，次の図の右のような回路になります．

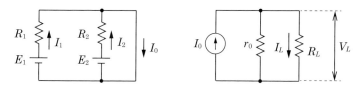

これより，抵抗 R_L における電流 I_L と電圧 V_L は，以下のようになります．

$$I_L = \frac{r_0}{r_0 + R_L} I_0 = \frac{\dfrac{R_1 R_2}{R_1 + R_2}}{\dfrac{R_1 R_2}{R_1 + R_2} + R_1} \frac{E_1 R_2 + E_2 R_1}{R_1 R_2} = \frac{E_1 R_2 + E_2 R_1}{R_1 R_2 + R_1 R_L + R_2 R_L}$$

$$V_L = R_L I_L = \frac{R_L (E_1 R_2 + E_2 R_1)}{R_1 R_2 + R_1 R_L + R_2 R_L}$$

このように，テブナン定理とノートン定理のどちらを用いても，同じ結果が得られます．これからも，当該電圧源と電流源が等価であることがわかります．

2.5 交流理論とフェーザ表示

交流電源を有する線形回路における各素子の交流電圧や電流に対する応答を求

めるのが交流理論です．線形回路では各素子における電圧や電流の周波数は，交流電源のものと同一ですので，各素子の応答は振幅と位相を求めればよいことになります．交流理論では，各素子の電圧や電流の表現に三角関数（sin, cos, tan）を使うのではなく複素数を用います．この複素表示された電圧や電流を視覚的にとらえるのに便利なのがフェーザ（phasor）表示です．フェーザ表示は，大きさと偏角を用いた複素平面（ガウス平面）上の極表示です．

2.5.1　交流理論

1.4.1 項で述べたように，受動素子（線形素子）は，電圧が電流に比例します．この比例関係を，キャパシタとインダクタについては，虚数単位 j を使って示しました．これについて，少し詳しく説明します．

（1）抵抗（resistor）

抵抗値 R の抵抗に交流電流 $i(t) = I_0 \sin \omega t$ が流れたとき，オームの法則により抵抗の両端には交流電圧 $v(t) = RI_0 \sin \omega t$ が発生します．ここで，上記の交流電圧の一般式 $v(t) = V_0 \sin(\omega t + \phi)$ と比べると

$$V_0 = RI_0, \qquad \phi = 0 \tag{2.12}$$

となることがわかります．つまり電圧振幅は電流振幅の R 倍であり，電圧と電流は同位相になります．

これを，複素電圧ベクトル $\dot{V}$ と複素電流ベクトル $\dot{I}$ で表現すると，

$$\dot{V} = R\dot{I} \tag{2.13}$$

となります．

（2）キャパシタ（capacitor）

容量 C のキャパシタに交流電圧 $v(t) = V_m \sin \omega t$ を印加したとき，蓄えられる電荷 Q は $Q(t) = Cv(t)$ となります．このとき，キャパシタに流れる電流 $i(t)$ は，$Q(t)$ を時間微分して，

$$i(t) = \frac{dQ(t)}{dt} = C\frac{dv(t)}{dt} = C\frac{dV_m \sin \omega t}{dt}$$

$$= \omega C V_m \cos \omega t = \omega C V_m \sin\left(\omega t + \frac{\pi}{2}\right) \tag{2.14}$$

で表されます．これを交流電流の一般式 $i(t) = I_m \sin(\omega t + \phi)$ の式と比較すると，次の関係が得られます．

$$I_m = \omega C V_m, \qquad \phi = \frac{\pi}{2} \tag{2.15}$$

つまり，キャパシタに流れる電流振幅 I_m は周波数（$\omega = 2\pi f$）に依存し，直流（DC）ではゼロ，高周波ほど大きな電流が流れることになります．また，電流は電圧より位相 ϕ が $\pi/2$ 進んでいますので，電流を基準に考えると，キャパシタの両端の電圧は，電流より $\pi/2$ だけ位相が遅れることになります．

大きさが ωC で，偏角が $\pi/2$ の複素ベクトルは，$j\omega C$ ですから，キャパシタの複素電流ベクトル $\dot{I}$ と複素電圧ベクトル $\dot{V}$ で表現すると，

$$\dot{I} = j\omega C\dot{V}, \qquad \dot{V} = \frac{1}{j\omega C}\dot{I} \tag{2.16}$$

となります.

（3）インダクタ（inductor）

インダクタンス L のインダクタに交流電流 $i(t) = I_m \sin \omega t$ が流れたとき，インダクタの端子間電圧 $v(t)$ は式(1.9)より，

$$v(t) = L\frac{di(t)}{dt} = L\frac{dI_m \sin(\omega t)}{dt} = \omega LI_m \cos(\omega t) = \omega LI_m \sin\left(\omega t + \frac{\pi}{2}\right) \tag{2.17}$$

これを交流電圧 $v(t) = V_m \sin(\omega t + \phi)$ の式と比較して，次の関係が得られます.

$$V_m = \omega LI_m, \qquad \phi = \frac{\pi}{2} \tag{2.18}$$

つまり，インダクタに発生する電圧振幅 V_m は周波数（$\omega = 2\pi f$）に依存し，直流（DC）ではゼロ，高周波ほど大きな電圧振幅が発生することになります. また，電圧は電流より位相 ϕ が $\pi/2$ 進んでいます.

大きさが ωL で，偏角が $\pi/2$ の複素ベクトルは $j\omega L$ ですから，インダクタの複素電圧ベクトル $\dot{V}$ と複素電流ベクトル $\dot{I}$ で表現すると，

$$\dot{V} = j\omega L\dot{I} \tag{2.19}$$

となります.

2.5.2　正弦波交流のフェーザ表示

一般的に，正弦波交流電圧や電流は，基準に対する位相の進みや遅れを ϕ とすると，以下のように表されます. これは，時間 t の関数であり，ある時間 t のときの値をとった**瞬時値の表示**になります.

$$v(t) = V_m \sin(\omega t + \phi_v) \tag{2.20}$$

$$i(t) = I_m \sin(\omega t + \phi_i) \tag{2.21}$$

また，交流回路では，電圧や電流の最大値（V_m, I_m）ではなく，**実効値**（RMS）がよく用いられます. 実効値（V_{rms}, I_{rms}）は，正弦波交流の場合は，次の通りです（コラム 1.2 参照）.

$$V_{rms} = \frac{V_m}{\sqrt{2}}, \qquad I_{rms} = \frac{I_m}{\sqrt{2}}$$

これを用いて複素ベクトルを次のように定義します.

$$\dot{V} = V_{rms}\,e^{j\phi_v} \tag{2.22}$$

$$\dot{I} = I_{rms}\,e^{j\phi_i} \tag{2.23}$$

このように，ω や**最大値を取り除いて**，**実効値と位相差だけを用いて複素数として**

オイラーの公式 $e^{j\theta} = \cos\theta + j\sin\theta$. 1.3.2 項を思いだそう.

表す方法を**フェーザ表示**といいます．式(2.22)と(2.23)は，正弦波交流 $v(t), i(t)$ のフェーザ表示です．実効値を用いると，電力の計算も直流と同様に扱えるので便利です．

　これらを**図2.6**に示します．1.3.2項で説明したように，時間概念がある瞬時値表示や ω がある複素表示では動きや回転が存在します．しかし，フェーザ表示では ω が除かれるので，複素ベクトルが静止します．

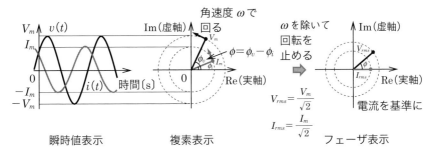

図2.6■正弦波交流のフェーザ表示

　ここで，電流を基準にして実軸上に置くと，次のようになります．

$$\dot{V} = V_{rms}\,e^{j\phi} \tag{2.24}$$

$$\dot{I} = I_{rms} \tag{2.25}$$

このように，交流電圧が非常にシンプルな記載で表現できます．そして，瞬時値に戻す場合は $\sqrt{2}$ と $e^{j\omega t}$ を追加し，その複素数の虚部を取り出せばよいのです．つまり，次式のようになります．

$$v(t) = \mathrm{Im}(\sqrt{2}\,\dot{V}e^{j\omega t}) \tag{2.26}$$

また，この $v(t)$ を微分すると

$$\frac{dv(t)}{dt} = \mathrm{Im}(\sqrt{2}\,j\omega\dot{V}e^{j\omega t}) \tag{2.27}$$

となり，フェーザ表示では，$j\omega\dot{V}$ となります．

　また同様に積分の場合は，$1/j\omega$ を掛ければよいことになります（1.3.2項参照）．

　したがって，正弦波交流とフェーザ表示には次の対応関係が成り立ちます．

$$v(t) \quad \Leftrightarrow \quad \dot{V} \tag{2.28}$$

$$\frac{dv(t)}{dt} \quad \Leftrightarrow \quad j\omega\dot{V} \tag{2.29}$$

$$\int v(t)dt \quad \Leftrightarrow \quad \frac{1}{j\omega}\dot{V} \tag{2.30}$$

　このように，時間関数の微分・積分方程式で表現された電気回路の定常解の解析が，フェーザ表示では代数方程式に変換できます．これが，フェーザ表示のメリットです．

2.5.3 RLC 交流回路とフェーザ表示

抵抗 R, インダクタ L, キャパシタ C を直列接続した**図 2.7** の交流回路について複素平面で考えてみます. ポイントは, 各素子 (R, L, C) に流れる電流 i は, 常に同じだということです. これは, 2.2.1 項のキルヒホッフの電流則から明らかです. したがって, この電流 i を基準にして各素子にかかる電圧を図示します.

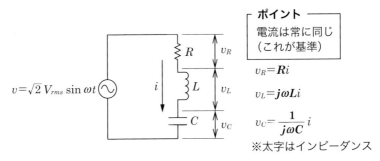

図 2.7■RLC 直列回路

　横軸を実軸, 縦軸を虚軸として複素平面 (ガウス平面) で表示をすると, すべての受動素子の電圧と電流の関係を線形で表すことができます. 正の実軸上に電流値 $\dot{I}$ をとり, これを基準に各素子の電圧を記載します. 2.5.1 項で述べたように, 抵抗, インダクタおよびキャパシタの各電圧の位相は, 電流に対して $0, \pi/2,$ $-\pi/2$ だけそれぞれ進みます. したがって, 各素子にかかる電圧の実効値 ($\dot{V}_R,$ $\dot{V}_L, \dot{V}_C$) の複素ベクトルは, フェーザ表示を用いて**図 2.8** のように示されます.

　図 2.8 に示すように, 電源電圧の実効値 $\dot{V}$ は, 各素子の実効電圧 ($\dot{V}_R, \dot{V}_L,$ $\dot{V}_C$) のベクトル和ですから, その大きさ V_{rms} と偏角 ϕ は次のようになります. 実効電流 $\dot{I}$ の大きさを I_{rms} としています.

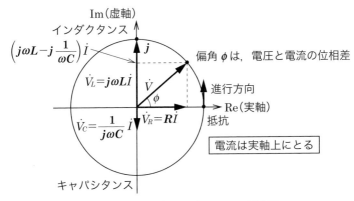

図 2.8■RLC 直列回路のフェーザ表示

$$V_{rms} = \sqrt{R^2 + \left(\omega L - \frac{1}{\omega C}\right)^2} \cdot I_{rms} \tag{2.31}$$

$$\phi = \tan^{-1} \frac{\omega L - \dfrac{1}{\omega C}}{R} \tag{2.32}$$

これらから，電圧は電流に対して ϕ だけ進んでいることがわかります．なお，図からわかるように，$\omega L < 1/\omega C$ なら ϕ だけ遅れます．このように，交流回路では，電圧や電流の位相が，基準となる電流や電圧に対して，進んだり遅れたりします．

また，RLC 直列回路の合成インピーダンス Z の大きさは，次のようになります．

$$|Z| = \frac{V_{rms}}{I_{rms}} = \sqrt{R^2 + \left(\omega L - \frac{1}{\omega C}\right)^2} \tag{2.33}$$

なお，当該回路に流れる電流 i は，式(2.31)と(2.32)から次のようになります．電圧 v に対して電流 i の位相が遅れていることに注意してください．

$$i = \sqrt{2}\, I_{rms} \sin(\omega t - \phi) = \frac{\sqrt{2}\, V_{rms}}{\sqrt{R^2 + \left(\omega L - \frac{1}{\omega C}\right)^2}} \sin(\omega t - \phi) \tag{2.34}$$

図 2.8 で示したように，各素子の実効電圧（$\dot{V}_R, \dot{V}_L, \dot{V}_C$）の合成ベクトルが電源の実効電圧 $\dot{V}$ になりますが，実際は電源電圧 v（$=\sqrt{2}\, V_{rms} \sin \omega t$）が図 2.6 のように角速度 ω で回転しています（フェーザ表示では回転を止めました）．そして，実際の各素子の電圧 v_R（$=Ri$），v_L（$=j\omega Li$），v_C（$=i/j\omega C$）も，図 2.8 の位置関係を保ったまま角速度 ω で回転します．各電圧の時間波形は，虚軸への写像をとることによって描くことができます．

2.5.4 インピーダンスとアドミタンス

複素数表記での電圧と電流の比（v/i）を**インピーダンス**（impedance）といい，$Z = R + jX$ で表します．実部 R を**抵抗**（resistance），虚部 X を**リアクタンス**（reactance）といいます．単位は Ω です．また，電流と電圧の比（i/v）を**アドミタンス**（admittance）といい，$Y = G + jB$ で表します．実部 G を**コンダクタンス**（conductance），虚部 B を**サセプタンス**（susceptance）といいます．単位は S で，$1/\Omega$ の次元をもちます．

実際の回路では，**図 2.9** に示すように，キャパシタやインダクタには抵抗成分が存在し，電流が流れると熱損失が発生します．

（1）キャパシタの場合

図 2.9(a)の合成インピーダンス Z は，次のようになります．R_S は等価直列抵抗（Equivalent Series Resistor：ESR）と呼ばれます．R_C は，コンデンサの絶縁抵抗です．

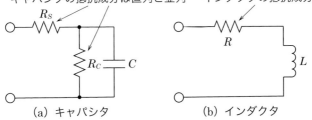

図 2.9 ■実際のキャパシタとインダクタ

$$Z = R_S + \frac{R_C \dfrac{1}{j\omega C}}{R_C + \dfrac{1}{j\omega C}} = \left(R_S + \frac{R_C}{1+(\omega C R_C)^2}\right) - j\omega\,\frac{C R_C{}^2}{1+(\omega C R_C)^2} = R + jX$$

(2.35)

この実部と虚部の大きさの比を誘電正接（タンデルタ）といいます.

$$\tan\delta = \frac{R}{|X|}$$

(2.36)

　抵抗成分（実部）がゼロならば，電流は電圧に対して $\pi/2$ 進みますが，実際は抵抗成分により $(\pi/2)-\delta$ となり，損失角 δ だけ遅れます．この遅れは小さいほうがキャパシタとしての性能がよく，誘電正接（タンデルタ）は小さいほどよいとされています．また，式(2.35)から，実際のキャパシタの抵抗成分は周波数依存性をもっていることがわかります.

(2) インダクタの場合

　図 2.9(b)の合成インピーダンス Z は，次のようになります

$$Z = R + j\omega L$$

(2.37)

この Z の実部と虚部の大きさの比を，Q 値（Quality factor）といいます.

$$Q = \frac{|\omega L|}{R}$$

(2.38)

Q 値が大きいほど抵抗での熱損失が少ないインダクタです.

2.6　二端子対回路

　電子回路を解析するうえで，電子回路における特定の電圧や電流を求めるときには，必ずしも回路全体の情報が必要なわけではありません．必要な個所以外をブラックボックス化し，その入出力電圧や電流が実際の回路と同じであれば，所望の解析が可能になります．二端子対回路は，**図 2.10** に示すように，入力と出力に一対の端子をそれぞれもっており，入出力端子間に存在する回路がブラックボックスになっています.

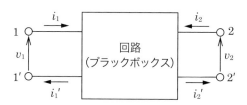

図2.10■二端子対回路のコンセプト図

　そして，入力側の電圧 v_1 および電流 i_1 と，出力側の電圧 v_2 および電流 i_2 との関係をパラメータで記述します．つまり，回路素子を意識することなく純粋に計算で所望の電圧や電流が求まるので，回路解析には都合が良いわけです．ただし，回路は線形回路であり重ね合わせの理が成立することと，$i_1=i_1'$，$i_2=i_2'$ が条件です．このパラメータは，2×2 の行列によって表現されます．また，**表2.1** に示すようにパラメータには種類があり，それぞれに特徴があります．以下では代表的な 4 つのパラメータについて説明します．なお，i_1' と i_2' は，i_1 と i_2 にそれぞれ等しいため，図からは省略します．

表2.1■おもな回路パラメータおよび特徴と用途

パラメータ	特徴と用途
Z	電流が既知の場合に電圧を求めるのに有効です．また，複数回路が直列接続されている場合は，回路全体の Z パラメータが個々の回路の同じ Z パラメータどうしの和で表されるので便利です．
Y	電圧が既知の場合に電流を求めるのに有効です．また，複数回路が並列接続されている場合は，回路全体の Y パラメータが個々の回路の同じ Y パラメータどうしの和で表されるので便利です．
F	複数回路がカスケード接続（縦続接続）されている場合は，回路全体の F パラメータが個々の回路の F 行列の行列積で表されるので便利です．カスケード接続は回路接続で最も多く使われる形態です．
h	トランジスタ回路の動作を表すのに利用されます．これは，トランジスタ回路は交流的に入力開放（インダクタ使用）と出力短絡（キャパシタ使用）が容易にできるので精度よくパラメータが測定できるからです．このため，トランジスタの小信号等価回路の解析に h パラメータが主に使われます．
S	他のパラメータと異なり，回路へ入力される電力と回路から出力される電力の関係を表しています．これは，高周波回路の場合は寄生成分により理想的な開放や短絡が困難だからです．所定のインピーダンスで終端して電力を測定して求めます．高周波回路の場合に用いられますので，本書では説明を割愛します．

2.6.1　Z パラメータ

　図 2.11 に示すように，入出力電圧を入出力電流で関係づけたパラメータを Z パラメータもしくはインピーダンスパラメータといいます．Z パラメータによる行列を，Z 行列もしくはインピーダンス行列と呼びます．

　Z 行列における各成分（各パラメータ）は，電圧 v と電流 i の比ですので，単位はすべて Ω です．また，図 2.12(a)に示すように，各パラメータは，次のような意味をもちます．

・Z_{11}：出力側を開放（$i_2 = 0$）としたときの入力インピーダンス（v_1/i_1）
・Z_{12}：入力側を開放（$i_1 = 0$）としたときの出力から入力への伝達インピーダンス（v_1/i_2）
・Z_{21}：出力側を開放（$i_2 = 0$）としたときの入力から出力への伝達インピーダンス（v_2/i_1）
・Z_{22}：入力側を開放（$i_1 = 0$）としたときの出力インピーダンス（v_2/i_2）

　また，図 2.12(b)に示すように，二端子対回路を直列接続する場合は，インピーダンスの次元をもつ Z パラメータを用いると，各パラメータの和を求めることによって，全体の Z 行列を得ることができるので便利です．

$$v_1 = Z_{11}i_1 + Z_{12}i_2$$
$$v_2 = Z_{21}i_1 + Z_{22}i_2$$

$$\begin{pmatrix} v_1 \\ v_2 \end{pmatrix} = \begin{pmatrix} Z_{11} & Z_{12} \\ Z_{21} & Z_{22} \end{pmatrix} \begin{pmatrix} i_1 \\ i_2 \end{pmatrix}$$

図 2.11■Z パラメータと Z 行列

$$Z_{11} = \left.\frac{v_1}{i_1}\right|_{i_2=0}$$

$$Z_{12} = \left.\frac{v_1}{i_2}\right|_{i_1=0}$$

$$Z_{21} = \left.\frac{v_2}{i_1}\right|_{i_2=0}$$

$$Z_{22} = \left.\frac{v_2}{i_2}\right|_{i_1=0}$$

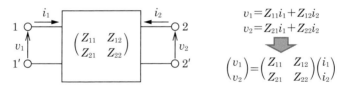

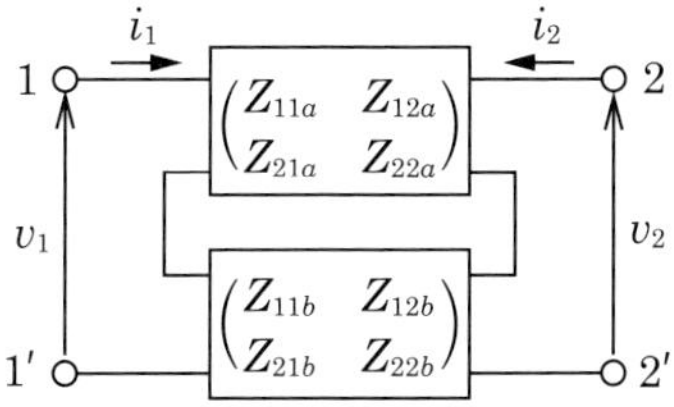

$$\begin{pmatrix} Z_{11} & Z_{12} \\ Z_{21} & Z_{22} \end{pmatrix} = \begin{pmatrix} Z_{11a}+Z_{11b} & Z_{12a}+Z_{12b} \\ Z_{21a}+Z_{21b} & Z_{22a}+Z_{22b} \end{pmatrix}$$

(a) Z パラメータの式　　　(b) 二端子対回路の直列接続

図 2.12■Z パラメータの導出方法

例　題

次の T 形回路の Z パラメータを求めよ.

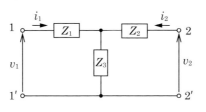

[解説]

① Z_{11} は，出力側を開放（$i_2=0$）としたときの入力インピーダンス（v_1/i_1）

$i_2=0$ より，Z_2 は考慮しなくてよいので，右図になり，$v_1=(Z_1+Z_3)i_1$ となります．したがって，

$$Z_{11}=\frac{v_1}{i_1}=Z_1+Z_3$$

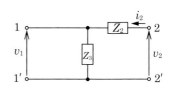

② Z_{12} は，入力側を開放（$i_1=0$）としたときの出力から入力への伝達インピーダンス（v_1/i_2）

$i_1=0$ より，Z_1 は考慮しなくてよいので，右図になり，$v_1=Z_3i_2$ となります．したがって，

$$Z_{12}=\frac{v_1}{i_2}=Z_3$$

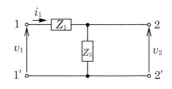

③ Z_{21} は，出力側を開放（$i_2=0$）としたときの入力から出力への伝達インピーダンス（v_2/i_1）

$i_2=0$ より，Z_2 は考慮しなくてよいので，右図になり，$v_2=Z_3i_1$ となります．したがって，

$$Z_{21}=\frac{v_2}{i_1}=Z_3$$

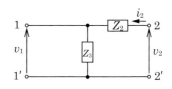

④ Z_{22} は，入力側を開放（$i_1=0$）としたときの出力インピーダンス（v_2/i_2）

$i_1=0$ より，Z_1 は考慮しなくてよいので，右図になり，$v_2=(Z_2+Z_3)i_2$ となります．したがって，

$$Z_{22}=\frac{v_2}{i_2}=Z_2+Z_3$$

2.6.2 Yパラメータ

図2.13に示すように，入出力電流を入出力電圧で関係づけたパラメータをY
パラメータもしくはアドミタンスパラメータといいます．Yパラメータによる行
列を，Y行列もしくはアドミタンス行列とよびます．

Y行列における各パラメータは，電流 i と電圧 v の比ですので，単位はすべて
Sです．また，図2.14(a)に示すように，各パラメータは，次のような意味をも
ちます．

・Y_{11}：出力側を短絡（$v_2=0$）としたときの入力アドミタンス（i_1/v_1）
・Y_{12}：入力側を短絡（$v_1=0$）としたときの出力から入力への伝達アドミタン
　ス（i_1/v_2）
・Y_{21}：出力側を短絡（$v_2=0$）としたときの入力から出力への伝達アドミタン
　ス（i_2/v_1）
・Y_{22}：入力側を短絡（$v_1=0$）としたときの出力アドミタンス（i_2/v_2）

また，図2.14(b)に示すように，二端子対回路を並列接続する場合は，アドミ
タンスの次元をもつYパラメータを用いると，各パラメータの和を求めること
によって，全体のY行列を得ることができるので便利です．

$$i_1 = Y_{11}v_1 + Y_{12}v_2$$
$$i_2 = Y_{21}v_1 + Y_{22}v_2$$

$$\begin{pmatrix} i_1 \\ i_2 \end{pmatrix} = \begin{pmatrix} Y_{11} & Y_{12} \\ Y_{21} & Y_{22} \end{pmatrix}\begin{pmatrix} v_1 \\ v_2 \end{pmatrix}$$

図2.13■Yパラメータとy行列

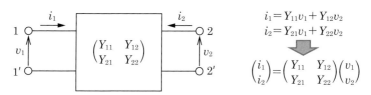

$$Y_{11} = \left.\frac{i_1}{v_1}\right|_{v_2=0}$$

$$Y_{12} = \left.\frac{i_1}{v_2}\right|_{v_1=0}$$

$$Y_{21} = \left.\frac{i_2}{v_1}\right|_{v_2=0}$$

$$Y_{22} = \left.\frac{i_2}{v_2}\right|_{v_1=0}$$

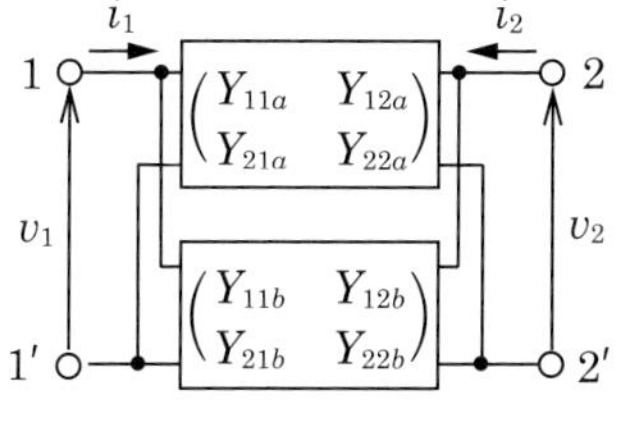

$$\begin{pmatrix} Y_{11} & Y_{12} \\ Y_{21} & Y_{22} \end{pmatrix} = \begin{pmatrix} Y_{11a}+Y_{12b} & Y_{12a}+Y_{12b} \\ Y_{21a}+Y_{21b} & Y_{22a}+Y_{22b} \end{pmatrix}$$

（a）Yパラメータの式　　（b）二端子対回路の並列接続

図2.14■Yパラメータの導出方法

例　題

次の π 形回路の Y パラメータを求めよ．

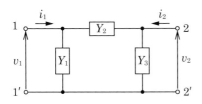

流れる電圧 I は，印加電圧 V とアドミタンス Y を用いて $I=YV$ で求められます．

［解説］

① Y_{11} は，出力側を短絡（$v_2=0$）としたときの入力アドミタンス（i_1/v_1）

$v_2=0$ より，端子 2 と 2′ は短絡するので，右図になり，$i_1=(Y_1+Y_2)v_1$ となります．したがって，

$$Y_{11}=\frac{i_1}{v_1}=Y_1+Y_2$$

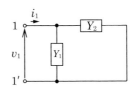

② Y_{12} は，入力側を短絡（$v_1=0$）としたときの出力から入力への伝達アドミタンス（i_1/v_2）

$v_1=0$ より，端子 1 と 1′ は短絡するので，右図になり，$i_1=-Y_2v_2$ となります．したがって，

$$Y_{12}=\frac{i_1}{v_2}=-Y_2$$

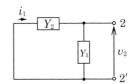

③ Y_{21} は，出力側を短絡（$v_2=0$）としたときの入力から出力への伝達アドミタンス（i_2/v_1）

$v_2=0$ より，端子 2 と 2′ は短絡するので，右図になり，$i_2=-Y_2v_1$ となります．したがって，

$$Y_{21}=\frac{i_2}{v_1}=-Y_2$$

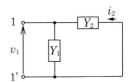

④ Y_{22} は，入力側を短絡（$v_1=0$）としたときの出力アドミタンス（i_2/v_2）

$v_1=0$ より，端子 1 と 1′ は短絡するので，右図になり，$i_2=(Y_2+Y_3)v_2$ となります．したがって，

$$Y_{22}=\frac{i_1}{v_2}=Y_2+Y_3$$

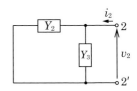

2.6.3　F パラメータ

図 2.15 に示すように，入力側の電圧と電流を出力側の電圧と電流で関係づけ

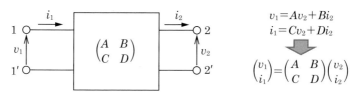

図 2.15 ■ F パラメータと F 行列

たパラメータを F パラメータといいます．F パラメータによる行列を，F 行列と呼びます．ここで，出力側の電流 i_2 の向きが Z や Y パラメータと比べて逆になっています．これは，次に述べる 2 端子対回路をカスケード接続（継続接続）した際に都合がよいからです．

F 行列における各パラメータは，**図 2.16**(a)に示すとおり，次のような意味をもちます．

・A：出力側を開放（$i_2 = 0$）としたときの電圧帰還率（v_1/v_2）（無単位）
・B：出力側を短絡（$v_2 = 0$）としたときの出力から入力への伝達インピーダンス（v_1/i_2）（単位：Ω）
・C：出力側を開放（$i_2 = 0$）としたときの出力から入力への伝達アドミタンス（i_1/v_2）（単位：S）
・D：出力側を短絡（$v_2 = 0$）としたときの電流増幅率の逆数（i_1/i_2）（無単位）

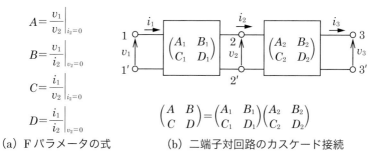

（a）F パラメータの式　　　（b）二端子対回路のカスケード接続

図 2.16 ■ F パラメータの導出方法

また，図 2.16(b)に示すように，二端子対回路をカスケード接続（縦続接続）する場合は，入力側と出力側が等号の左右で分かれている F パラメータを用いると，F 行列の積を求めることによって，全体の F 行列を得ることができます．接続する中間ノードの電圧 v_2 と電流 i_2 の接続をスムーズにするために，F パラメータでは，電流の方向を逆にしています．

例　題

次の回路の F パラメータを求めよ．

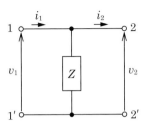

[解説]

① A は，出力側を開放（$i_2=0$）としたときの電圧帰還率（v_1/v_2）

図より，$v_1=v_2$ なので，

$$A=\frac{v_1}{v_2}=1$$

② B は，出力側を短絡（$v_2=0$）としたときの出力から入力への伝達インピーダンス（v_1/i_2）

出力を短絡したら，$v_1=0$ なので，

$$B=\frac{v_1}{i_2}=0$$

③ C は，出力側を開放（$i_2=0$）としたときの出力から入力への伝達アドミタンス（i_1/v_2）

図より，$v_2=Zi_1$ なので，

$$C=\frac{i_1}{v_2}=\frac{1}{Z}$$

④ D は，出力側を短絡（$v_2=0$）としたときの電流増幅率の逆数（i_1/i_2）

図より，出力を短絡したら，$i_1=i_2$ なので，

$$D=\frac{i_1}{i_2}=1$$

例　題

次の回路の F パラメータを求めよ．

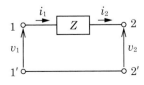

[**解説**]

① 出力開放時に電流は流れないので，$v_1 = v_2$ より，

$$A = \frac{v_1}{v_2} = 1$$

② 出力短絡時には，$v_1 = Zi_2$ となるので，

$$B = \frac{v_1}{i_2} = Z$$

③ 出力開放時に電流は流れないので，$i_1 = 0$ より，

$$C = \frac{i_1}{v_2} = 0$$

④ 出力短絡時には，$i_1 = i_2$ となるので，

$$D = \frac{i_1}{i_2} = 1$$

2.6.4　h パラメータ

図 **2.17** に示すように，入出力電流と入出力電圧を関係づけたパラメータを h パラメータもしくはハイブリッドパラメータといいます．h パラメータによる行列を，h 行列もしくはハイブリッド行列と呼びます．

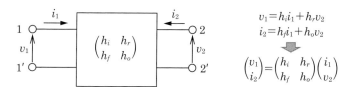

$$v_1 = h_i i_1 + h_r v_2$$
$$i_2 = h_f i_1 + h_o v_2$$

$$\begin{pmatrix} v_1 \\ i_2 \end{pmatrix} = \begin{pmatrix} h_i & h_r \\ h_f & h_o \end{pmatrix} \begin{pmatrix} i_1 \\ v_2 \end{pmatrix}$$

図 2.17■h パラメータとハイブリッド行列

h 行列における各パラメータは，図 **2.18** に示すとおり，次のような意味をもちます．

・h_i：出力側を短絡（$v_2 = 0$）としたときの入力インピーダンス（v_1/i_1）（単位：Ω）

・h_r：入力側を開放（$i_1 = 0$）としたときの電圧帰還率（v_1/v_2）（無単位）

・h_f：出力側を短絡（$v_2 = 0$）としたときの電流増幅率（i_2/i_1）（無単位）

・h_o：入力側を開放（$i_1 = 0$）としたときの出力アドミタンス（i_2/v_2）（単位：S）

$$h_i = \left.\frac{v_1}{i_1}\right|_{v_2=0} \qquad h_r = \left.\frac{v_1}{v_2}\right|_{i_1=0}$$

$$h_f = \left.\frac{i_2}{i_1}\right|_{v_2=0} \qquad h_o = \left.\frac{i_2}{v_2}\right|_{i_1=0}$$

図 2.18■h パラメータの導出方法

　このように，h パラメータは入力と出力の電圧と電流が混ざった複雑な組合せではありますが，この組合せにすることによってトランジスタの小信号等価回路において入力と出力が分離できて解析がしやすくなります．詳細は，第6章で述べます．

2.7　第2章のまとめ

　この章では，電気回路でよく使われる解析手法について述べました．キルヒホッフの法則や重ね合わせの理は，なじみがあるかもしれませんが，複素数や行列を使った解析は，慣れないと難しいかもしれません．しかし，交流理論からもわかるように，複素数などの数学的手法は，電気工学と非常に相性がよく密接に結びついていますので，一度慣れてしまうと非常に重宝します．上級の回路設計者には，複素数と行列式で回路解析をされる方が結構おられます．みなさんも，意識して使ってみてください．

2.8　第2章の演習問題

（1）次の回路の各抵抗に流れる電流
　　(I_1, I_2, I_3) を計算しなさい．

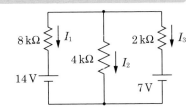

（2）次の回路において，抵抗 R_L に流れる電流を求めたい．当該回路をテブナン定理により，等価電圧源 V_0 と等価抵抗 r_0 に変換して，電流 I を求めなさい．

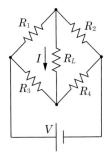

（3）次の回路の F 行列を求めなさい．
　　（ヒント）2.6.3 項の F パラメータの
　　例題の結果を利用するとよい．

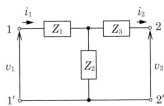

第3章

半導体

スマートフォンに代表される小型，軽量，高性能の電子機器は，半導体デバイス（semiconductor device）によって成り立っています．半導体デバイスがなければ，私たちの身のまわりの電子機器もないといっても過言ではありません．それほどに身近で重要な存在です．この章では，半導体デバイスの基礎となる半導体物理について解説します．なぜ，半導体が電子デバイスとして用いられるかを感覚的に掴んでもらえればと思います．

3.1　半導体とは

半導体（semiconductor）とは，その名のとおり，**導体**（conductor）と**絶縁体**（insulator）の中間に位置する物質です（**図3.1**）．例として，シリコン（Si）やゲルマニウム（Ge），ダイヤモンド（C）が挙げられます．導体は電気をよく通しますが，絶縁体は通しません．電気の通りにくさを表す**抵抗率**（resistivity）でみると，導体は $10^{-8}\sim10^{-6}\,\Omega\cdot\mathrm{m}$ 程度で，絶縁体は $10^{6}\sim10^{8}\,\Omega\cdot\mathrm{m}$ 程度，半導体は，それらの間の $10^{-6}\sim10^{6}\,\Omega\cdot\mathrm{m}$ くらいになります．

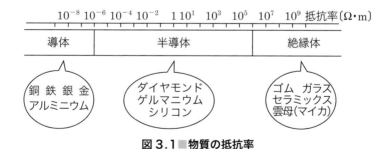

図3.1■物質の抵抗率

抵抗率は，荷電粒子の多寡に依存します．導体（例：金属）には，荷電粒子（自由電子）が非常に多いですが，絶縁体（例：ゴムやガラス）には，荷電粒子がほとんど存在しません．では，半導体はというと荷電粒子である電子と正孔（ホールともいう）が適度に存在しています．とはいうものの，不純物をほとんど含まない状態の半導体は，ほとんど電気を通しません．しかし，ある種の元素

を混ぜることで電気を通しやすくなります．この状態を上手く組み合わせること
によって電子デバイスを形成すると，ある条件では電気を通し，別の条件では電
気を通さないということが実現できます．つまり，オンとオフの2状態が作れ
るので，スイッチにもなりますし，1と0のデジタル演算もできるのです．こう
した性質がパソコンや電化製品に役立てられているのです．

コラム3.1　抵抗率

　抵抗率は，**比抵抗**ともいいます．**図C3.1**に示す金属棒の両端間の抵抗値を考
えてみます．抵抗値Rは電子の流れにくさを表すので，断面積Sに反比例し，長
さlに比例することは容易に想像できます．これを式で表すと，比例定数をρと
すれば，$R=\rho l/S$と表せます．このρを抵抗率あるいは比抵抗といいます．ρは，
$\rho=RS/l$と表せるので，その単位は$\Omega\cdot\mathrm{m}$です．

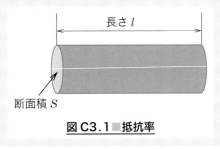

長さl

断面積S

図C3.1■抵抗率

3.2　半導体物性の基礎

　前述の金属，半導体，絶縁体は，どれも原子から構成されています．そして原
子は，**図3.2**に示すように，プラスの電荷の原子核のまわりを，マイナスの電荷
の電子が回っています．この電子の周回軌道は，電子の波の性質（電子は，粒子
と波の2つの性質を併せもっています）より，同図に示すとおり周囲長が波の
波長の整数倍でないと安定して存在できないので離散的な値をとります．たとえ
ば原子番号14のシリコンは，同図に示すように，シリコンの原子核（＋14）の
まわりを14個の電子が回っています．

　この電子は，あらかじめ決められた軌道に収容されています．この軌道のこと
を原子殻といいます．原子殻のなかには，状態の違う電子が複数収容されていま
すが，同じ状態の電子は存在できない（パウリの排他原理）ことより，各原子殻
に収容できる電子数が決まっています．

　シリコンの場合は，図3.2に示したようにK, L, Mの3つの原子殻が存在し，
各原子殻は量子数で決まる軌道（2sや2pなど）を有しています．そしてK, L,
Mの各原子殻にはそれぞれ2, 8, 4個の電子が入っています．シリコン中の電子

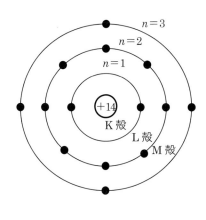

軌道長が電子波の波長の
整数倍になったときに安
定状態になる

原子殻	K	L		M		
軌道	1s	2s	2p	3s	3p	3d
最大電子数	2	2	6	2	6	10

図 3.2 ■ 原子構造と原子殻

は，そのエネルギーで見ると，外側の原子殻にいる電子のほうが，高いエネルギーをもっています．

　軌道が離散的で，かつ外側のほうのエネルギーが高いということは，電子のエネルギーレベル（**エネルギー準位**といいます）は，軌道ごとに離散的な値をとることがわかります．また，同じ軌道であればほぼ同じエネルギー準位を取りますが，原子が近接すると互いの相互作用により，各軌道に対するエネルギー準位が分裂し，**図 3.3** に示すように幅をもった帯状になります．この分裂したエネルギー準位の集合をエネルギーバンドといいます．

　エネルギーバンドの中で，最外殻の状態が一番重要です．最外殻の電子を**価電子**とよびます．別の名前が付けられるくらい重要な位置づけなのです．その価電子がいる最外殻のエネルギーバンドを**価電子帯**（valence band）といいます．価電子帯のさらに高いエネルギーの位置には，**禁制帯**（forbidden band）を挟んで**伝導帯**（conduction band）が存在しています．この伝導帯に電子が存在できると，高い導電性を示します．**図 3.4** に示すように，自由電子が伝導帯にあると，自由電子はもとの原子核を離れて隣の原子核の電子軌道へ自由に移れるようになるので，高い導電性を示すのです．

　価電子帯と伝導帯のエネルギー準位差を**バンドギャップ**エネルギー（band gap energy）といいます．このバンドギャップエネルギーは，自由電子の生成に必要なエネルギー E_g を表しています．**図 3.5** 中の**フェルミ準位**（Fermi level）は，電子の存在確率が 0.5 となるエネルギー準位です（コラム 3.2 参照）．このフェルミ準位は，金属の場合は伝導帯に存在し，価電子は常温で伝導帯に存在できて自由電子となるので，非常に高い導電性を示します．一方，絶縁体と半導体においてはフェルミ準位は禁制帯に存在します．絶縁体はバンドギャップが

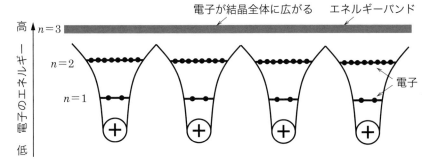

図3.3■結晶中でのエネルギーバンドの形成

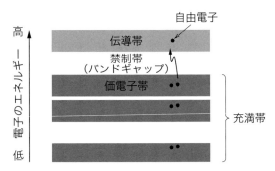

図3.4■エネルギー準位とバンド構造の模式図

図3.5■価電子帯および伝導帯とバンドギャップ

大きく，価電子帯から伝導帯への電子の励起に大きなエネルギー（$>E_g$）を必要とするので，常温では伝導帯に電子が非常に存在しにくく電気がほとんど流れません．

　そして，半導体の場合は次章で説明するように，ドーピングにより導電性を制御できるようになり，pn接合の状態で外部から電圧を加えることにより，エネルギーバンドのポテンシャルを変化させることによって，キャリア（電子・正孔）の密度を制御し導電性をコントロールすることができます．つまり，ONと

OFF のスイッチング動作が可能になります．これが，半導体が電子デバイスとして重宝される理由です．

3.3 真性半導体と不純物半導体

3.3.1 真性半導体

半導体の代表であるシリコン（Si）は IV 族の元素であり，**図 3.6** に示すように，最外殻の電子が 8 個となって強固な共有結合を有して非常に安定しています．このように単一原子のみの共有結合による半導体を**真性半導体**（intrinsic semiconductor）といいます．また，シリコンのバンドギャップ E_g は 1.1〜1.2 eV であり，常温で価電子帯から伝導帯に電子がある程度移って，伝導帯に**自由電子**（free electron）が，価電子帯に電子が抜けた孔である正孔がそれぞれ発生します．価電子帯の上端と伝導帯の下端のエネルギー準位をそれぞれ E_v，E_C とすれば，それらのほぼ中央に真性半導体のフェルミ準位が存在します．このフェルミ準位は，真性フェルミ準位 E_i とよばれています．真性半導体のシリコンは，実は常温ではほとんど電気を通さず，また，バンドギャップ E_g を超えて電子を励起させるために大きなエネルギーが必要です．これでは，ON・OFF 動作をさせるのに非常に高いエネルギーが必要になるので，半導体デバイスとして活用するのは現実的ではありません．そこで，次に述べるように，少し混ぜ物をして半導体デバイスとして使えるようにします．

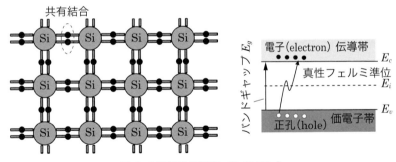

図 3.6■真性半導体（シリコン）

3.3.2 n 型半導体

真性半導体にリン（P）やヒ素（As）などの V 族の元素を不純物として混入させた半導体を **n 型半導体**といいます．**図 3.7** に示すように，シリコン（Si）にリン（P）

n 型の「型」は JIS や学術用語集では「形」が用いられています．本書では，一般的に用いられている「型」で統一しました．

を少量混ぜると，リン（P）が V 族なので電子が 1 個余ります．この余分な電子は，リン（P）原子と弱く結ばれていますが，わずかなエネルギーを与えるとリ

ン（P）原子との結合から離れて結晶中を自由に動き回れる自由電子となります．また，電子が出ていった後のリン（P）原子は，正にイオン化して陽イオンとなります．このように，リン（P）のような不純物は自由電子を供給することから，ドナー（donor）とよばれます．

　同図のエネルギーバンドで示すように，ドナーに束縛されているときの電子のエネルギー準位は，伝導帯のすぐ下にあり，ドナー準位（donor level）と呼ばれており，E_d で表されます．ドナー準位 E_d から伝導帯下端 E_c までのエネルギー準位差は，バンドギャップ E_g に比べて非常に小さい（0.05 eV くらい）ので，常温でもドナー準位から伝導帯に容易に励起されて，伝導帯に自由電子が多く存在できます．したがって，フェルミ準位 E_f も真性フェルミ準位 E_i に比べてかなり上方に位置します．

　このように，ドナーを添加して自由電子を多くしたので，負（negative）電荷の電子にちなんで n 型半導体とよんでいるのです．

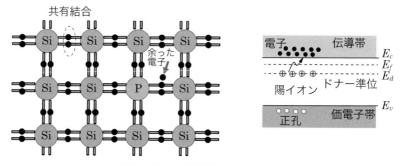

図 3.7 ■ n 型半導体（シリコン）

3.3.3　p 型半導体

　真性半導体にホウ素（B）やインジウム（In）などの III 族の元素を不純物として混入させた半導体を **p 型半導体**といいます．**図 3.8** に示すように，シリコン（Si）にホウ素（B）を少量混ぜると，III 族なので電子が 1 個不足します．この価電子が不足したところが電子の抜けた孔，すなわち正孔と同様にふるまうことになります．この正孔もホウ素（B）原子に束縛されるものの，わずかなエネルギーで共有結合にあずかる他の電子を取り込みます．この取り込んだ電子が抜けた孔は新たな正孔になります．このように，あたかも正孔が自由電子のように移動していくようになります．また，電子を受け入れたホウ素（B）原子は，負にイオン化して陰イオンとなります．このように，ホウ素（B）のような不純物は自由電子を受け入れることから，アクセプタ（acceptor）とよばれます．

　同図のエネルギーバンドで示すように，アクセプタのエネルギー準位は価電子帯のすぐ上にあります．アクセプタ準位（acceptor level）といい，記号 E_a で表

されます. 価電子帯上端 E_v からアクセプタ準位 E_a までのエネルギー準位差は, バンドギャップ E_g に比べて非常に小さいので, 常温でも価電子帯の電子はアクセプタ準位に容易に励起されて, 価電子帯に正孔が多く存在します. したがって, フェルミ準位 E_f も真性フェルミ準位 E_i に比べてかなり下方に位置します. そのとき価電子帯に作られた正孔が移動することにより, 電気伝導が起こります.

このように, アクセプタを添加して正孔を多くしたので, 正 (positive) 電荷の正孔にちなんで p 型半導体とよんでいるのです.

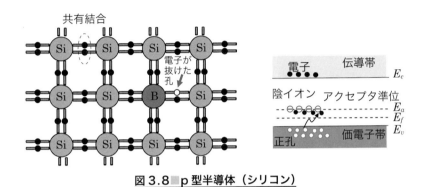

図3.8　p型半導体（シリコン）

ここで, 簡単のために正孔が結晶中を移動するといいましたが, 実際は電子が正孔中を飛び移ることによって, 正孔が電子と逆に移動するように見えています. 電子や正孔は荷電を運ぶキャリア (carrier) と呼ばれており, p 型半導体では正孔が多数キャリア, 電子が少数キャリアになります. また, n 型半導体では, 電子が多数キャリアで, 正孔が少数キャリアです.

コラム3.2　電子密度とフェルミ・ディラックの分布関数

半導体中の電子の密度について考えます. パウリの排他原理により, それぞれのエネルギー状態で存在できる電子数が限られています. そのため, それぞれのエネルギー状態に存在する電子密度 n は, そのエネルギー E で存在が許される密度を表す状態密度関数 $Z(E)$ と, そのエネルギー E に電子が存在する確率を示す分布関数 $f(E)$ との積で求められます.

$$n = Z(E) \times f(E) \tag{C3.1}$$

換言すれば, 状態密度関数 $Z(E)$ は, あるエネルギー状態における単位体積・単位エネルギーあたりの電子の座席数であり, 状態密度関数 $f(E)$ は, 電子の存在確率（座席がどれくらい埋まっているか＝出席率）です. その $Z(E)$ と $f(E)$ の積で, あるエネルギー状態における単位体積・単位エネルギーあたりの電子の数 n（＝密度）がわかります.

　半導体中の電子はフェルミ粒子であり，半導体中の電子の分布は次のフェルミ・ディラックの分布関数（Fermi-Dirac distribution function）に従います．

$$f_n(E) = \cfrac{1}{\exp\left(\cfrac{E - E_f}{kT}\right) + 1} \tag{C3.2}$$

　E_f は，フェルミ準位（Fermi level）またはフェルミエネルギー（Fermi energy）とよばれており，絶対零度においてフェルミ粒子によって占められた準位のうちで最高準位のエネルギーです．換言すれば，絶対零度（$T=0\,\mathrm{K}$）で電子をエネルギーの低いところから順番に詰めていったときの最上位のエネルギーであり，図C3.2(a)に示すように，絶対零度で E_f 以上には電子は存在できません

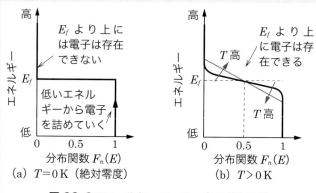

図C3.2■フェルミ・ディラックの分布関数

　一方，温度 T が上がった場合，同図(b)に示すように，電子は E_f より高いエネルギーでも存在できるようになります．また，温度が高いほうが，より高いエネルギー準位に存在できるようになります（中央付近のフラットな部分が左上がりの傾斜になります）．そして，フェルミ準位 E_f においては，電子の存在確率が 0.5 になります．このことは，式(C3.2)からもわかります．

3.4　第3章のまとめ

　本章では，半導体物性や固体物性の教科書で出てくる半導体物理の入口的な事項について述べました．電子回路の設計をする場合に直接意識することは少ないと思いますが，これらは次に述べる pn 接合を理解するうえで必須な事項であり，pn 接合は半導体デバイスの動作原理のベースになっています．特にアナログ電子回路の設計者は，半導体デバイスの動作原理をよく知っておく必要がありますので，半導体物理の基礎的な知識は必ず理解しておいてください．本章で述べた知識をベースに次章では半導体デバイスの動作が述べられていきます．

3.5　第3章の演習問題

（**1**）フェルミ準位から 0.055 eV だけ高いエネルギーにおいて，電子が占めることができる確率をフェルミ・ディラックの分布関数から求めなさい．ただし，温度 T は 47℃，ボルツマン定数 k は $1.38×10^{-23}$ J/K，電気素量 q（e と書く場合がある）は $1.6×10^{-19}$ C とする．

（**2**）初期の半導体にはゲルマニウム（Ge）が用いられていたが，現在はシリコン（Si）が主流となっている．その理由を述べなさい．

（**3**）アルミニウムの抵抗率 ρ は $2.8×10^{-8}$ Ω·m 程度である．厚みが 1 μm，幅が 10 μm，長さが 1 mm のアルミニウム配線の抵抗を求めなさい．

（**4**）ドナー準位と伝導帯下端の差が，0.03 eV とした場合，室温（300 K）では，ドナー不純物は多くが電子を放出してイオン化していることを示しなさい．なお，熱エネルギーは，kT で表せるとする．ただし，T は温度，k はボルツマン定数である．

第4章

pn 接合とダイオード

本章では，能動素子の一つであるダイオード（diode）について述べていきます．ダイオードは，昔は２極真空管で作成していましたが，現在では半導体ダイオードに置き換わっています．ダイオードの機能は，本章で述べる整流作用が主となりますが，光を検出するセンサ用途のものなどもあります（フォトダイオード）．

本章では代表的なダイオードである PN ダイオードを取り上げます．PN ダイオードは，前章で述べた p 型半導体と n 型半導体をくっつけた pn 接合（p-n junction）により形成されています．そして，このダイオードは，電流を一定方向のみに流すという性質を有し，この性質を利用して交流を直流にする整流や無線通信の復調（demodulation）における検波などに用いられています．

4.1　pn 接合

p 型半導体と n 型半導体を接合したものを **pn 接合**（pn junction）といいます．この pn 接合に外部から電圧を印加すると，エネルギーバンドが変化してさまざまな特性を示すようになります．この特性を多くの半導体デバイスが利用しており，pn 接合は半導体デバイスの基本構造になっています．

図 4.1 に示すように，n 型半導体には，自由に動ける電子とドナーイオンが，p 型半導体には，自由に動ける正孔とアクセプタイオンがそれぞれ存在します．そして，これら n 型と p 型の半導体を接合すると，密度差に起因する **拡散**（diffusion）という現象が発生します．つまり，一般的な現象と同じように，濃いほうから薄いほうへキャリア（電子と正孔）が移動するのです．この拡散により，n 型半導体の電子は p 型半導体のほうへ，p 型半導体の正孔は n 型半導体のほうへそれぞれ移動します．そして，接合面付近では，拡散してきた電子と正孔が再結合（recombination）することにより，電気的に消滅します．これにより，接合面付近には，自由なキャリアがほとんどない**空乏層**（depletion layer）とよばれる層が形成されることになります．

一方，空乏層が形成されると，動けないドナーイオンとアクセプタイオンによって，n 型半導体が正に，p 型半導体が負に帯電し，電位差が生じます．この電位差による電界によって，キャリア（電子と正孔）は，拡散と逆方向に力を受けることになります．これを**ドリフト**（drift）とよびます．そして，拡散とド

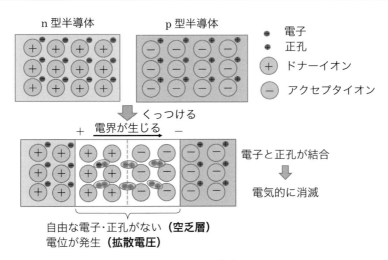

図4.1■pn接合

リフトによるそれぞれのキャリアの流れがつり合ったところ（拡散電流＝ドリフト電流）で**定常状態（熱平衡状態）**となります．

　この定常状態のエネルギーバンドを**図4.2**に示します．電圧を印加していない定常状態では，p型半導体とn型半導体のそれぞれのフェルミ準位E_fが一致します．そして，接合部付近の電子および正孔は拡散し分布が変化しますが，接合付近以外は接合前の分布と同じになります．このため，エネルギーバンドは，接合付近で斜めの段差を作っていますが，接合付近以外はフラットです．この段差

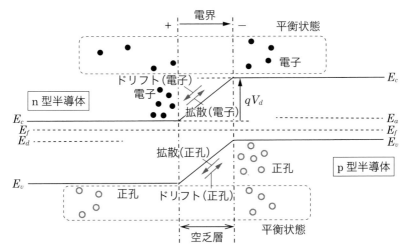

図4.2■pn接合のエネルギーバンド図（定常状態）

となる電位を**拡散電圧**（diffusion potential）もしくは**内蔵電位**（built-in potential）といいます．この拡散電圧 V_d は，シリコンの pn 接合の場合は 0.6〜0.7 V になります．エネルギー差としては，電子の電荷量を q とすると，同図に示すように qV_d になります．

　この定常状態の pn 接合に電圧を印加すると，一方向にしか電流を流さないという性質が現れ，この性質がダイオードに利用されています．次で説明します．

4.2　ダイオードの整流作用

　ダイオード（PN ダイオード）は，**図 4.3** に示すように，pn 接合を利用しています．同図(a)に示すように，ダイオードの p 型半導体側の端子（アノードといいます）に正の電位を，n 型半導体側の端子（カソードといいます）に負の電位を印加すると，アノード（A）からカソード（K）へ電流が流れます．この電圧の印加状態を**順方向バイアス**といいます．

　一方，同図(b)に示すように，アノード（A）に負の電位を，カソード（K）に正の電位をそれぞれ印加すると，カソードからアノードへは電流がほとんど流れません．この電圧の印加状態を**逆方向バイアス**とよびます．なお，アノード（陽極），カソード（陰極）という言葉は，ダイオード以前に使われていた真空管に由来します．また，カソードは英語で書くと Cathode ですが，C と書くとキャパシタと混同するので，K と表記することとしています．

　このように，ダイオードは，アノード（A）からカソード（K）の一方向しか電流を流しません．この作用を**整流作用**（rectification）とよんでいます．

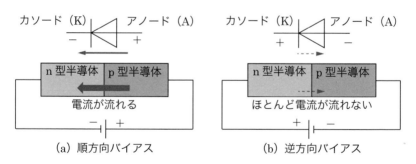

(a) 順方向バイアス　　　　　　　　(b) 逆方向バイアス

図 4.3■ダイオードと整流作用

4.3　ダイオードのエネルギーバンド

　では，なぜこのような働きをするのでしょうか．ダイオードのエネルギーバンド図を**図 4.4** に示します．電圧を印加していない状態では pn 接合の定常状態（図 4.2）になります．

　ダイオードに電位差 V の順方向バイアス（p 型に正，n 型に負の電位）を印加

すると，空乏層の幅が狭くなるとともに，負の電荷をもつ電子のエネルギー準位
を基準とすれば，同図(a)に示すように，正の電位が印加されている p 型半導体
のエネルギー準位が下がり，逆に負の電位が印加されている n 型半導体のエネ
ルギー準位が上がります．これにより，フェルミ準位 E_f は n 型のほうが qV だ
け高くなり，この qV だけ**電位障壁**（potential barrier）が低下して $q(V_d - V)$
になります．すると，n 型と p 型の半導体で電子および正孔の密度に差ができる
ため，電子は n 型から p 型へ，正孔は p 型から n 型へそれぞれ拡散していくの
で，4.1 節で述べたように p 型から n 型の方向へ電流が流れることになります．

したがって，この電流は拡散電流になります．そして，n 型半導体には電子が，
p 型半導体には正孔がそれぞれ電源から継続的に供給されるので，拡散電流が流
れ続けることになります．

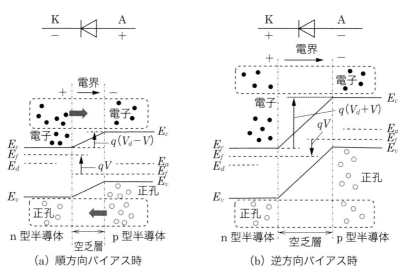

図4.4■ダイオードのエネルギーバンド図（バイアス印加時）

一方，電位差 V の逆方向バイアス（p 型に負，n 型に正の電位）を印加すると，
同図(b)に示すように，空乏層の幅が広くなるとともに，負の電位が印加されて
いる p 型半導体のエネルギー準位が上がり，逆に正の電位が印加されている n
型半導体のエネルギー準位が下がります．これにより，フェルミ準位 E_f は n 型
のほうが qV だけ低くなり，その結果，電位障壁が qV だけ上昇して $q(V_d + V)$
になります．この状態では，p 型と n 型にキャリア（電子・正孔）の密度差が発
生せず p 型から n 型への拡散電流は生じません．また，電位障壁が高くなりド
リフト電流が増加するように思いますが，n 型半導体中の正孔と p 型半導体中の
電子は，ともに少数キャリアであり，数がきわめて少ないので，ドリフト電流は

わずかしか流れません．このため，逆方向バイアス時は，ダイオードにほとんど
電流が流れないのです．

4.4　ダイオードの電流式

図4.5にダイオードに流れる電流を表します．順方向バイアス時に電流が急激
に流れ出す印加電圧を**順方向電圧** V_F と呼んでいます．この順方向電圧 V_F はダ
イオードによって異なりますが，一般的なシリコンダイオードの場合，0.6〜
0.7Vとなります．

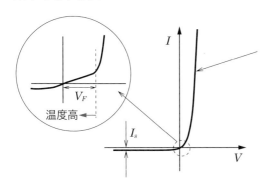

$$I = I_s\left[\exp\left(\frac{qV}{kT}\right) - 1\right]$$

I_s：逆方向飽和電流
k　：ボルツマン定数
T　：絶対温度
q　：電子の電荷量（電気素量）
V：印加電圧

図4.5■理想ダイオードの電流・電圧特性

ダイオードを流れる電流 I は，漏れ電流がない理想ダイオードとすると，同図
に示すように次の式で表すことができます．

$$I = I_s\left[\exp\left(\frac{qV}{kT}\right) - 1\right] \tag{4.1}$$

この式は印加電圧が正に高い場合（ $V \gg kT/q$ ）は，$\exp(qV/kT) \gg 1$ なので次
の式に近似できます．

$$I \approx I_s\exp\left(\frac{qV}{kT}\right) \tag{4.2}$$

つまり，電流 I は指数関数的に増えてきます．拡散電流の特徴です．

また，kT/q を**熱電圧**（thermal voltage）とよび，本書では U_T で表すことに
します．

$$I \approx I_s\exp\left(\frac{qV}{kT}\right) = I_s\exp\left(\frac{V}{U_T}\right) \tag{4.3}$$

この熱電圧 U_T は，常温（300K）では約26mVなので，順方向バイアス時の
電流 I は，印加電圧 V が26mV上がると電流値は e 倍になります．

一方，印加電圧が負に高い場合（ $V \ll kT/q$ ）は，$\exp(qV/kT) \approx 0$ なので次の
式に近似できます．

$$I \approx -I_s \tag{4.4}$$

つまり，逆方向バイアス時には，印加した電圧にかかわらず一定電流が流れます．この I_s を**逆方向飽和電流**（reverse saturation current）といいます．この逆方向飽和電流 I_s は，少数キャリアがある限りゼロにはなりません．

なお，順方向電圧 V_F は温度特性をもち，一般的なシリコンダイオードの場合は $-0.2\,\mathrm{V/^\circ C}$ くらいの勾配をもちます．したがって，温度が高くなると順方向電圧 V_F が低下するので，図 4.5 の順方向バイアス時の電流・電圧特性は左にシフトすることになります．ダイオードの仕様書には，順方向電圧 V_F は温度と電流を特定した状態で記載されています．

4.5　ダイオードの降伏現象

pn 接合ダイオードに逆方向バイアスを印加していくと，逆方向飽和電流 I_s が流れますが，印加電圧 V を増加させていくと，**図 4.6** に示すように，ある電圧 V_B で大きな電流が流れます．この現象を pn 接合の**降伏**（breakdown）と呼んでおり，降伏の起こる電圧 V_B を**降伏電圧**（breakdown voltage）といいます．この降伏にはメカニズムの異なる 2 種類が存在し，**アバランシェ降伏**（avalanche breakdown）と**ツェナー降伏**（Zener breakdown）とよばれています．

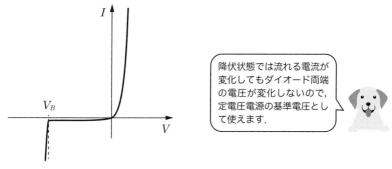

降伏状態では流れる電流が変化してもダイオード両端の電圧が変化しないので，定電圧電源の基準電圧として使えます．

図4.6■ダイオードの降伏現象

4.5.1　アバランシェ降伏

図 4.7 にアバランシェ降伏のエネルギーバンド図を示します．pn 接合に大きな逆方向バイアスがかかると，少数キャリアが高い電界で加速され大きな運動エネルギーをもって半導体内を移動することになります．この高エネルギーの少数キャリアが結晶格子の原子と衝突すると，その価電子にエネルギーを与えて伝導帯に励起します．その際，価電子帯では電子の抜けた孔である正孔が増えることになります．励起された価電子は，伝導電子となって高い電界によって加速され，別の価電子に衝突して伝導帯に励起します．これが繰り返されると，伝導電子と正孔が雪崩（avalanche）のように，急激に増加して大きな電流が流れるようになります．

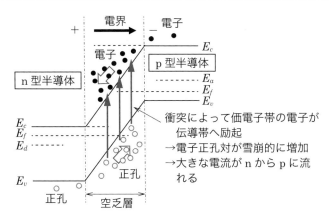

図 4.7■アバランシェ降伏

4.5.2　ツェナー降伏

　高濃度に不純物が添加された pn 接合は空乏層の幅が狭くなります．このような pn 接合に大きな逆方向バイアスをかけると，電子の波動性に基づく**トンネル効果**（tunnelling effect）によって，p 型半導体の価電子帯の電子が n 型半導体の伝導帯に移動するようになります（**図 4.8**）．この現象によって，ダイオードに大電流が流れます．この効果は 1934 年に米国のツェナー（Clarence Zener）氏によって発見されたので，**ツェナー効果**（Zener effect）とよばれます．

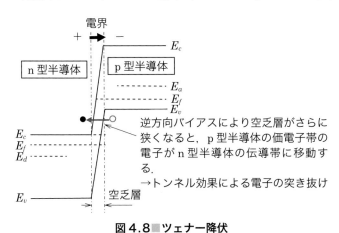

図 4.8■ツェナー降伏

　ツェナー効果における降伏電圧 V_B を**ツェナー電圧** V_Z といいます．このツェナー電圧 V_Z は，添加する不純物濃度によって正確にコントロールでき，この現象を用いたダイオードを**ツェナーダイオード**（Zener diode）とよびます．電流の大きさにかかわらず V_Z が一定になるので，一定の電圧（リファレンス）を得

る目的で使用され，**定電圧ダイオード**ともいわれます．

　アバランシェ降伏とツェナー降伏は，どちらか一方が発生するというわけではなく，同時に発生します．したがって，どちらが主かということがポイントです．

4.6　第4章のまとめ

　第4章では，能動素子の最初としてダイオードを取り上げました．動作自体は非常にシンプルです．pn 接合は半導体デバイスの基本構造であるとともに，半導体のバンド理論の感覚を掴むのに好適な題材です．整流作用におけるキャリアの物理的振る舞いを追うことによって，半導体物理現象の視覚的な感覚が得られると思います．pn 接合の熱平衡状態と電圧印加時のエネルギーバンド図は頭に浮かぶようにしてください．

4.7　第4章の演習問題

（1）整流作用は，何に役立つのか答えなさい．

（2）室温（27℃）での逆方向飽和電流 I_s が 1.0×10^{-12} A である pn 接合ダイオードにおいて，順方向に 0.6 V の電圧を加えたときに流れる電流を求めなさい．なお，空乏層での再結合は無視できるものとする．ボルツマン定数は 1.38×10^{-23} J/K，電子の電荷は 1.6×10^{-19} C とする．

（3）逆方向飽和電流 I_s が 1.0×10^{-12} A である理想的なダイオードと 50 Ω の抵抗 R を右のように直列接続した．ダイオードを流れる電流 I が 10^{-2} A になるような直流電源の電源電圧 V〔V〕を求めなさい．なお，室温（27℃）とし，ボルツマン定数は 1.38×10^{-23} J/K，電子の電荷は 1.6×10^{-19} C とする．

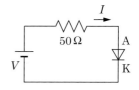

（4）ダイオードには，順方向電流を流すことで光を発する発光ダイオード（LED）と，光を照射することで電流が流れるフォトダイオードが存在する．これらのメカニズムと応用例について調べなさい．

第**5**章

トランジスタ

　本章では，トランジスタ（transistor）について述べていきます．トランジスタは電子回路における主役であり，トランジスタの登場によって信号や電力の増幅作用が安定してできるようになりました．

　トランジスタは，1948年にベル電話研究所で発明された半導体素子です．この発明により，それまでは真空管で行っていた増幅とスイッチング動作を固体状態（solid-state）の素子で実現できるようになりました．これにより電子機器の信頼性が飛躍的に向上し，コンピュータをはじめとするエレクトロニクス技術の急速な発展が実現されました．世紀の大発明といってもいいでしょう．

　なお，transistorという語は，米国で公募によって選出されており，その意味はTransfer-Resistor，つまり可変抵抗のようなニュアンスのようです．

5.1　トランジスタの種類

　トランジスタの発明当初は，半導体としてゲルマニウム（Ge）が使われていましたが，温度に対する安定性が低かったので，今ではシリコン（Si）が使われています．トランジスタは基本的に3つの端子をもっており，図5.1に示すように，構造によって分類するとバイポーラトランジスタ，電界効果トランジスタおよび，これらの複合構造の絶縁ゲート型バイポーラトランジスタに分けることができます*．

　バイポーラトランジスタ（Bipolar Junction Transistor）は，**BJT**と表記さ

図 5.1■トランジスタの構造的な分類

---

* 観点によりいくつもの分類の仕方があります．

れ，Bi（2つ）と Polar（極性）のとおり，電子と正孔の両方が素子を流れる電流に関与します．p 型と n 型の半導体の組合せにより，**npn 型**と **pnp 型**が存在し，接合型の構造をとります．このため，基本動作が pn 接合における電荷のやり取りになるので，素子を流れる電流は拡散電流になります．

　また，**電界効果トランジスタ**（Field Effect Transistor）は，**FET** と表記され，ユニポーラ（unipolar）トランジスタです．Uni（1つ）と Polar（極性）のとおり，電子もしくは正孔の一方のみが素子の電流に関与します．この電子もしくは正孔は，電圧（電界）により制御されるため，素子を流れる電流はドリフト電流になります．また，FET の構造によって，さらに**接合型 FET**（Junction FET, JFET）と **MOSFET**（Metal-Oxide-Semiconductor FET）とに分けられます．本書では，集積回路で広く使われ，最もメジャーな MOSFET を扱います．MOSFET は，使用する半導体の種類により，n 型 MOSFET（NMOS）と p 型 MOSFET（PMOS）が存在します．

　絶縁ゲート型バイポーラトランジスタ（Insulated Gate Bipolar Transistor）は **IGBT** と表記され，入力部が MOSFET 構造，出力部がバイポーラ（BJT）構造のデバイスです．これにより，電子と正孔の2種類のキャリアを使うバイポーラ素子でありながら，低い飽和電圧と比較的速いスイッチング特性を両立させています．IGBT はパワーエレクトロニクスに用いられるパワー半導体デバイスのトランジスタに分類されます．電子回路の応用編になりますので，本書では扱わないこととします．

　まずは，実質的に最初の工業トランジスタである接合型のバイポーラトランジスタを説明します．

> 発明当初の点接触型トランジスタもウエスタン・エレクトリック社で生産されていたようですが，信頼性などの理由ですぐに接合型が主流になりました．日本では神戸工業（現デンソーテン）や東京通信工業（現ソニー）が，最初に点接触型トランジスタを製造しました．

5.2　バイポーラトランジスタ（BJT）

5.2.1　バイポーラトランジスタ（BJT）の構造

　接合型バイポーラトランジスタ（BJT）は，**ベース**（Base），**エミッタ**（Emitter），**コレクタ**（Collector）と呼ばれる3つの端子をもち，これらの端子は頭文字をとってそれぞれ B, E, C と略されていることが多いです．

> 不純物を添加することをドーピングとよび，その濃度をドープ濃度といいます．2章で半導体には不純物を添加して n 型，p 型とすることを学びました．

　図 5.2(a)にプレーナ型[*] の npn 型 BJT の構造を示します．p 型のシリコン基板に順次

---

[*] プレーナ型のほかにトレンチ型と呼ばれる構造があります．興味をもった方は半導体プロセスの専門書などを参照してください．

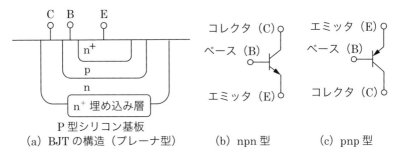

（a）BJT の構造（プレーナ型）　　　（b）npn 型　　　（c）pnp 型

図5.2■バイポーラトランジスタ（BJT）の構造と回路記号

n 型と p 型の層（**拡散層**といいます）を形成して作っていきます．n の肩にある
＋は拡散層形成の際のドープ濃度が高いことを示しており，コレクタ（C）には
電流の流れをよくするために，n^+ の埋め込み層が形成されています．BJT の能
力改善のために，エミッタ（E）のドープ濃度は高く，ベース（B）のドープ濃
度は低く設定されています．pnp 型は，拡散層の n と p を入れ替えた構造にな
ります．

　図 5.2(b)(c)に，npn 型と pnp 型の BJT の回路記号を示します．記号の矢印
は常にエミッタ（E）とベース（B）間の pn 接合の順方向を示しています．

5.2.2　バイポーラトランジスタ（**BJT**）の動作

　ここでは BJT の増幅回路を例にとって，動作を説明していきます．BJT の動
作説明は，**図 5.3**(a)のような 3 層構造で記載されることが非常に多いですが，
実際の構造は図 5.2(a)のようになっています．

　図 5.3(a)は npn 型 BJT を使った増幅回路の例で，ベース（B）・コレクタ（C）
間の pn 接合に高い逆電圧を，エミッタ（E）・ベース（B）間の pn 接合に適切
な順方向電圧を印加して使用します．BJT の増幅回路は基準として接地する端
子によって，ベース接地，コレクタ接地，エミッタ接地の 3 つの方式があり，

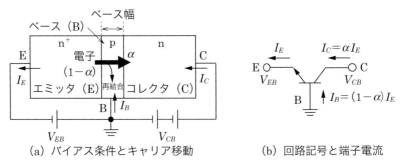

（a）バイアス条件とキャリア移動　　　　　（b）回路記号と端子電流

図5.3■ベース接地のバイポーラトランジスタ（npn 型）

図5.3はベースを基準に電圧を印加しているので，ベース接地とよばれます.

　次に回路の動作を説明します．ベース・エミッタ間に順方向電圧が印加されているため，電子がエミッタからベース内に注入されます（**キャリア注入**といいます）．注入された電子は，ベース幅が電子の拡散長（電子が材料中を移動できる距離であり通常は数 μm レベル）より，かなり短く設定（0.4 μm 以下）されているため，ほとんどがコレクタとベースの界面まで到達し，そのまま電圧の高いコレクタに吸い込まれてコレクタ電流 I_C になります.

　一方，コレクタに到達しなかった電子は，ベース領域内の多数キャリアである正孔と再結合して消滅します．そして，再結合によって消滅した正孔を補うためにベース端子から正孔が流入してベース電流 I_B が流れます．ここで，エミッタからベースに注入された電子において，コレクタに到達する割合を**電流伝送率**もしくは**ベース接地電流増幅率**といい，記号 α で表します．この電流伝送率 α は，不純物濃度やベース幅が決まれば一定であり，エミッタからベースに注入される電子の量に依存しません．また，前述のように，ほとんどの電子がコレクタに到達するので，電流伝送率 α は 0.98 などの 1 に非常に近い値になります.

BJT では，トランジスタの電流に電子と正孔の両方が関与しています.

　したがって，図5.3(b)に示すように，入力となるエミッタ電流 I_E を基準にして

$$I_C = \alpha I_E \tag{5.1}$$

$$I_B = (1 - \alpha) I_E \tag{5.2}$$

$$I_E = I_B + I_C \tag{5.3}$$

の各関係式が成り立ちます.

　また，**図5.4**(a)のように，エミッタ（E）を基準にしてエミッタ接地とし，エミッタからベースおよびコレクタへの電子の分配の割合を 1 : β とすると，同図に示すように，入力となるベース電流 I_B を基準として，

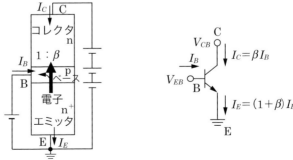

　　（a）バイアス条件とキャリア移動　　　（b）回路記号と端子電流

図5.4■エミッタ接地のバイポーラトランジスタ（npn 型）

$$I_C = \beta I_B \tag{5.4}$$

$$I_E = (1+\beta) I_B \tag{5.5}$$

$$I_E = I_B + I_C \tag{5.6}$$

の各関係式が成り立ちます．ここで，β を**エミッタ接地電流増幅率**といいます．

そして α と β は，ともにエミッタ（E）からベース（B）に注入された電子において，コレクタ（C）とベース（B）間の分配割合を表しています．よって α と β の間には，以下の関係が成り立ちます．

$$(1-\alpha) : \alpha = 1 : \beta \quad \Rightarrow \quad \beta(1-\alpha) = \alpha \tag{5.7}$$

よって，

$$\beta = \frac{\alpha}{1-\alpha} \tag{5.8}$$

$$\alpha = \frac{\beta}{1+\beta} \tag{5.9}$$

α が 1 に近い値になるため，β は 100 などの大きな値になります．α と β はトランジスタが個体としてもつ値であり，製造ばらつきの影響を受けます．

5.2.3　バイポーラトランジスタ（**BJT**）の電圧・電流特性

BJT のベース・エミッタ間は，いわゆる pn 接合のため，ダイオードのような振る舞いをします．**図 5.5**(a) と式 (5.10) に示すように，ベース・エミッタ間電圧 V_{BE} に対してコレクタ電流 I_C は指数関数的に増加します（ダイオードの電流式は 4.4 節を参照）．

$$I_C = I_s \exp \frac{qV_{BE}}{kT} = I_s \exp \frac{V_{BE}}{U_T} \tag{5.10}$$

式 (5.4)，(5.6) より

$$I_E = I_C + I_B = \left(1 + \frac{1}{\beta}\right) I_C \approx I_C = I_s \exp \frac{V_{BE}}{U_T} \tag{5.11}$$

と近似できます．

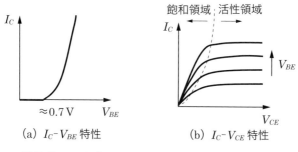

(a) I_C-V_{BE} 特性　　　　　　(b) I_C-V_{CE} 特性

図 5.5■バイポーラトランジスタの電圧・電流特性

この I_s は逆方向バイアス時の漏れ電流であり，BJT の Spice モデルにおける伝達飽和電流（transport saturation current）に相当します．

また，コレクタ・エミッタ間電圧 V_{CE} については，どうでしょうか？　V_{CE} を上げていくとキャリア（電子もしくは正孔）がコレクタに吸い込まれやすくなるので，コレクタ電流 I_C が上昇します（図 5.5(b)）．しかし，V_{CE} がある程度の大きさになると I_C の変化が緩くなり，カーブがフラットになります．これは，そもそもベース（B）に注入されるキャリアの量が，ベース・エミッタ間電圧 V_{BE} に依存し，コレクタ・エミッタ間電圧 V_{CE} とは無関係だからです．このため，V_{BE} を高くすると，I_C も大きくなります．つまり，V_{CE} には無関係に V_{BE}（実際は I_B）だけで I_C をコントロールできることになるのです．

I_C が V_{CE} に強く依存する領域を**飽和領域**（saturation region），ほとんど依存しない領域を**活性領域**（active region）といいます．BJT は，回路上では基本的に活性領域で動作させます．この活性領域は，BJT にとって非常に重要で，その特性が能動素子とよばれる所以です．つまり，ベースに入力信号を印加すれば，その入力信号電流に応じたコレクタ電流 I_C が流れることになります．つまり，BJT を活性領域で使用すると，入力に対応した電流を簡単に得ることができます．

5.3 　MOS 電界効果トランジスタ（MOSFET）

5.3.1　MOSFET の構造

MOS 電界効果トランジスタ（Metal-Oxide-Semiconductor Field Effect Transistor：**MOSFET**）の構造を**図 5.6** に示します．MOSFET は，電流に寄与するキャリアが電子か正孔かによって，n 型 MOSFET（**NMOS**）と p 型 MOSFET（**PMOS**）の 2 種類に分けられます．図は NMOS の例です．

> FET はユニポーラなので，電子か正孔のどちらか一方でした．

MOSFET は図 5.6 に示すように，金属（最近はポリシリコン Poly-Si）で形成されたゲート（G）と，薄い酸化膜（膜厚 T_{ox} は数十〜数 nm），半導体のシリコン基板とがサンドウィッチ構造になっています．この金属（Metal）・酸化

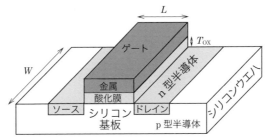

図 5.6 ■ MOSFET の構造（NMOS）

膜（Oxide）・半導体（Semiconductor）の頭文字をとって，**MOS 構造**とよばれます.

　また，電流となるキャリアの入力と出力となるソース（source）とドレイン（drain）が n 型半導体（PMOS の場合は p 型半導体）によって形成されています. キャリアは，供給源を意味するソースから，排水口を意味するドレインに向かって流れることになります. ただし，図からわかるようにソースとドレインに構造的な違いはなく，キャリアの供給側をソースとしているだけです. NMOS はキャリアが電子なので，電位が低いほうがソースになります. 一方，PMOS はキャリアが正孔なので，電位の高いほうがソースになります. また，流れるキャリアの量（電流量）は，ゲートによってコントロールされます（後述）.

　MOSFET において，図 5.6 の W と L は重要なパラメータです. 集積回路の設計では W と L を調整します. W はチャネル幅とよばれ，広いほどキャリアが多く流れます. L はチャネル長とよばれ，短いほどキャリアが多く流れます. チャネル長 L は半導体 LSI プロセスの微細化度合を決める指標になっています.

　MOSFET の断面構造を**図 5.7** に示します. 一般に LSI では NMOS と PMOS は，ともに p 型基板に形成しますが，PMOS は基板（バルク）に該当するところを n 型にする必要があります. そのため，図 5.7(b) のように N ウェルとよばれる n 型の領域を p 型基板上に形成してから MOSFET を構成します.

　図に示したように，ゲート（G），ソース（S），ドレイン（D）およびバルク（B）の 4 端子をもちますが，通常はソース（S）とバルク（B）を接続して使用するため，実質的にゲート（G），ソース（S），ドレイン（D）の 3 端子とされる場合も多いです.

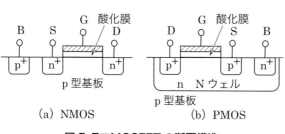

図 5.7(b) のような構造は，井戸のような形になるため，ウェル（well）とよばれます. n 型なので N ウェルです. 半導体プロセスによっては P ウェルも存在します.

図 5.7 ■ MOSFET の断面構造

（a）NMOS　　　（b）PMOS

　また，同一シリコン基板上に形成された NMOS と PMOS をあわせて **CMOS**（Complementary MOS）といいます. 現在の集積回路（IC）は CMOS が主流で，NMOS と PMOS の両方が使われています.

　図 5.8 に MOSFET の回路記号を示します. 断面構造を模したような記号になっており，3 端子表記の場合は，ソース（S）の矢印の向きか，ゲート（G）のマル印（ディジタル回路における負論理を示す）の有無で，NMOS と PMOS

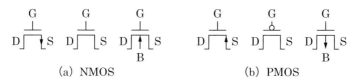

（a）NMOS　　　　　　　　　（b）PMOS

図 5.8■MOSFET の回路記号

を区別します．4端子表記の場合は，バルク（B）の矢印の向きで NMOS と PMOS を区別します．

5.3.2　MOSFET の動作

図 5.9(a)(b)に NMOS と PMOS の動作説明を示します．MOSFET はソース（S）・ドレイン（D）間に高い電圧を，ソース（S）・ゲート（G）間に適切な電圧を印加して使用します．MOS 構造は，ゲート（G）・酸化膜（Oxide）・バルク（B）でキャパシタ構造になっているので，ゲート（G）電圧の印加により，同図(c)に示すように端子の両側に相補の電荷が発生します．このとき電荷量 Q は，キャパシタの単位面積あたりの容量を C_{OX}，ゲート長を L，ゲート幅を W とすると，印加電圧 V を用いて $Q=C_{OX}{\cdot}W{\cdot}L{\cdot}V$ と表せます．

つまり，同図(a)の NMOS の場合には，ゲート（G）・ソース（S）間に正の電圧を加えることにより，バルク（B）とゲート酸化膜との界面に電子が集められ，**反転層**（inversion layer）が形成されます．この反転層を**チャネル**とよびます．チャネルが形成されることによって，ソース（S）からドレイン（D）へ電子が流れるようになるので，ドレイン電流 I_D が流れるようになります．このようにチャネルが電子で形成されるので，NMOS は **n チャネル MOSFET** ともいわれます．

また，同図(b)の PMOS の場合には，ゲート（G）・ソース（S）間に負の電圧を加えることにより，バルク（B）のゲート酸化膜との界面に正孔が集められ，反転層（チャネル）が形成されます．これにより，ソース（S）からドレイン（D）へ正孔が流れ，ドレイン電流 I_D が流れるようになります．PMOS は，チャネルが正孔で形成されるので，**p チャネル MOSFET** ともよばれます．

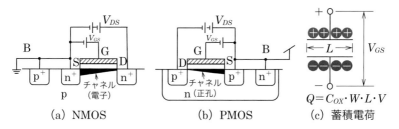

（a）NMOS　　　　　　　（b）PMOS　　　　　　（c）蓄積電荷

図 5.9■MOSFET のチャネル形成と蓄積電荷

5.3.3　MOSFET の電圧・電流特性

ここで，ドレイン電流 I_D の式を考えてみましょう．反転層（チャネル）が形成される最小ゲート電圧を**しきい値電圧** V_{TH} といいます．つまり，ゲート電圧 V_{GS} がしきい値電圧 V_{TH} になったときにチャネルができます．このしきい値電圧 V_{TH} は，チャネル部分の不純物濃度によりコントロールできます．

いま，**図5.10** の NMOS の例において，チャネルに沿った x 軸方向の電圧はソースからドレインまでの間で，ゼロから V_{DS} まで分布しているとします．

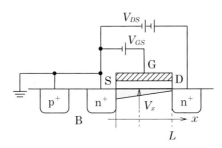

図5.10■MOSFET のチャネル方向の電位分布（NMOS）

ある位置 x の電圧を V_x とすると，そこのチャネルで蓄えられている電荷 ΔQ_I は，ゲートの単位面積あたりの静電容量を C_{OX} とし，x 軸方向の微小区間を Δx とすると，上記のしきい値電圧 V_{TH} を考慮して，次式のようになります．

$$\Delta Q_I = -C_{OX}(V_{GS}-V_x-V_{TH})W\Delta x \tag{5.12}$$

負電荷なのでマイナスをつけました．このときにチャネルに流れるドレイン電流 I_D は，反転層の電荷 ΔQ_I が1秒間に通過する総量なので，チャネル方向の電界 E_x によるドリフト速度 v_{Dx}（1秒間での Δx に相当）を利用して求まります．

$$I_D = -C_{OX}(V_{GS}-V_x-V_{TH})W v_{Dx} \tag{5.13}$$

電流の向きは電荷の移動方向とは逆となるので，マイナスをつけています．また，ドリフト速度 v_{Dx} は電界 E_x と電子の移動度（mobility）μ_n〔$m^2/V\cdot s$〕の積で表されます．

$$v_{Dx} = -\mu_n E_x \tag{5.14}$$

キャリアは電子（負電荷）なので，電界の方向とは逆に移動します．よって

$$I_D = -C_{OX}(V_{GS}-V_x-V_{TH})W v_{Dx} = C_{OX}(V_G-V_x-V_{TH})W\mu_n E_x \tag{5.15}$$

電流は電界の方向に流れます．さらに，チャネル方向の電界 E_x は，電位 V_x を用いると次のように表せます．

$$E_x = -\frac{dV_x}{dx} \tag{5.16}$$

電界は図5.10の x 軸方向とは逆の向きになります．したがって，式(5.15)に式(5.16)を代入して，次の式を得ます．

$$I_D = -C_{OX}(V_{GS} - V_x - V_{TH})W\mu_n \frac{dV_x}{dx} \tag{5.17}$$

$$I_D\, dx = -C_{OX}W\mu_n[(V_{GS} - V_{TH}) - V_x]\, dV_x \tag{5.18}$$

そして，式(5.18)の左辺について x を 0 から L まで，右辺について V_x を 0 から V_{DS} までそれぞれ積分すると次のようになります．

$$\int_0^L I_D\, dx = -\int_0^{V_{DS}} \mu_n C_{OX}W(V_{GS} - V_x - V_{TH})\, dV_x \tag{5.19}$$

$$LI_D = -\mu_n C_{OX}W\left[(V_{GS} - V_{TH})V_{DS} - \frac{1}{2}V_{DS}^2\right] \tag{5.20}$$

よって，ドレイン電流 I_D は，次の式で求まります．

$$I_D = -\mu_n C_{OX}\frac{W}{L}\left[(V_{GS} - V_{TH})V_{DS} - \frac{1}{2}V_{DS}^2\right] \tag{5.21}$$

この式は図 5.10 の x 軸方向とドレイン電流 I_D とが逆方向になることを示しています．通常，NMOS ならば，ドレイン電流 I_D の方向は電位が高いドレイン（D）から低いソース（S）の方向に流れるのはわかりますので，一般的にマイナス記号は省略します．

さらに，このドレイン電流 I_D の式は，両辺を積分した際にもわかるように，$(V_{GS} - V_x)$ が，チャネル長方向の 0 から L まで連続して存在するという前提です．このような状態を，MOSFET における**線形領域**（linear region）とよんでいます．よって，線形領域におけるドレイン電流は次の式になります．この式は，PMOS にも当てはまりますので，移動度を μ としました．

$$I_D = \mu C_{OX}\frac{W}{L}\left[(V_{GS} - V_{TH})V_{DS} - \frac{1}{2}V_{DS}^2\right] \tag{5.22}$$

この式から，線形領域の MOSFET のドレイン電流 I_D は，ドレイン電圧 V_{DS} に依存することがわかります．

一方，ドレイン電圧 V_{DS} を高くした状態では，**図 5.11**(a)に示すように，チャネルが途中で切れてしまいます．この現象を**ピンチオフ**といいます．これは，ドレイン電圧 V_{DS} を高くした状態では，チャネル方向の電位分布において，チャ

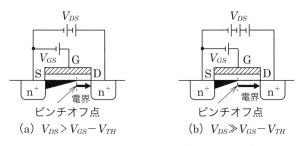

(a) $V_{DS} > V_{GS} - V_{TH}$　　　　(b) $V_{DS} \gg V_{GS} - V_{TH}$

図 5.11■**MOSFET におけるピンチオフの説明図**

ネルの電位 V_x がドレインに近づくにつれてゲート電位 V_{GS} に近い値になっていき，$V_x = V_{GS} - V_{TH}$ になると，ゲート酸化膜への印加電圧がしきい値電圧 V_{TH} を下回りますので，チャネルが消えてしまいます．

チャネルが途切れるポイント，すなわち $V_x = V_{GS} - V_{TH}$ となる x の値をピンチオフ点といいます．このピンチオフ点からドレインまでの間はチャネルがない状態ですが，高い電界がかかっているので，チャネル内の電子は電界に引かれてドレインまで到達します．したがって，ドレイン電流が流れることになりますが，チャネルに直列に高抵抗である空乏層が入ることになりますので，ドレイン電流 I_D は制限されることになります．また，同図(b)に示すように，さらにドレイン電圧 V_{DS} を上げた場合は，ピンチオフ点はソース側（図中の左側）にシフトしますので，高抵抗の領域が広がります．つまり，ドレイン電圧 V_{DS} を上げてもソース・ドレイン間の抵抗も増加することになるので，ドレイン電流 I_D がほとんど一定の状態になります．

このピンチオフの状態のドレイン電流 I_D を求めてみます．式(5.19)の右辺の積分において，電荷が蓄積されている区間は 0 から V_{DS} までではなく，$V_{GS} - V_{TH}$ までになるので，式(5.19)，(5.20)は，次の2式のように書き換えられます．

$$\int_0^L I_D \, dx = -\int_0^{V_{DS} - V_{TH}} \mu_n C_{OX} W (V_{GS} - V_x - V_{TH}) \, dV_x \tag{5.23}$$

$$L I_D = -\mu_n C_{OX} W \left[(V_{GS} - V_{TH})^2 - \frac{1}{2}(V_{GS} - V_{TH})^2 \right] = -\frac{1}{2}\mu_n C_{OX} W (V_{GS} - V_{TH})^2 \tag{5.24}$$

よって，式(5.24)を整理するとともに，線形領域の場合と同様にマイナスを省略して移動度を μ とすると，ドレイン電流 I_D は，次の式で求まります．

$$I_D = \frac{1}{2}\mu C_{OX}\frac{W}{L}(V_{GS} - V_{TH})^2 \tag{5.25}$$

このドレイン電流 I_D で表される状態（ピンチオフが発生してる状態）を，MOSFET における**飽和領域**（saturation region）とよんでおり，この飽和領域の MOSFET のドレイン電流 I_D は，ドレイン電圧 V_{DS} に依存しないことがわかります．MOSFET のドレイン電流 I_D は，ドリフト電流であり，ある程度ドレイン電圧 V_{DS} をかけておけば，ゲート電圧 V_{GS} の2乗で増えていきます．これは，拡散電流による BJT のコレクタ電流 I_C がベース・エミッタ間電圧 V_{BE} に対して指数関数的に増えていくこととの相違点です．

MOSFET の飽和領域は，BJT の活性領域に対応します．BJT では，MOSFET の線形領域に対応する領域を飽和領域と呼んでいるので非常にややこしいですが，気をつけるしかありません．

図 5.12 に，MOSFET の電圧・電流特性をまとめます．図(a)はドレイン電流 I_D のゲート電圧 V_{GS} に対する特性で，図(b)はドレイン電流 I_D のドレイン電圧

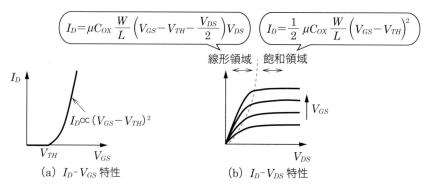

$$I_D = \mu C_{OX} \frac{W}{L}\left(V_{GS} - V_{TH} - \frac{V_{DS}}{2}\right)V_{DS} \qquad I_D = \frac{1}{2}\mu C_{OX}\frac{W}{L}\left(V_{GS} - V_{TH}\right)^2$$

線形領域　飽和領域

$I_D \propto (V_{GS} - V_{TH})^2$

(a) I_D-V_{GS} 特性　　　　　(b) I_D-V_{DS} 特性

図 5.12■MOSFET の電圧・電流特性

V_{DS} に対する特性です.

　MOSFET を電子回路で使う場合は，基本的に飽和領域で使います．MOSFET の線形領域と飽和領域のドレイン電流の式(5.22)と式(5.25)は，非常に重要ですので覚えてください.

5.4　MOSFET の温度特性

　重要とした MOSFET のドレイン電流の式(5.22)，(5.25)には温度が明示されていませんが，しきい値電圧 V_{TH} と移動度 μ が温度特性をもちます.

　温度が上昇すると，キャリアが得られる熱エネルギーは増えます．これによりキャリアが電流として流れ出やすくなり，普段よりも少ない電界エネルギーで

BJT のコレクタ電流の式 (5.10)において，温度に依存するのは I_s と U_T です．いずれも正の温度係数ですが，I_s のほうが支配的なため，電流電圧特性は左にシフトし，同じ V_{BE} ではコレクタ電流 I_C は増加します．7.3 節を参照してください.

流れることができます．したがって，しきい値電圧 V_{TH} が下がります.

　一方，ドレイン電流 I_D として流れだしたキャリアは，ドレイン・ソース間の電界によって加速するとともに，半導体中の原子に衝突して減速します．この加速と減速のつり合いでドレイン電流 I_D の量が決まるのですが，温度の上昇によって原子の振動が大きくなると，キャリアが衝突しやすくなるため，移動度 μ が下がるのです.

　したがって，しきい値電圧 V_{TH} と移動度 μ は，ともに温度が上がるほど下がるので，温度特性は「負」となります．ただし，ドレイン電流 I_D に対する効果は逆です．式(5.22)と式(5.25)からわかるように，しきい値電圧 V_{TH} は下がることによりドレイン電流 I_D が増加しますが，移動度 μ は下がることによりドレイン電流 I_D が減少します.

　このために，温度を上げたときに電流が増えるか減るかは，はっきりと決まり

ません．一般的には，温度が高いほうがドレイン電流 I_D は下がるようです．これは，BJT とは逆の特性になります．

5.5　第5章のまとめ

本章ではバイポーラトランジスタ（BJT）と MOSFET について，基本的な事項である構造と定性的な動作原理を記載しました．実はトランジスタをモデル化すれば数式による回路の解析で設計ができてしまいます．そういう意味ではトランジスタの構造や動作原理は，バンド構造と同様に設計時にあまり意識することはないかもしれません．しかし，アナログ電子回路を設計するうえで，例えばパラメータの選択に迷った場合は，電子デバイスの構造や動作がわかっていれば判断できる場合もあります．電子デバイスを単なるブラックボックスにしないように，基本的な構造と定性的な動作原理は知っておいてください．

5.6　第5章の演習問題

(1) ベース接地増幅率 α が 0.995 のトランジスタのエミッタ接地電流増幅率 β を求めなさい．

(2) エミッタ接地の BJT のベース・エミッタ間にある電圧 V_{BE} を印加したら 1.2 mA の電流が流れた．この状態から，V_{BE} を 52 mV だけ増加させたときのコレクタ電流 I_C を答えなさい．なお，状態は室温（27℃）とし，熱電圧は 26 mV とする．

(3) しきい値電圧 0.6 V，移動度 $0.03\,\mathrm{m^2/(V\cdot s)}$，単位面積あたりのゲート酸化膜容量 3×10^{-3} F，ゲート長 1 μm，ゲート幅 2 μm の MOSFET のゲート・ソース間電圧 V_{GS} に 1 V の電圧が印加されている．
(3-1) ドレイン・ソース間電圧 V_{DS} が 0.2 V のときのドレイン電流を求めなさい．
(3-2) ドレイン・ソース間電圧 V_{DS} が 1 V のときのドレイン電流を求めなさい．

第6章

トランジスタの等価回路

　トランジスタは，その回路記号から電気的な振る舞いを類推するのは困難です．このため，電圧源や抵抗などの素子に置き換えて電気的な動作を解析します．この置き換えた回路を等価回路といいます．

　等価回路は，解析を簡単にするためにシンプルなものを使うことがほとんどですので，シンプルな等価回路を覚えれば回路解析はできます．しかし，なぜこのような等価回路になるのかが理解できないと応用が利かなくなるおそれがありますので，この章では等価回路の導出の過程を説明したいと思います．

　まずは，バイポーラトランジスタ（BJT）の等価回路について述べ，後に MOSFET の小信号等価回路について説明します．小信号等価回路とは，トランジスタ回路の小信号応答を，これと等しい入出力特性をもつ線形回路に置き換えたものです．小信号等価回路を用いると，後に述べる増幅回路のバイアスポイント（動作点）を変えないという条件で線形解析が可能になります．

6.1　バイポーラトランジスタ（BJT）のモデル化

　BJT は，前章で説明したように，図 **6.1**(a)に示す p 型と n 型の 3 層サンドウィッチ構造です．ここでは，npn 型 BJT を例に説明します．

　この BJT をモデル化すると，まず pn 接合部分が 2 つのダイオード D_1, D_2 に置き換えられ，各ダイオード D_1, D_2 を拡散電流 i_F, i_R が流れます．このとき，電流 i_F がベース（B）からエミッタ（E）に流れたとすると，その同じ電荷量の電子がエミッタからベースに流入します．ベースへの少数キャリア注入です．

　前述のように，ベースの幅は狭く形成されているので，ベースに注入された電子は，ほぼコレクタ（C）に到達し吸い込まれます．この到達割合を α_F とすると，$\alpha_F i_F$ の少数キャリアによる拡散電流がコレクタからベースへ流れることになります（電子はベースからコレクタに流れます）．

　このことは，ベースからコレクタへの拡散電流 i_R についても成り立つので，到達割合を α_R とすると，$\alpha_R i_R$ の少数キャリアによる拡散電流がエミッタからベースへ流れることになります（電子はベースからエミッタに流れます）．なお，$(1-\alpha_F)i_F$ および $(1-\alpha_R)i_R$ は小さいため無視できます．これらの少数キャリアによる拡散電流 $\alpha_F i_F, \alpha_R i_R$ を定電流源 S_1, S_2 に置き換えて，図(b)のモデルを得

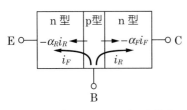

（a）バイポーラトランジスタ構造

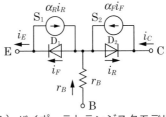

（b）バイポーラトランジスタモデル

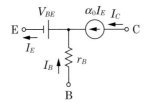

（c）ベース接地の直流等価回路

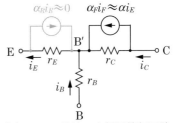

（d）ベース接地の小信号等価回路

図6.1■バイポーラトランジスタの等価回路変換

ます．このモデルは，エバース・モル・モデル（Ebers–Moll Model）* とよばれ
ています．

　そして，ダイオードの置き換えを行います．図5.3 に示したバイアス条件では，
ダイオードは直流成分と交流成分に分けられます（コラム 6.1 参照）．つまり，
直流的には電圧源に，交流的には抵抗に置き換えられます．したがって，直流等
価回路では，順方向バイアスで電流が大きく流れる D_1 は V_{BE} の電圧源に置き換
えます．一方，逆方向バイアスで電流がほとんど流れない（$i_R \approx 0$）ため，D_2 は
削除します．また，$i_R \approx 0$ ですから S_1 も削除し，S_2 の電流値を $\alpha_0 I_E$（α_0 は直流
時のベース接地の電流増幅率で $I_C = \alpha_0 I_E$ となる）に書き換えます．これにより，
図(c)の直流等価回路（大信号等価回路）を得ます．なお，r_B はベース層を薄く
形成することにより発生する抵抗で，ベース拡がり抵抗と呼ばれています．

　また，交流変化分のみを扱う小信号動作の場合は，ダイオード D_1, D_2 を抵抗
で置き換えます（コラム 6.1 参照）．このとき，D_2 を置き換えた抵抗 r_C は，逆
バイアスのため非常に高い抵抗値になり，i_R は非常に小さい値になります．こ
のため，$\alpha_R i_R$ の電流値もほぼ 0 と考えて，S_1 を削除します．そして，S_2 の電流
値を αi_E とします．α は交流時のベース接地の電流増幅率です．これにより，図
(d)に示すベース接地の小信号等価回路を得ます．小信号等価回路は，増幅回路
の解析に非常に重要です．さらに詳しく説明していきます．

---

* G. Massobrio and P. Antognetti, "Semiconductor Device Modeling with SPICE," McGRAW-HILL（1998）

コラム 6.1 ダイオードの近似等価回路

ダイオードを流れる電流 I_E は，印加電圧を V_{BE} とし，熱電圧を U_T とすると，

$$I_E = I_s \exp \frac{V_{BE}}{U_T}$$

と表せます．ここで，テイラー展開（コラム 6.2 参照）を使って，I_E と V_{BE} を直流分（大文字表記）と交流分（小文字表記）に分けます．

$$f(V_{BE}) = I_s \exp \frac{V_{BE}}{U_T} \text{ として，}$$

$$f(V_{BE} + v_{BE}) = I_E + i_E \approx I_s \exp \frac{V_{BE}}{U_T} + \frac{1}{U_T} I_s \exp \frac{V_{BE}}{U_T} \cdot v_{BE}$$

となるので，

$$\text{直流分：} I_E = I_s \exp \frac{V_{BE}}{U_T}$$

$$\text{交流分：} i_E = \frac{1}{U_T} I_s \exp \frac{V_{BE}}{U_T} \cdot v_{BE} = \frac{I_E}{U_T} v_{BE}$$

と表せます．

この直流分 I_E については，ダイオードの両端間は常に V_{BE} の電位差が発生しているので，V_{BE} の電圧源に見えます．また，交流成分 i_E について当該両端間は，$v_{BE}/i_E = U_T/I_E$ と表せることから，抵抗値 $U_T/I_E (= r_E)$ の抵抗に見えます．その抵抗値は，流れる直流電流 I_E によって変わります．

コラム 6.2 テイラー展開

関数 $f(x)$ の値がわかっている場合，x から Δx だけ離れたところの $f(x + \Delta x)$ は，

$$f(x + \Delta x) = f(x) + \frac{df(x)}{dx} \Delta x + \frac{1}{2!} \frac{d^2 f(x)}{dx^2} \Delta x^2 + \frac{1}{3!} \frac{d^3 f(x)}{dx^3} \Delta x^3 + \frac{1}{4!} \frac{d^4 f(x)}{dx^4} \Delta x^4 \cdots$$

と展開できます．これをテイラー展開といいます．

2 次以降を無視すると，$f(x + \Delta x) \approx f(x) + f'(x) \Delta x$ に近似できます．

一方，$f(x)$ について，$x = 0$ の近傍では，

$$f(\Delta x) = f(0) + \frac{df(0)}{dx} \Delta x + \frac{1}{2!} \frac{d^2 f(0)}{dx^2} \Delta x^2 + \frac{1}{3!} \frac{d^3 f(0)}{dx^3} \Delta x^3 + \frac{1}{4!} \frac{d^4 f(0)}{dx^4} \Delta x^4 \cdots$$

が成り立ちます．これをマクローリン展開といいます．

2 次以降を無視すると，$f(\Delta x) \approx f(0) + f'(0) \Delta x$ に近似できます．つまり，x が 0 近傍ならば $f(x) \approx f(0) + f'(0)x$ ということです．またここで，関数が x, y, z の 3 変数をもつ $f(x, y, z)$ とすると，2 次以降を無視した場合は

$$f(x+\Delta x, y+\Delta y, z+\Delta z) \approx f(x,y,z) + \frac{\partial f(x,y,z)}{\partial x}\Delta x + \frac{\partial f(x,y,z)}{\partial y}\Delta y + \frac{\partial f(x,y,z)}{\partial z}\Delta z$$

になります．一方，$f(x,y,z)$ について $x=y=z=0$ の近傍であればマクローリン展開により

$$f(x,y,z) \approx f(0,0,0) + \frac{\partial f(0,0,0)}{\partial x}x + \frac{\partial f(0,0,0)}{\partial y}y + \frac{\partial f(0,0,0)}{\partial z}z$$

となります．

6.2　バイポーラトランジスタ（BJT）の小信号等価回路

BJT は，エミッタ（E），コレクタ（C），ベース（B）の3端子をもち，エミッタ（E）接地，コレクタ（C）接地，ベース（B）接地の3形態の等価回路が存在します．接地については，7.1.2 項を参照してください．まずは，基本となる小信号等価回路について説明します．

ベース接地の小信号等価回路は，図 6.1(d)に示しました．この回路はベース接地の T 型等価回路とよばれます．そして，この T 型等価回路を図 **6.2**(a)に示すように，エミッタ接地になるように端子を入れ替えます．この後，点線で囲った電流源と抵抗の部分を，テブナン定理を使って，図 6.2(b)のように電圧源と抵抗に置き換えます．そして，当該電圧源において i_C にかかわる部分を分離し，流れる電流が i_C であることを前提に図 6.2(c)のように合成抵抗 $(1-\alpha)i_C$ に整理

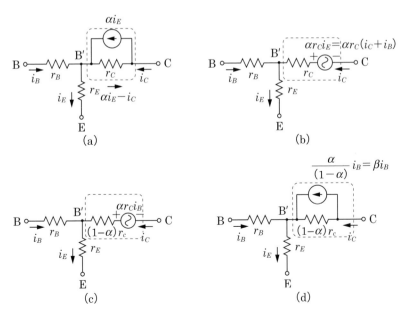

図6.2■エミッタ接地の等価回路変換

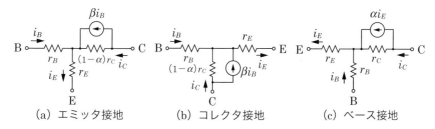

(a) エミッタ接地　　　(b) コレクタ接地　　　(c) ベース接地

図6.3■バイポーラトランジスタのT型等価回路

表6.1■入出力と接地の割り当て

接地端子	入力端子	出力端子
エミッタ（E）	ベース（B）	コレクタ（C）
コレクタ（C）	ベース（B）	エミッタ（E）
ベース（B）	エミッタ（E）	コレクタ（C）

して，ノートン定理により，図6.2(d)のように再度電流源と抵抗に置き換えます．図6.2(d)が，エミッタ接地のT型等価回路になります．

この$(1-\alpha)r_C$は，エミッタ接地の場合のV_{CE}に依存する電流変化で表されます．具体的には，$\Delta V_{CE}/\Delta I_C$です．これは，トランジスタの活性領域でのI-Vカーブに示すように，V_{CE}に対する電流変化が非常に少ないので，抵抗値としては非常に高い値になります．$(1-\alpha)r_C$は，アーリー電圧V_Aを用いて，次のように表せます（コラム6.3参照）．

$$(1-\alpha)r_C = \frac{\Delta V_{CE}}{\Delta I_C} = \frac{V_{CE}+V_A}{I_C} \approx \frac{V_A}{I_C} \tag{6.1}$$

また，図6.2(d)のエミッタ接地T型等価回路は，端子を入れ替えると，コレクタ接地のT型等価回路になります．**図6.3**に，各接地のT型等価回路をまとめます．

この等価回路で示すように，接地と入出力の割り当ては決まっていて，他の割り当てはありません（**表6.1**）．

コラム6.3　アーリー電圧

　BJTのベース幅（W_Bとします）は，空乏層領域を除いたベースの有効幅とすべきです．一方，BJTは，前述のようにコレクタに大きな逆方向バイアスをかけて使用しますので，ベースのコレクタ側にも空乏層が広がり，もともと薄かったベースがさらに薄くなります．これにより，α, βともに値が向上します．つまり，

逆方向バイアスであるコレクタ・エミッタ間電圧 V_{CE} を上げていくと，コレクタ電流 I_C が増大することになります．これを**アーリー効果**といいます．つまり，I_C-V_{CE} 特性のグラフにおいて，活性領域での電流特性はフラットではなく，多少の勾配をもっていることになります．

　式を用いて説明すると，コレクタ電流は，ベース領域を拡散してきた少数キャリアの電流（npn 型なら電子電流）なので，ベース中性領域での少数キャリアの密度勾配に依存します．この密度勾配は，

> 空乏層の外側の領域を「中性領域」といいます．イオン化した不純物とキャリアとで電気的に中性だからです．

ベース幅 W_B に反比例（薄いほど勾配がきつい）しますので，比例定数を C_n として，$I_C = C_n/W_B$ となります．ここで，ベース幅 W_B が $W_B - \Delta W_B$ になったとすると，このときのコレクタ電流 I_C' は，テイラー展開（コラム 6.2 参照，$f(x) = 1/x$ とする）を用いて

$$I_C' = \frac{C_n}{W_B - \Delta W_B} \approx \frac{C_n}{W_B} - \frac{1}{W_B{}^2}(-\Delta W_B) = \frac{C_n}{W_B}\left(1 + \frac{\Delta W_B}{W_B}\right) = I_C\left(1 + \frac{\Delta W_B}{W_B}\right) \quad \text{(C6.1)}$$

となります．

　ここで，ベース幅の変化割合 $\Delta W_B/W_B$ は，コレクタ・エミッタ間電圧 V_{CE} に比例し，比例定数を $1/V_A$ とすると，$\Delta W_B/W_B = V_{CE}/V_A$ と表せます．また，I_C は式(5.10)より，$I_C = I_s \exp\dfrac{qV_{BE}}{kT}$ なので，整理すると，

$$I_C = I_s \exp\left(\frac{qV_{BE}}{kT}\right) \cdot \left(1 + \frac{V_{CE}}{V_A}\right) \quad \text{(C6.2)}$$

と表せます．このときの V_A をアーリー電圧とよんでいます．

　この式からわかるように，$V_{CE} = -V_A$ のときに I_C はゼロになりますので，I_C-V_{CE} 特性のグラフにおいて，活性領域からの接線の x 軸との交点が $-V_A$ になります．

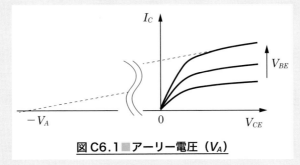

図C6.1 ■アーリー電圧（V_A）

　図C6.1 から見て取れるように，アーリー電圧の値は一般的に非常に高く，10〜100Vの値をとります．アーリー電圧が高いほど活性領域でフラットな電流特性を示しますので，トランジスタの性能がよいとされています．

したがって，活性領域での抵抗（傾きの逆数）を示す $(1-\alpha)r_C$ は，図 C6.1 の点線の傾きより次の式で近似できることになります．

$$(1-\alpha)r_C = \frac{\Delta V_{CE}}{\Delta I_C} = \frac{\Delta V_{CE} + V_A}{I_C} \approx \frac{V_A}{I_C} \tag{C6.3}$$

6.3　hパラメータの小信号等価回路への適用

2.5 で述べた二端子対回路の考え方を用いると，小信号等価回路を扱いやすくすることができます．これには，2.5.4 項に示した h パラメータを用います．なぜなら，h パラメータがトランジスタのモデル化に非常に適しているからです．

各 h パラメータは，以下のような事項を示しています．

$$h_i = \left.\frac{v_1}{i_1}\right|_{v_2=0} \quad \text{：二次側短絡時の入力インピーダンス}$$

$$h_r = \left.\frac{v_1}{v_2}\right|_{i_1=0} \quad \text{：一次側開放時の逆方向電圧帰還率}$$

$$h_f = \left.\frac{i_2}{i_1}\right|_{v_2=0} \quad \text{：二次側短絡時の順方向電流増幅率}$$

$$h_o = \left.\frac{i_2}{v_2}\right|_{i_1=0} \quad \text{：一次側開放時の出力アドミタンス}$$

表 6.2 ■回路定数の h パラメータへの変換表

	エミッタ接地	コレクタ接地	ベース接地
h_i	$h_{ie} = r_B + \dfrac{r_E r_C}{(1-\alpha)r_C + r_E}$ $\approx r_B + \dfrac{r_E}{(1-\alpha)}$	$h_{ic} = r_B + \dfrac{r_E r_C}{(1-\alpha)r_C + r_E}$ $\approx r_B + \dfrac{r_E}{(1-\alpha)}$	$h_{ib} = r_E + \dfrac{r_C r_B (1-\alpha)}{r_C + r_B}$ $\approx r_E + (1-\alpha)r_B$
h_r	$h_{re} = \dfrac{r_E}{(1-\alpha)r_C + r_E}$ $\approx \dfrac{r_E}{(1-\alpha)r_C} \approx 0$	$h_{rc} = \dfrac{(1-\alpha)r_C}{(1-\alpha)r_C + r_E} \approx 1$	$h_{rb} = \dfrac{r_B}{r_B + r_C} \approx \dfrac{r_B}{r_C}$
h_f	$h_{fe} = \dfrac{\alpha r_C - r_E}{(1-\alpha)r_C + r_E}$ $\approx \dfrac{\alpha}{1-\alpha} = \beta$	$h_{fc} = \dfrac{-r_C}{(1-\alpha)r_C + r_E}$ $\approx \dfrac{-1}{1-\alpha} = -(\beta+1) \approx -\beta$	$h_{fb} = -\dfrac{r_B + \alpha r_C}{r_B + r_C} \approx -\alpha$
h_o	$h_{oe} = \dfrac{1}{(1-\alpha)r_C + r_E}$ $\approx \dfrac{1}{(1-\alpha)r_C}$	$h_{oc} = \dfrac{1}{(1-\alpha)r_C + r_E}$ $\approx \dfrac{1}{(1-\alpha)r_C}$	$h_{ob} = \dfrac{1}{r_B + r_C} \approx \dfrac{1}{r_C}$

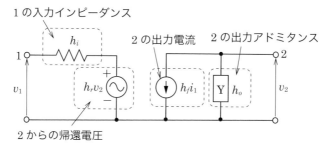

図6.4■hパラメータを用いたπ型等価回路

　この4つのhパラメータの意味合いを考えながら小信号等価回路をhパラメータに当てはめると，小信号等価回路の入力と出力を分離することができ，回路解析が楽になります．hパラメータを用いた小信号等価回路を**図6.4**に示します．

　また，hパラメータは接地方式によって変わりますので，接地する端子を明示することが必要になります．エミッタ接地の場合は，$h_{ie}, h_{re}, h_{fe}, h_{oe}$，コレクタ接地の場合は，$h_{ic}, h_{rc}, h_{fc}, h_{oc}$，ベース接地の場合は，$h_{ib}, h_{rb}, hf_b, h_{ob}$と表します．

　図6.3のT型等価回路を図6.4の等価回路に置き換えた場合の，各hパラメータを**表6.2**に示します．導出方法はコラム6.4を参照してください．

コラム6.4　T型等価回路からhパラメータへの変換

1. エミッタ接地トランジスタ

（1）h_{ie}（エミッタ接地のh_i）：$v_2=0$（出力を短絡）のときのv_1/i_1

　コレクタ抵抗を流れる電流をi_Rとすると，

$$i_E = i_B + \beta i_B - i_R$$

となります．また，図より，次の式が成り立ちます．

$$v_1 = i_B r_B + v_m \quad \text{①}$$

$$v_m = r_E i_E = r_E(i_B + \beta i_B - i_R) \quad \text{②}$$

$$v_m = i_R(1-\alpha)r_C \quad \text{③}$$

②③から

$$v_m = r_E\left(i_B + \beta i_B - \frac{v_m}{(1-\alpha)r_C}\right) \;\rightarrow\; \frac{(1-\alpha)r_C + r_E}{(1-\alpha)r_C}v_m = r_E i_B(1+\beta)$$

これを①に代入して，

$$v_1 = i_B r_B + \frac{(1-\alpha)r_C r_E i_B(1+\beta)}{(1-\alpha)r_C + r_E}$$

$\alpha=\beta/(1+\beta)$, $\alpha-1=1/(1+\beta)$ から,

$$v_1=i_B r_B+\frac{r_C r_E i_B}{(1-\alpha)r_C+r_E}=\left(r_B+\frac{r_C r_E}{(1-\alpha)r_C+r_E}\right)i_B$$

$$h_{ie}=\frac{v_1}{i_1}=\frac{v_1}{i_B}=r_B+\frac{r_C r_E}{(1-\alpha)r_C+r_E}$$

$$=r_B+\frac{r_E}{(1-\alpha)+r_E/r_C}\approx r_B+\frac{r_E}{(1-\alpha)}\quad(\because\ r_C\gg r_E)$$

(2) h_{re} (エミッタ接地の h_r)：$i_1=0$ のとき
の v_1/v_2

$i_B=0$ より, r_E にかかる電圧が v_1 になる
ので, 抵抗分圧から, 次のようになります.

$$v_1=\frac{r_E}{(1-\alpha)r_C+r_E}v_2$$

これより,

$$h_{re}=\frac{v_1}{v_2}=\frac{r_E}{(1-\alpha)r_C+r_E}\approx\frac{r_E}{(1-\alpha)r_C}\approx 0\quad(\because\ r_C\gg r_E)$$

(3) h_{fe} (エミッタ接地の h_f)：$v_2=0$ (出力を
短絡) のときの i_2/i_1

コレクタ抵抗を流れる電流を i_R とすると,

$i_E=i_B+\beta i_B-i_R$

となります. また, 図より, 次の式が成り立
ちます.

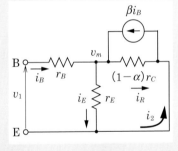

$$v_1=i_B r_B+v_m \quad\quad\quad①$$
$$v_m=r_E(i_B+\beta i_B-i_R)\quad\quad②$$
$$v_m=i_R(1-\alpha)r_C\quad\quad\quad③$$

②③を結んで,

$$r_E(i_B+\beta i_B-i_R)=i_R(1-\alpha)r_C\ \rightarrow\ [(1-\alpha)r_C+r_E]i_R=r_E i_B(1+\beta)$$

また, i_2 について, キルヒホッフの電流則を適用して, i_R を消すと,

$$i_2=\beta i_B-i_R=\beta i_B-\frac{r_E i_B(1+\beta)}{(1-\alpha)r_C+r_E}=\frac{\beta(1-\alpha)r_C+\beta r_E-r_E(1+\beta)}{(1-\alpha)r_C+r_E}i_B$$

$\beta=\alpha/(1-\alpha)$ で β を消すと

$$i_2=\frac{\alpha r_C-r_E}{(1-\alpha)r_C+r_E}i_B$$

よって,

$$h_{fe}=\frac{i_2}{i_1}=\frac{i_2}{i_B}=\frac{\alpha r_C-r_E}{(1-\alpha)r_C+r_E}=\frac{\alpha-r_E/r_C}{(1-\alpha)+r_E/r_C}\approx\frac{\alpha}{1-\alpha}=\beta\quad(\because\ r_C\gg r_E)$$

(4) h_{oe}（エミッタ接地の h_o）：$i_1=0$ のときの i_2/v_2

$i_0=0$ より r_B には電流が流れないため，r_B を無視できるので，

$$i_2=\frac{v_2}{(1-\alpha)r_C+r_E}$$

よって，

$$h_{oe}=\frac{i_2}{v_2}=\frac{1}{(1-\alpha)r_C+r_E}\approx\frac{1}{(1-\alpha)r_C}$$

$$(\because\ r_C\gg r_E)$$

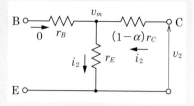

2. コレクタ接地トランジスタ

(1) h_{ic}（コレクタ接地の h_i）：$v_2=0$（出力を短絡）のときの v_1/i_1

コレクタ抵抗を流れる電流を i_R とすると，

$$v_1=i_B r_B+v_m \qquad\qquad ①$$
$$v_m=r_E(i_B+\beta i_B-i_R) \qquad ②$$
$$v_m=i_R(1-\alpha)r_C \qquad\qquad ③$$

となり，②③から，

$$v_m=r_E\Big(i_B+\beta i_B-\frac{v_m}{(1-\alpha)r_C}\Big)$$

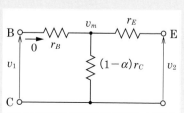

これを整理して，

$$\frac{(1-\alpha)r_C+r_E}{(1-\alpha)r_C}v_m=r_E i_B(1+\beta)$$

これを①に代入して，

$$v_1=i_B r_B+\frac{(1-\alpha)r_C r_E i_B(1+\beta)}{(1-\alpha)r_C+r_E}$$

$1-\alpha=1/(1+\beta)$ で β を消すと，

$$v_1=i_B r_B+\frac{r_C r_E i_B}{(1-\alpha)r_C+r_E}=\Big(r_B+\frac{r_C r_E}{(1-\alpha)r_C+r_E}\Big)i_B$$

よって，

$$h_{ic}=\frac{v_1}{i_1}=\frac{v_1}{i_B}=r_B+\frac{r_C r_E}{(1-\alpha)r_C+r_E}=r_B+\frac{r_E}{(1-\alpha)+r_E/r_C}$$

$$\approx r_B+\frac{r_E}{(1-\alpha)}\quad(\because\ r_C\gg r_E)$$

(2) h_{rc}（コレクタ接地の h_r）：$i_1=0$ のときの v_1/v_2

$i_B=0$ より，$(1-\alpha)r_C$ にかかる電圧が v_1 になるので，抵抗分圧から次のようになります。

$$v_1=\frac{(1-\alpha)r_c}{(1-\alpha)r_C+r_E}v_2$$

よって,

$$h_{rc}=\frac{v_1}{v_2}=\frac{(1-\alpha)r_C}{(1-\alpha)r_C+r_E}\approx 1 \quad (\because\ r_C\gg r_E)$$

(3) h_{fc}（コレクタ接地の h_f）：$v_2=0$（出力を短絡）のときの i_2/i_1

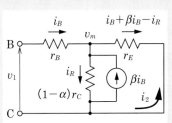

コレクタ抵抗を流れる電流を i_R とすると,

$$v_1=i_Br_B+v_m \tag{①}$$

$$v_m=r_E(i_B+\beta i_B-i_R) \tag{②}$$

$$v_m=i_R(1-\alpha)r_C \tag{③}$$

となり, ②③を結んで, $r_E(i_B+\beta i_B-i_R)=i_R$

$(1-\alpha)r_C$ となり, これを整理して

$$[(1-\alpha)r_C+r_E]i_R=r_Ei_B(1+\beta)$$

また, i_2 について, キルヒホッフの電流則を適用して, i_R を消すと,

$$i_2=-(i_B+\beta i_B-i_R)=i_R-(1+\beta)i_B=\frac{(1+\beta)r_E-(1+\beta)[(1-\alpha)r_C+r_E]}{(1-\alpha)r_C+r_E}i_B$$

$$=\frac{-(1+\beta)(1-\alpha)r_C}{(1-\alpha)r_C+r_E}i_B$$

$1-\alpha=1/(1+\beta)$ より,

$$i_2=\frac{-r_C}{(1-\alpha)r_C+r_E}i_B$$

となる. よって,

$$h_{fc}=\frac{i_2}{i_1}=\frac{i_2}{i_B}=\frac{-r_C}{(1-\alpha)r_C+r_E}=\frac{-1}{(1-\alpha)r_E/r_C}\approx\frac{-1}{1-\alpha}=-(\beta+1)\approx-\beta$$

$$(\because\ r_C\gg r_E)$$

(4) h_{oc}（コレクタ接地の h_o）：$i_1=0$ のときの i_2/v_2

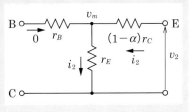

r_B には電流が流れないため, 無視できるので, 図より,

$$i_2=\frac{v_2}{(1-\alpha)r_C+r_E}$$

となります. したがって,

$$h_{oc}=\frac{i_2}{v_2}=\frac{1}{(1-\alpha)r_C+r_E}\approx\frac{1}{(1-\alpha)r_C} \quad (\because\ r_C\gg r_E)$$

3. ベース接地トランジスタ

(1) h_{ib}（ベース接地の h_i）：$v_2=0$（出力を短絡）のときの v_1/i_1

コレクタ抵抗を流れる電流を i_R とすると, 図より

$$v_1=i_Er_E+v_m \tag{①}$$

$$v_m = r_B(i_E - \alpha i_E + i_R) \qquad ②$$

$$v_m = -i_R r_C \qquad ③$$

となり，②③から，i_R を消して

$$v_m = r_B\left(i_E - \alpha i_E - \frac{v_m}{r_C}\right)$$

これを整理して，

$$\frac{r_C + r_B}{r_C} v_m = r_B i_E(1 - \alpha)$$

これを①に代入して，

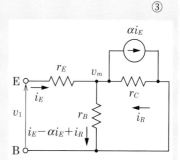

$$v_1 = i_E r_E + v_m = i_E r_E + \frac{r_C r_B i_E(1 - \alpha)}{r_C + r_B}$$

$$= \left(r_E + \frac{r_C r_B(1 - \alpha)}{r_C + r_B}\right)i_E$$

したがって，

$$h_{ib} = \frac{v_1}{i_1} = \frac{v_1}{i_E} = r_E + \frac{r_C r_B(1 - \alpha)}{r_C + r_B} = r_E + \frac{r_B(r_C + r_B) - r_B(r_B + \alpha r_C)}{r_C + r_B}$$

$$= r_E + r_B - \frac{r_B(r_B + \alpha r_C)}{r_C + r_B}$$

または，

$$h_{ib} = r_E + \frac{r_C r_B(1 - \alpha)}{r_C + r_B} = r_E + \frac{r_B(1 - \alpha)}{1 + r_B/r_C} \approx r_E + (1 - \alpha)r_B \quad (\because \quad r_C \gg r_B)$$

(2) h_{rb}（ベース接地の h_r）：$i_1 = 0$ のときの v_1/v_2

$i_1 = 0$ より r_B による電圧降下はないので，

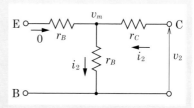

$$v_1 = v_m = r_B i_2 = r_B \cdot \frac{v_2}{r_B + r_C}$$

よって，

$$h_{rb} = \frac{v_1}{v_2} = \frac{r_B}{r_B + r_C} \approx \frac{r_B}{r_C} \quad (\because \quad r_C \gg r_B)$$

(3) h_{fb}（ベース接地の h_f）：$v_2 = 0$（出力を短絡）のときの i_2/i_1

コレクタ抵抗を流れる電流を i_R とすると，図より

$$v_1 = i_E r_E + v_m \qquad ①$$

$$v_m = r_B(i_E - \alpha i_E + i_R) \qquad ②$$

$$v_m = -i_R r_C \qquad ③$$

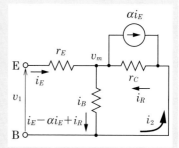

となり，②③を結んで，$r_B(i_E - \alpha i_E + i_R) = -i_R r_C$ となる。

これを整理して，$(r_B+r_C)i_R=(\alpha-1)i_E r_B$

また，i_2 について，キルヒホッフの電流則
を適用して，i_R を消すと，

$$i_2=i_R-\alpha i_E=\frac{(\alpha-1)i_E r_B}{r_B+r_C}-\alpha i_E=\frac{(\alpha-1)r_B-\alpha(r_B+r_C)}{r_B+r_C}i_E=-\frac{r_B+\alpha r_C}{r_B+r_C}i_E$$

よって，

$$h_{fb}=\frac{i_2}{i_1}=\frac{i_2}{i_E}=-\frac{r_B+\alpha r_C}{r_B+r_C}=-\frac{\alpha(r_B+r_C)+(1-\alpha)r_B}{r_B+r_C}$$

$$=-\alpha+\frac{(1-\alpha)r_B}{r_B+r_C}\approx-\alpha \quad (\because \quad \alpha\approx1)$$

(4) h_{ob}（ベース接地の h_o）：$i_1=0$ のときの
i_2/v_2

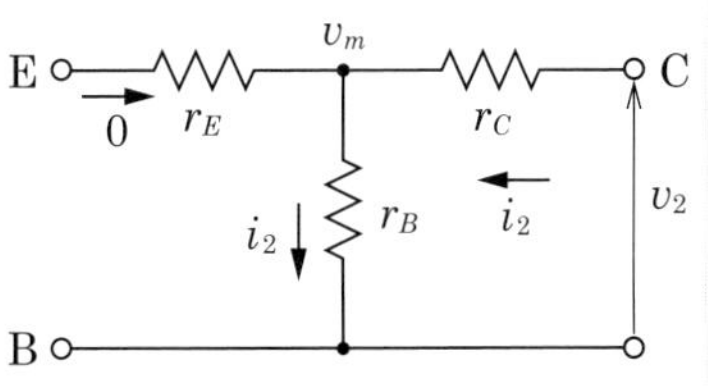

$i_1=0$ より，r_E には電流が流れないため，
無視できるので，

$$i_2=\frac{v_2}{r_C+r_B}$$

よって，

$$h_{ob}=\frac{i_2}{v_2}=\frac{1}{r_C+r_B}\approx\frac{1}{r_C} \quad (\because \quad r_C\gg r_B)$$

6.4 小信号等価回路の簡略化

h パラメータにより入力と出力の分離された等価回路が見えてきましたが，ま
だ複雑に思いますので，思い切って簡素化しましょう．ここでは，BJT の簡素
化した近似等価回路について説明します．実際に解析する場合は，これで間に合
う場合も多いので，まずは近似等価回路を理解し，覚えてもらえたらと思います．

6.4.1 エミッタ接地の小信号等価回路

図 6.4 の h パラメータの等価回路と表 6.2 の値を用いてエミッタ接地の小信号
等価回路を表現すると，**図 6.5**(a)のようになります．

まず，ベース（B）側の抵抗 $r_B+\dfrac{r_E+r_C}{(1-\alpha)r_C+r_E}$ について考えてみます．前述
の式(6.1)に示すように，アーリー電圧 V_A を用いると，$(1-\alpha)r_C\approx V_A/I_C$ と表せ
ますので，r_C は次のようになります．

$$r_C\approx\frac{V_A}{(1-\alpha)I_C} \tag{6.2}$$

また，BJT の電流式

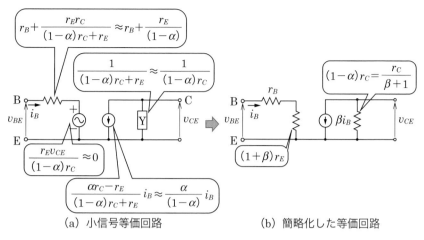

(a) 小信号等価回路 (b) 簡略化した等価回路

図6.5■エミッタ接地の小信号等価回路

$$I_E = I_s \exp \frac{qV_{BE}}{kT} = I_s \exp \frac{V_{BE}}{U_T} \qquad (6.3)$$

より，この両辺を V_{BE} で微分して，

$$\frac{dI_E}{dV_{BE}} = \frac{1}{U_T} I_s \exp \frac{V_{BE}}{U_T} = \frac{I_E}{U_T} \qquad (6.4)$$

となるので，r_E は次の式で表せます．

> 図6.3(a)の等価回路で i_B $\ll i_E$ より r_B が無視できるので，$\dfrac{dV_{BE}}{dI_E}$ は r_E になります．

$$r_E = \frac{dV_{BE}}{dI_E} = \frac{U_T}{I_E} \qquad (6.5)$$

例として，$I_E = I_C = 5\,\mathrm{mA}$ とした場合に，$V_A = 100\,\mathrm{V}$ とすれば，熱抵抗 U_T を $26\,\mathrm{mV}$（室温）とすると $r_C = 20\,\mathrm{k\Omega}$，$r_E = 5.2\,\Omega$ となり，$r_C \gg r_E$ であるとわかります．そして，ベース側の抵抗値の $r_B + \dfrac{r_E r_C}{(1-\alpha)r_C + r_E}$ は，分数部分の分母分子をともに r_C で割ることにより，$r_B + \dfrac{r_E}{(1-\alpha)}$ と近似できます．

さらに，ベース側の電圧源における v_{CE} の係数 $\dfrac{r_E}{(1-\alpha)r_C}$ は，式(6.2)より $\dfrac{I_C}{V_A} r_E$ と近似できるので，上述の値を代入すると 2.6×10^{-4} と非常に小さく，図6.5(a) のベース（B）側の電圧源 $\dfrac{r_E v_{CE}}{(1-\alpha)r_C}$ は削除（短絡）できます．

そして，抵抗値を α と β の関係である $1/(1-\alpha) = \beta + 1$ を使って整理すると，

$$r_B + \frac{r_E}{(1-\alpha)} = r_B + (1+\beta)r_E \qquad (6.6)$$

となるので，図6.5(b)のベース（B）側に示すように置き換えられます．

また，コレクタ（C）側ですが，電流源の電流値 $\dfrac{\alpha r_C - r_E}{(1-\alpha)r_C + r_E} i_B$ は，分母分子をともに r_C で割ることにより，$\dfrac{\alpha}{1-\alpha} i_B$ と近似でき，これは β を用いると βi_B になります．アドミタンスの値 $\dfrac{1}{(1-\alpha)r_C + r_E}$ は，$r_C \gg r_E$ より，$\dfrac{1}{(1-\alpha)r_C}$ と近似できます．これを β で書き直すと，$\dfrac{\beta+1}{r_C}$ となります．アドミタンスを直感的にわかりやすくするため，分母分子を入れ替えて抵抗に置き換えます．このような近似と置き換えを使って，図 6.5(b) のエミッタ接地の小信号等価回路が得られます．

6.4.2　コレクタ接地の小信号等価回路

コレクタ接地の場合も同様に，h パラメータでの等価回路から導きます．図 6.6(a) にコレクタ接地の小信号等価回路を示します．

ここで，ベース（B）側の電圧源 $\dfrac{(1-\alpha)r_C}{(1-\alpha)r_C + r_E} v_{EC}$ に関しては，$\dfrac{(1-\alpha)r_C}{(1-\alpha)r_C + r_E}$ の分母分子を r_C で割ると $r_C \gg r_E$ より，$\dfrac{(1-\alpha)}{(1-\alpha)+r_E/r_C} \approx 1$ であり，電圧源の電圧 $\dfrac{(1-\alpha)r_C v_{EC}}{(1-\alpha)r_C + r_E}$ がほぼ v_{EC} となるので，節点 B′ の電位は，エミッタ（E）の電位と同電位になります．このため，B′ と E を接続して電圧源を省略します．したがって，コレクタ接地では，入力と出力を分離するのは難しいということに

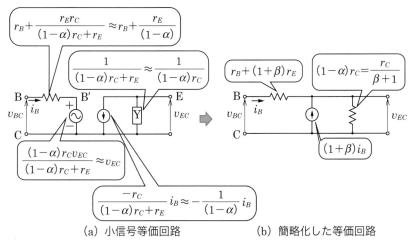

（a）小信号等価回路　　　（b）簡略化した等価回路

図 6.6■コレクタ接地の小信号等価回路

なります.

　また，電流源に関しては，$r_C \gg r_E$ より

$$\frac{-r_C}{(1-\alpha)r_C+r_E}i_B \approx -\frac{1}{(1-\alpha)}i_B \tag{6.7}$$

と近似でき，これは，β を使って書き換えると，$-(\beta+1)i_B$ に置き換わります. したがって，当該電流源は，逆向きの $(1+\beta)i_B$ の電流源に近似できます. βi_B と表記されることも多いです. さらに，抵抗とアドミタンスに関しては，エミッタ接地と同じ値ですから，同様の近似ができます.

　これらより，図 6.6(b)のコレクタ接地の等価回路が得られます.

6.4.3　ベース接地の小信号等価回路

　ベース接地の場合も同様にして求めます. 小信号等価回路は**図 6.7**(a)のようになります.

　ここでは，ベース拡がり抵抗 r_B が通常数十 Ω であることを勘案し，$r_C \gg r_B$ を用いて近似を行います.

　まず，エミッタ（E）側の抵抗値は分数部分の分母分子を r_C で割って，

$$r_E+\frac{r_C r_B(1-\alpha)}{r_C+r_B}=r_E+\frac{r_B(1-\alpha)}{1+r_B/r_C} \approx r_E+(1-\alpha)r_B \tag{6.8}$$

と近似できます. これを β を使って書き換えると，$r_E+r_B/(\beta+1)$ となります. また，電圧源の電圧値は，$r_C \gg r_B$ より，

$$\frac{r_B v_{CB}}{r_B+r_C}=\frac{\dfrac{r_B}{r_C}v_{CB}}{\dfrac{r_B}{r_C}+1} \approx 0 \tag{6.9}$$

と近似できますし，電流源の電流値は，

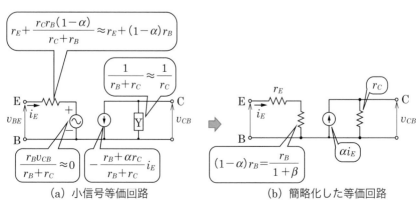

（a）小信号等価回路　　　　　　　（b）簡略化した等価回路

図 6.7■ベース接地のバイポーラトランジスタの等価回路

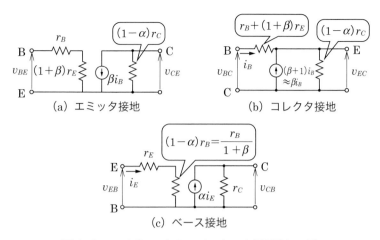

図 6.8 ■ バイポーラトランジスタの小信号等価回路

$$-\frac{r_B+\alpha r_C}{r_B+r_C}\,i_E=-\frac{\dfrac{r_B}{r_C}+\alpha}{\dfrac{r_B}{r_C}+1}\,i_E\approx-\alpha i_E \tag{6.10}$$

と近似できます．さらに，コレクタ側のアドミタンス値は，$\dfrac{1}{r_B+r_C}\approx\dfrac{1}{r_C}$ と近似できます．これらの近似値を適用することにより，図 6.7(b) のベース接地の小信号等価回路が得られます．

図 6.8 に簡略化した小信号等価回路をまとめます．

6.5　MOSFET の小信号等価回路

前節までで BJT の小信号等価回路について述べてきました．ここでは，MOSFET の小信号等価回路について述べていきますが，その前に BJT と MOSFET の違いを簡単に見ておきましょう．以下に BJT と MOSFET の主な違いを列記します．

① MOSFET のゲートには直流電流 (DC) が流れない．ゲートの直流入力インピーダンスは無限大としてよい．BJT はベースからベース電流が流れる．

② MOSFET は電界で制御されるドリフト電流が流れるが，BJT はキャリアの拡散による拡散電流が流れる．したがって，MOSFET の電流式には，移動度 μ の項が出てくるし，BJT の電流式には熱電圧 U_T が現れる．

③ MOSFET は多数キャリア (n 型半導体中の電子もしくは p 型半導体中の正孔) のみが電流に寄与するユニポーラであり，一般的に温度が高くなると移動度が低下し，ドレイン電流が減少する．BJT は，電子と正孔の両方が電流に寄与するバイポーラであり，通常は温度が高くなるとコレクタ電流が増加する．

6.5.1　MOSFET の一般的な小信号等価回路

MOSFET の動作は 5.3 節で説明しました．この MOSFET の動作におけるドレイン電流 I_D について考えてみます．

MOSFET のドレイン電流 I_D は，ゲート・ソース間電圧 V_{GS}，ドレイン・ソース間電圧 V_{DS} とバルク・ソース間電圧 V_{BS} の関数になります．

$$I_D = f(V_{GS}, V_{DS}, V_{BS}) \tag{6.11}$$

各パラメータが微小変化したときのドレイン電流は，3 変数のテイラー展開（コラム 6.2 参照）を用いて，

$$I_D + \Delta i_D = f(V_{GS}, V_{DS}, V_{BS}) + \frac{\partial I_D}{\partial V_{GS}} \Delta v_{GS} + \frac{\partial I_D}{\partial V_{DS}} \Delta v_{DS} + \frac{\partial I_D}{\partial V_{BS}} \Delta v_{BS} \tag{6.12}$$

となるので，

$$\frac{\partial I_D}{\partial V_{GS}} = g_m, \qquad \frac{\partial I_D}{\partial V_{DS}} = g_{ds}, \qquad \frac{\partial I_D}{\partial V_{BS}} = g_{mb}$$

と置き換えると，

$$\Delta i_D = g_m \Delta v_{GS} + g_{ds} \Delta v_{DS} + g_{mb} \Delta v_{BS} \tag{6.13}$$

と書き換えられます．

それぞれの係数について，g_m を相互コンダクタンス（トランスコンダクタンス），g_{ds} をドレインコンダクタンス，g_{mb} をバックゲートトランスコンダクタンス（ボディトランスコンダクタンス）と呼んでいます．

式 (6.13) の第 1 項の $g_m \Delta v_{GS}$ と第 3 項の $g_{mb} \Delta v_{BS}$ は変化パラメータがソース（S）を基準とした印加電圧ですから，電圧制御の従属電流源（VCCS）に置き換えられます．また，第 2 項の $g_{ds} \Delta V_{DS}$ は，ソース（S）基準でドレイン（D）を出力とすると，出力抵抗に置き換えられます．そして，これらを回路図で表現すると，図 6.9 の小信号等価回路になります．

バックゲート電圧 V_{BS} に対して，しきい値電圧 V_{TH} は，実際にはほぼ比例して変化します．NMOS なら負に PMOS なら正の方向に V_{BS} が変化すると，V_{TH} の絶対値は上昇します．バックゲートトランスコンダクタンス g_{mb} は，相互コンダクタンス g_m に比べる

> プロセステクノロジは半導体製造技術のことを表しており，MOSFET の場合は，よくゲート長で表現されます．2021 年執筆時点での最先端のプロセステクノロジは 7〜5 nm です．

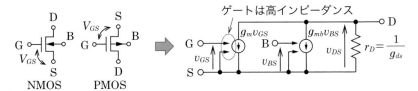

図 6.9　MOSFET（4 端子）の回路記号と小信号等価回路

と値が低く，プロセステクノロジにもよりますが，g_m の 2 割程度です．

MOSFET は 4 端子素子なのでバルク端子の影響を受けますが，ソースとバルクを接続して使うことが多く，3 端子素子と考えてよいことが多いです．この場合はバルク・ソース間電圧 $V_{BS}=0$ なので，MOSFET の回路記号と等価回路を 3 端子で表すと図 6.10 のようになります．

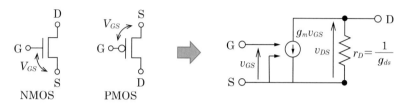

図 6.10 ■ MOSFET（3 端子）の回路記号と小信号等価回路

図 6.9 と図 6.10 に示す小信号等価回路は，ともにソース（S）接地ですが，MOSFET の場合は，ゲート（G）が高インピーダンスで電圧制御デバイスであるため，接地によって小信号等価回路を使い分ける必要がありません．これについては，次の章で述べる各接地の増幅回路で感触を掴んでください．

6.5.2 ゲート電圧を固定した場合の小信号等価回路

MOSFET の小信号等価回路は，図 6.9 と図 6.10 で示した通りですが，制約条件を付けるとかなり簡略化されます．例えば，ゲート（G）電圧を固定した場合を考えます．この状態でソース（S）を基準に考えると，ゲート・ソース間電圧の変位 v_{GS} がゼロなので，**図 6.11** に示すように，電流源が省略されて抵抗のみになります．この抵抗値は，$1/g_{ds}$ になります．

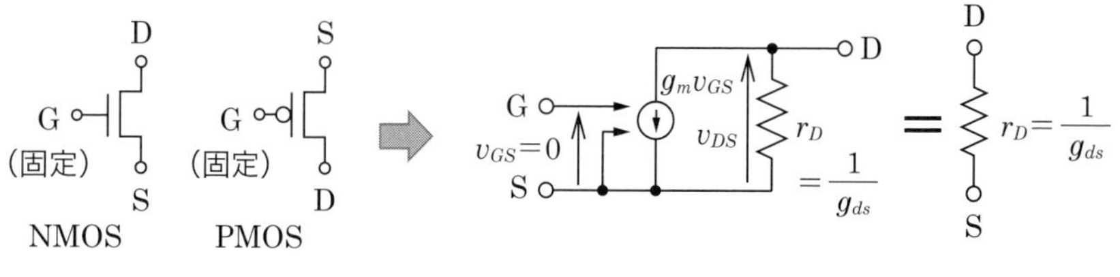

図 6.11 ■ MOSFET の小信号等価回路（ゲート電圧固定の場合）

6.5.3 ゲートとドレインを接続した場合の小信号等価回路

MOSFET のゲート（G）とドレイン（D）を接続した場合を考えます．このような MOSFET の接続をダイオード接続ということがあります．電圧・電流特性がダイオードの場合に似ているからです．ただし，MOSFET の場合は電流が電圧の 2 乗で増減するので，指数関数的に増減するダイオードとは厳密には異

なります．このようにゲート（G）とドレイン（D）を接続した場合は $V_{GS}=V_{DS}$ になりますので，ドレイン電流は，次の式になります．

$$\Delta i_D=g_m\Delta v_{DS}+g_{ds}\Delta v_{DS}=(g_m+g_{ds})\Delta v_{DS} \tag{6.14}$$

つまり，図 6.12 に示すように，抵抗値が $1/(g_m+g_{ds})$ の抵抗に置き換えられます．また，通常は $g_m\gg g_{ds}$ なので，$1/(g_m+g_{ds})\approx1/g_m$ に近似できます．

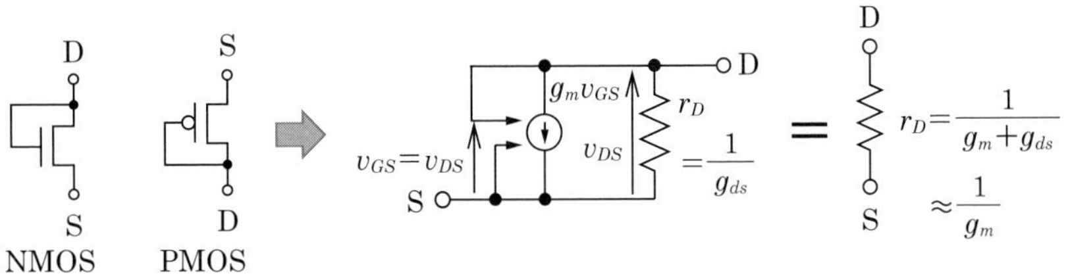

図6.12■MOSFET の小信号等価回路（ゲートとドレインを接続した場合）

上記のように，MOSFET を小信号等価回路に適宜置き換えることによって，回路動作の解析ができるようになります．

6.6　第6章のまとめ

この章では，トランジスタの等価回路について述べました．トランジスタの記号だけではピンとこない電気的な振る舞いが，等価回路に置き換えることにより，直感的にわかるようになるとともに，特定個所の電圧電流や利得などが解析的なアプローチで求まるようになります．したがって，等価回路に置き換えれば多くの場合に事が足りてしまうのですが，等価回路は，そもそも非線形デバイスであるトランジスタを線形回路に置き換えているので，動作条件の制限や近似が適用されます．このことをしっかり押さえておかないとシミュレーションで所望の動作が得られません．前章までの半導体物理の知識をもって等価回路モデルを扱うことによって，トランジスタの等価回路を使いこなして欲しいと思います．

6.7　第6章の演習問題

（1）図のように，エミッタ接地の BJT の等価回路を h パラメータで表している．
次の問いに答えなさい．

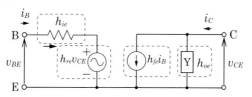

（1-1）下のグラフに BJT の静特性を示す直線もしくは曲線を書きなさい．なお，
グラフにおける矢印は各パラメータの値の増加を表している．

（1-2）書き入れた直線もしくは曲線の傾き（$\Delta y/\Delta x$）は h パラメータのどれを
表しているかを示しなさい．

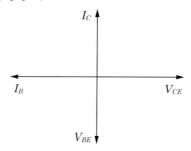

（2）MOSFET の飽和領域のドレイン電流の式

$$I_D = \frac{1}{2}\mu_n C_{OX}\frac{W}{L}(V_{GS}-V_{TH})^2$$

において，チャネル長 L が $L-\Delta L$ に変化した場合の電流増加分をテイラー展
開を使った近似式で示しなさい．

（3）活性領域にある BJT において，V_{CE} を 5 V から 10 V に変化させた場合に，
I_C は 5 mA から 5.1 mA に増加した．このときのアーリー電圧 V_A を求めなさ
い．

第7章

トランジスタ増幅回路

　トランジスタ回路の素晴らしい点は信号を増幅できることです．ここでは信号増幅の必要性をスマートフォンで音楽を聴くときの例で説明します．スマートフォンの内蔵フラッシュメモリや SD カードの不揮発性メモリには，デジタル化された音楽データが格納されています．スマートフォンは，そのデジタルデータを読み出して，アナログ信号に変換して音声を再現します．

　図 7.1 に示すように，不揮発性メモリ内に音源として保存された音楽のデジタルデータはオーディオ用 DAC（Digital to Analog Converter）により，アナログ信号に変換されます．変換された音声信号はそのままでは微弱なため，ヘッドホンのスピーカーを直接駆動できません．そのため，人間の耳で十分に聞くことができません．そこで，この微弱な信号をヘッドホンアンプ（HP Amp）で増幅（amplify）し，ヘッドホンのスピーカーを駆動できるような強い信号にすることによって，人間の耳に十分聞こえるようにしています．

　このように，信号増幅は，生活の中で身近に利用されて役立っているのです．

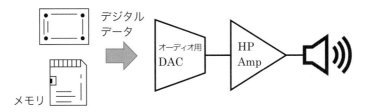

デジタル
データ

オーディオ用
DAC

HP
Amp

メモリ

図 7.1 ■スマートフォン内のオーディオの出力部分

7.1　増幅回路の基本事項

7.1.1　トランジスタによる信号増幅の原理

　トランジスタは，前の章で説明したように，バイポーラトランジスタ（BJT）なら，**図 7.2**(a)のように，ベース・エミッタ間電圧 V_{BE} によりベース電流 I_B を増減させて，その β 倍（数十倍〜数百倍）のコレクタ電流 I_C をコントロールできます．MOSFET なら，図 7.2(b)のように，ゲート・ソース間電圧 V_{GS} の変化に対応したドレイン電流 I_D の変化（$=g_m\Delta V_{GS}$）を引き出せます．つまり，トラ

ンジスタを利用することによって，**ある端子**における電圧・電流の変化により，**他の端子**における電流を規則的に大きく変化させることができます．これが増幅作用の基本的な考え方になります．

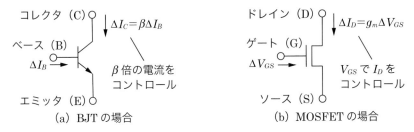

(a) BJT の場合　　　　(b) MOSFET の場合

図 7.2■トランジスタでの信号増幅の原理

7.1.2　増幅回路の基本事項

　トランジスタを動作させるには，前提となる基本事項があります．これからも出てくる用語ですので，しっかり理解してください．

（1）接地

　BJT は，ベース（B），コレクタ（C）とエミッタ（E）の 3 つの端子をもっていました．MOSFET も，バルク（B）をソースに接続すればゲート（G），ソース（S），ドレイン（D）の 3 端子です．したがって，ある 1 端子を入力に，他の 1 端子を出力にそれぞれ割り当てたら，1 端子が余ります．この余った端子は接地という処理をします．この接地は，必ずしもグランド電位に接続することではなく，交流的に接地することを意味し，グランドや電源などの DC 電位に固定することをいいます．トランジスタ増幅回路では，接地と入出力の割り当ては決まっています（**表 7.1**）．他の割り当てはないと思ってください．

表 7.1■増幅回路におけるトランジスタの端子割り当て

接地端子	入力端子	出力端子
エミッタ（E） ソース（S）	ベース（B） ゲート（G）	コレクタ（C） ドレイン（D）
コレクタ（C） ドレイン（D）	ベース（B） ゲート（G）	エミッタ（E） ソース（S）
ベース（B） ゲート（G）	エミッタ（E） ソース（S）	コレクタ（C） ドレイン（D）

（2）大信号動作

　入力信号に変化の大きな電圧や電流を入力した場合の動作を**大信号動作**といいます．典型的なものはスイッチング動作です．スイッチング動作は，入力信号で

トランジスタの ON・OFF の状態を切り替える大信号動作であり，デジタル回路で活躍します．これは，入力された信号波形が形を保ったまま振幅を増加させて出力させるアナログ的な増幅動作とは異なります．

（3）直流バイアス（DC Bias）

　トランジスタは，全く電流を流さないで待機した状態では信号を増幅することができません．車で例えると，アイドリングの状態で待っていて，発進，加速するイメージでしょうか．この増幅回路に必要な待機状態をつくるために印加する直流電圧・電流を，直流バイアス（DC Bias）電圧・電流といいます．このバイアス時における各節点の状態を動作点もしくはバイアスポイントとよび，この動作点を中心として増幅対象の交流電圧や電流を入力することになります．

（4）小信号動作

　上記のバイアス状態において，小さな変化の電圧や電流を入力して増幅動作させることを小信号動作といいます．したがって，交流変化分のみを扱います．小さな変化量の信号を入力することで上記の動作点（バイアスポイント）を変化させることなく，電圧や電流の変化を線形で近似できるようになり，解析が楽になります．一般的に増幅回路の動作は，小信号等価回路で線形近似して解析します．

7.2　バイポーラトランジスタ（BJT）の基本増幅回路

　本節では BJT を使用した増幅回路について説明します．BJT の増幅回路には，それぞれの端子に対応して，エミッタ接地増幅回路，コレクタ接地増幅回路，およびベース接地増幅回路が存在します．

7.2.1　エミッタ接地増幅回路

（1）基本構成と動作

　入力をベース（B），出力をコレクタ（C）とし，エミッタ（E）を接地した形態の増幅回路で，基本構成例を**図 7.3** に示します．7.1 節で，ベース端子に ΔI_B

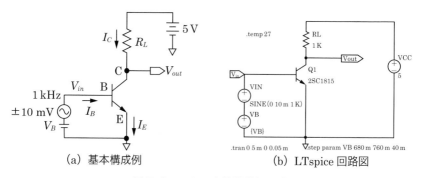

(a) 基本構成例　　　　　(b) LTspice 回路図

図 7.3■エミッタ接地増幅回路

の電流を流すと，コレクタ端子から $\beta\Delta I_B$ のコレクタ電流 ΔI_C が流れると書きました．このコレクタ電流 ΔI_C をコレクタ端子に接続した負荷抵抗 R_L で電圧に変換します．つまり，ベース端子に ΔI_B を流すくらいのベース・エミッタ間電圧 ΔV_{BE} をかけると，出力として $\beta\Delta I_B R_L$ の電圧変化が得られることになります．これが，エミッタ接地の増幅作用の基本動作です．

入力信号は，1 kHz で±10 mV 振幅の正弦波とし，コレクタには，5 V の DC電圧を印加しています．負荷抵抗 R_L は，コレクタ電流 I_C を出力電圧 V_{out} に変換するために設けています．図 7.3(b) は，LTspice で作成した回路図です．バイポーラトランジスタ（Q1）に東芝セミコンダクタ社製の 2SC1815 を用いています．ここで重要なのは DC バイアス電圧である V_B の電圧で，これを適切に設定しないと所望の増幅動作が得られません．図 7.4 に，V_B を 680 mV，720 mV，760 mV にそれぞれ設定したときの出力 V_{out} の LTspice でのシミュレーション結果（室温）を示します．

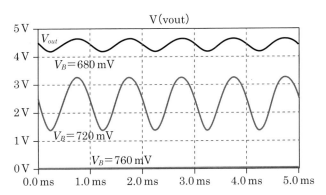

図 7.4 ■ 出力波形の V_B 依存性を示すシミュレーション結果

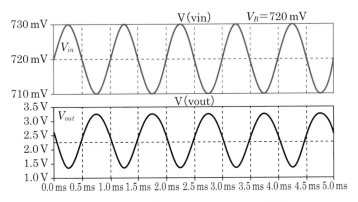

図 7.5 ■ 入出力波形のシミュレーション結果

　このように，V_B を少し上下するだけで，出力 V_{out} が下側や上側に張り付いてしまい，うまく信号増幅ができません．これは，ベース・エミッタ間電圧 V_{BE} の変化によりコレクタ電流 I_C が指数関数的に変化することに起因します．

　また，図 **7.5** に示すように，入力と出力の位相が 180° 違っています（逆相と呼びます）．これも，エミッタ接地増幅回路の特徴です．

(2) シミュレーションによる解析

　シミュレーションによる DC バイアス電圧の決め方を説明します．7.1.2 項(3)で，トランジスタには常に電流を流しておかなければいけないと書きました．これをバイアス電流と呼びます．このバイアス電流の設定は，図 7.3 においては V_B の設定により行います．手順は以下の通りです．

　① **出力の DC 電位からコレクタ電流 I_C を求める**

　出力電圧 V_{out} の DC 電位は，通常は電源電圧の半分くらいに設定します．なぜなら，信号が上下に振幅する場合に，バランスが良いからです．図 7.3 の場合は，電源電圧が 5V ですから，出力の DC 電位を 2.5V くらいに設定することとなり，そのために負荷抵抗 R_L に流すコレクタ電流 I_C は，2.5 mA（＝2.5 V/1 kΩ）になります．

　② **求めたコレクタ電流 I_C からバイアス電圧 V_B を決める**

　コレクタ電流 I_C に 2.5 mA を流すためのバイアス電圧 V_B を求めます．これは，後述のようにトランジスタのデータシートから求めることもできますが，ここでは，LTspice を利用してシミュレーションから求めてみます．図 **7.6** に回路図とシミュレーション結果を示します．ベース・エミッタ間電圧 V_{BE} を 600 mV から 10 mV ステップで上げていき，コレクタ電流 I_C とベース電流 I_B をプロットしました．

　これからわかるように，2.5 mA のコレクタ電流 I_C を得るためのベース・エミッタ間電圧 V_{BE}，すなわちバイアス電圧 V_B は 720 mV くらいになります．このときのベース電流 I_B は，8 μA 程度であることもわかります．さらに，この電

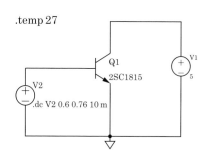
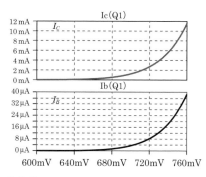

図 7.6■I_C および I_B の V_{BE} 依存性シミュレーション

流値における電流増幅率 β は，300 程度であることもわかります（$V_{BE}=$ 700 mV と 740 mV の電流値との差分から $\dfrac{(6-1.2)\times 10^{-3}}{(20-4)\times 10^{-6}}=300$）．電流増幅率 β は，バイアス電流により変化しますので，確認が必要です．

③　V_{CE}-I_C 曲線と負荷直線から出力振幅を確認する

バイアス電圧 V_B が決まったら，それをベース・エミッタ間電圧 V_{BE} の中心として所定の振幅に対応して変化させた場合のコレクタ・エミッタ間電圧 V_{CE}-コレクタ電流 I_C 曲線を描きます．これもデータシートのグラフから類推してもよいのですが，LTspice で求めてみます．図 7.7(a)(b) に回路図とシミュレーション結果を示します．

V_B（$=V_{BE}$）を振幅 ± 10 mV に対応させて 710 mV，720 mV，730 mV のそれぞれに設定し，V_{CE} を 0 V から 5 V まで変化させたときの I_C 曲線を描きます．また，この曲線に負荷抵抗 R_L に対応する負荷直線，すなわち y 軸の電流値が負荷抵抗 R_L に流れた場合の出力電圧 V_{out} を x 軸にしてプロットした直線を重ねて描きます（これは，図中の VR と RL とで描かせています）．このときのバイア

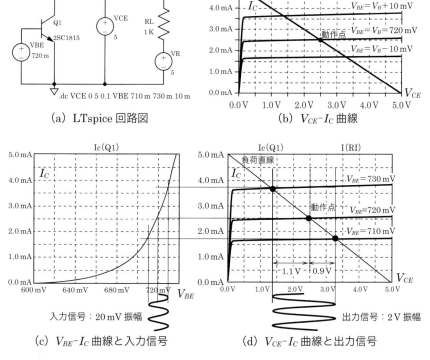

(a) LTspice 回路図　　　　(b) V_{CE}-I_C 曲線

(c) V_{BE}-I_C 曲線と入力信号　　(d) V_{CE}-I_C 曲線と出力信号

図 7.7 ■ V_{CE}-I_C 曲線と負荷直線および動作点

スポイント（$V_B = 720\,\text{mV}$, $I_C = 2.5\,\text{mA}$）が動作点になります．図 7.7(c)(d)に I_C-I_B 曲線と V_{CE}-I_C 曲線とを I_C で関連づけて示します．ベース（B）に入力された 20 mV 振幅の信号が，コレクタ電流 I_C を介してコレクタ・エミッタ間電圧 V_{CE} に変換されます．上記動作点を中心に，V_{BE} が $\pm 10\,\text{mV}$ 変化した場合の V_{CE} から，出力電圧振幅がわかります．この場合は 2 V（1.1 V＋0.9 V）程度の出力振幅になります．これは，図 7.5 の $V_B = 720\,\text{mV}$ の場合の出力振幅と合致します．

したがって，当該回路の電圧利得 A_v は，

$$A_v = \frac{\Delta V_{out}}{\Delta V_{in}} \approx \frac{2}{2 \times 10^{-2}} = 100$$

と算出できます．

(3) 計算による解析

(2) では，シミュレーションを用いて解析を行いましたが，トランジスタパラメータがわかっていれば，ある程度は計算だけでも解析できます．前章で BJT のコレクタ電流 I_C は，

$$I_C = I_s \exp\frac{qV_{BE}}{kT} = I_s \exp\frac{V_{BE}}{U_T} \tag{7.1}$$

で表せると説明しました．

ここで，U_T は熱電圧と呼ばれ，室温（300 K）では，ほぼ 26 mV です．また，伝達飽和電流 I_s は 2SC1815 のモデルパラメータ* から $2.04 \times 10^{-15}\,\text{A}$ と読み取れます．したがって，2.5 mA のコレクタ電流 I_C を得るために必要なベース・エミッタ間電圧 V_{BE} は，

$$V_{BE} = U_T \ln\frac{I_C}{I_s} = 2.6 \times 10^{-2} \times \ln\frac{2.5 \times 10^{-3}}{2.04 \times 10^{-15}}$$
$$= 2.6 \times 10^{-2} \times \ln(1.23 \times 10^{12}) \approx 0.724$$

となり，バイアス電圧 V_B は，720 mV くらいであると求まります．

また，上記の I_C の式を V_{BE} で微分すると，

$$\frac{dI_C}{dV_{BE}} = \frac{\Delta I_C}{\Delta V_{BE}} = \frac{I_s}{U_T}\exp\frac{V_{BE}}{U_T} = \frac{I_C}{U_T} \tag{7.2}$$

となり，

$$\Delta I_C = \frac{I_C}{U_T}\Delta V_{BE} \tag{7.3}$$

と表せます．

したがって，電圧利得 A_v は，ΔV_{out} が $-R_L \times \Delta I_C$ となるので，

$$A_v = \frac{\Delta V_{out}}{\Delta V_{in}} = \frac{-R_L\Delta I_C}{\Delta V_{BE}} = \frac{-R_L I_C}{U_T} = -\frac{10^3 \times 2.5 \times 10^{-3}}{2.6 \times 10^{-2}} = -\frac{250}{2.6} \approx -96$$

と求められ，LTspice による計算とほぼ一致します．

---

* LTspice における 2SC1815 のシミュレーションモデルのファイルから読み取りました．

（4）小信号等価回路による解析

図 6.8 に示した小信号等価回路を利用して解析します．この BJT の小信号等価回路を用いて，図 7.3 のエミッタ接地増幅回路の小信号等価回路を考えてみましょう．当該増幅回路をそのまま置き換えたら，**図 7.8**(a)のようになりますが，小信号等価回路においては，交流的な変化のみを考えるので，DC 電位はすべてグランドに集約されます．したがって，図 7.8(b)に示す小信号等価回路に置き換えられます．

このような等価回路で考えると，回路の解析が楽になります．この小信号等価回路を用いて電圧利得を考えてみましょう．

まず，入力電圧 v_{in} については，入力電流を i_B として，次のように表せます．

$$v_{in} = [r_B + (1+\beta)r_E]i_B \tag{7.4}$$

この電圧 v_{in} が小信号入力電圧になります．

また，ベース拡がり抵抗 r_B は，通常数十 Ω 程度であり，2SC1815 のデータシートには，50 Ω と記載されています．

一方，式(6.5)より，エミッタ抵抗 r_E は，次のように表せます．

$$r_E = \frac{\Delta V_{BE}}{\Delta I_E} = \frac{U_T}{I_E} \tag{7.5}$$

さらに，コレクタ抵抗 $(1-\alpha)r_C$ は，V_{CE}-I_C 曲線の活性領域の曲線の傾きに対応したパラメータであり，式(C6.3)よりアーリー電圧 V_A を用いて，

$$(1-\alpha)r_C \approx \frac{V_A}{I_C} \tag{7.6}$$

と表せます．V_A は 10〜100 V 程度であり，コレクタ抵抗 $(1-\alpha)r_C$ も通常は非常に高い値になります．

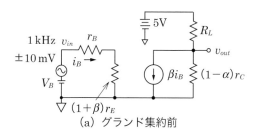

(a) グランド集約前

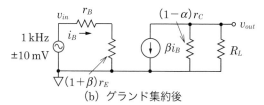

(b) グランド集約後

図 7.8■エミッタ接地増幅回路の小信号等価回路

また，v_{out} は負荷抵抗 R_L とコレクタ抵抗 $(1-\alpha)r_C$ の並列接続を $R_L /\!/ (1-\alpha)r_C$ とすると，式(7.4)を考慮して次のようになります．

$$v_{out} = -\beta i_B[R_L /\!/ (1-\alpha)r_C] = -\beta \frac{v_{in}}{r_B + (1+\beta)r_E} \frac{R_L(1-\alpha)r_C}{R_L + (1-\alpha)r_C} \tag{7.7}$$

したがって，電圧利得 A_v は，次の式になります．

$$A_v = \frac{v_{out}}{v_{in}} = \frac{-\beta}{r_B + (1+\beta)r_E} \frac{R_L(1-\alpha)r_C}{R_L + (1-\alpha)r_C} \tag{7.8}$$

$I_E = I_C = 2.5\,\text{mA}$ とすると，式(7.5)より，r_E は室温では $10.4\,\Omega$（$=26\,\text{mV}/2.5\,\text{mA}$）となります．また，$r_C \gg R_L$, $\beta \gg 1$, $\beta r_E \gg r_B$ とすると，$R_L /\!/ (1-\alpha)r_C \approx R_L$, $r_B + (1+\beta)r_E \approx \beta r_E$ と近似できるので，電圧利得 A_v は，次のようになります．

$$A_v \approx \frac{-\beta R_L}{\beta r_E} = \frac{-R_L}{r_E} \tag{7.9}$$

したがって，$A_v \approx \dfrac{-1 \times 10^3}{10.4} \approx -96$ となり，これは，上記（2）や（3）での値とほぼ合致します．

さらに詳細なパラメータがわかっている場合は，より正確な計算ができます．たとえば，$\beta = 300$, $r_B = 50\,\Omega$, $V_A = 100\,\text{V}$ とすれば，$(1-\alpha)r_C$ は，式(7.6)より，$40\,\text{k}\Omega$（$=100\,\text{V}/2.5\,\text{mA}$）になり，電圧利得 A_v は，式(7.8)より，

$$\begin{aligned} A_v &= \frac{v_{out}}{v_{in}} = \frac{-\beta}{r_B + (1+\beta)r_E} \frac{R_L(1-\alpha)r_C}{R_L + (1-\alpha)r_C} \\ &= \frac{-300}{50 + (1+300) \times 10.4} \cdot \frac{1 \times 10^3 \times 4 \times 10^4}{(1 \times 10^3 + 4 \times 10^4)} \approx -92 \end{aligned}$$

となります．

また，式(7.9)を使うと，電圧利得 A_v は，以下のように表せます．

$$A_v \approx -\frac{R_L}{r_E} = -R_L \frac{U_T}{I_E} \tag{7.10}$$

つまり，負荷抵抗 R_L とバイアス電流 $I_C(\approx I_E)$ がわかれば，だいたいの電圧利得が計算できます．

さらに，小信号等価回路を用いると，入力や出力のインピーダンスも楽に求まります．図 7.8(b)より，入力インピーダンス Z_{in} と出力インピーダンス Z_{out} は，次のようになります．

$$Z_{in} = r_B + (1+\beta)r_E \tag{7.11}$$

$$Z_{out} = R_L /\!/ (1-\alpha)r_C = \frac{R_L(1-\alpha)r_C}{R_L + (1-\alpha)r_C} \tag{7.12}$$

だいたいの感触を掴むのであれば，$\beta r_E \gg r_B$, $(1-\alpha)r_C \gg R_L$ なので，以下の近似式で十分です．

$$Z_{in} \approx \beta r_E = \beta \frac{U_T}{I_E} \tag{7.13}$$

$$Z_{out} \approx R_L \tag{7.14}$$

式(7.14)から，入力インピーダンスはバイアス電流でコントロールでき，絞れば高くできます．ただし，バイアス電流を絞れば，式(7.10)より利得は低下します．また，出力インピーダンスは，基本的に負荷抵抗で決まります．

電流利得 A_i は，i_B を入力して β 倍の i_C が得られるので，β になります．

電力利得 A_p は，電圧利得 A_v と電流利得 A_i の積で表されるので，

$$A_p = A_v A_i = \frac{\beta^2 [R_L \mathbin{/\mkern-5mu/} (1-\alpha)r_C]}{r_B + (1+\beta)r_E} \approx \frac{\beta^2 R_L}{\beta r_E} = \beta R_L \frac{I_E}{U_T} \tag{7.15}$$

となります．

7.2.2 コレクタ接地増幅回路

(1) 基本構成

入力をベース（B），出力をエミッタ（E）とし，コレクタ（C）を電源に接地した形態の増幅回路で，基本構成例を図 7.9 に示します．

7.2.1 項のエミッタ接地増幅回路と同じように入力信号として，振幅 ±10 mV の正弦波を入力した場合のシミュレーション波形を図 7.10 に示します．バイア

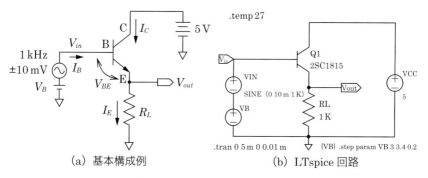

（a）基本構成例　　　　　　（b）LTspice 回路

図 7.9■コレクタ接地増幅回路

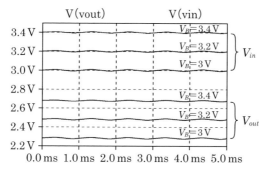

図 7.10■コレクタ接地増幅回路のシミュレーション結果

ス電圧 V_B は，3 V，3.2 V，3.4 V にそれぞれ設定しています．

　このように，出力信号 V_{out} は，入力信号 V_{in} に比べて振幅が増加しているわけではありません．これは，入力信号 V_{in} によりベース・エミッタ間電圧 V_{BE} が上昇してコレクタ電流 I_C およびエミッタ電流 I_E が増加すると，負荷抵抗 R_L により出力信号 V_{out} の電位が上がって，結果的にベース・エミッタ間電圧 V_{BE} の上昇が制限されてしまいます．これを電流帰還バイアスがかかるといいます．このため結局は，出力信号 V_{out} は上昇が抑えられて，入力信号 V_{in} をベース・エミッタ間電圧 V_{BE} だけシフトした状態になります．図 7.10 のシミュレーション結果によると，出力信号 V_{out} は入力信号 V_{in} に比べて 720 mV くらい下側にシフトしています．この差分が BJT の V_{BE} になります．このように，入力信号につられて同じ分だけ出力のエミッタ端子が動くので，**エミッタフォロワ**とも呼ばれます．

(2) 計算による解析

　コレクタ接地増幅回路は，おおまかに言えば $V_{out}＝V_{in}－V_{BE}$ の式に従うので，出力信号の電圧レベルを考慮してバイアス電圧 V_B を決めればよいことになります．動作解析は，次の小信号等価回路で行います．

　直流では，$V_{out}＝V_{in}－V_{BE}$ となりますので，V_{out} を V_{CC} の半分の 2.5 V にすると，$V_B＝2.5 V＋V_{BE}$ になります．このとき，エミッタ電流 I_E は 2.5 V/R_L〔A〕になります．R_L が 1 kΩ のときは，$I_E＝2.5$ mA になります．これは，$I_E＝I_C$ として図 7.6 より，$V_{BE}＝720$ mV になるので，$V_B＝3.22$ V ということになります．

(3) 小信号等価回路による解析

　エミッタ接地の場合と同じように，コレクタ接地の場合の BJT の小信号等価回路を考えてみます．図 6.8(b) の示す BJT のコレクタ接地の小信号等価回路を使って，図 7.9(a) のコレクタ接地増幅回路を小信号等価回路で記載すると**図7.11** のようになります．なお，電流源は βi_B に近似しています．

　このコレクタ接地増幅回路の小信号等価回路を用いて，電圧利得を計算してみましょう．当該等価回路の入出力電圧の関係から，電流の向きに注意すると次の式が成り立ちます．

$$v_{in}-v_{out}＝[r_B+(1+\beta)r_E]i_B \tag{7.16}$$

$$v_{out}＝[(1-\alpha)r_C /\!/ R_L]\cdot(1+\beta)i_B \tag{7.17}$$

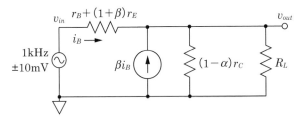

図7.11■コレクタ接地増幅回路の小信号等価回路

式(7.16)と式(7.17)の両辺の商をそれぞれとると，次のようになります.

$$\frac{v_{in}-v_{out}}{v_{out}}=\frac{[r_B+(1+\beta)r_E]i_B}{[(1-\alpha)r_C/\!/R_L]\cdot(1+\beta)i_B} \tag{7.18}$$

$$\frac{v_{in}}{v_{out}}-1=\frac{r_B+(1+\beta)r_E}{[(1-\alpha)r_C/\!/R_L]\cdot(1+\beta)} \tag{7.19}$$

したがって，整理すると次のようになります.

$$\frac{v_{in}}{v_{out}}=\frac{r_B+(1+\beta)r_E+[(1-\alpha)r_C/\!/R_L](1+\beta)}{[(1-\alpha)r_C/\!/R_L]\cdot(1+\beta)}=\frac{\dfrac{r_B}{(1+\beta)}+r_E+[(1-\alpha)r_C/\!/R_L]}{(1-\alpha)r_C/\!/R_L}$$
$$\tag{7.20}$$

よって，電圧利得 A_v は，次の式となります.

$$A_v=\frac{(1-\alpha)r_C/\!/R_L}{\dfrac{r_B}{(1+\beta)}+r_E+[(1-\alpha)r_C+/\!/R_L]} \tag{7.21}$$

通常は，$(1-\alpha)r_C/\!/R_L\approx R_L$ となるので，次のように近似されます.

$$A_v\approx\frac{R_L}{\dfrac{r_B}{(1+\beta)}+r_E+R_L}=\frac{(1+\beta)R_L}{r_B+(1+\beta)(r_E+R_L)} \tag{7.22}$$

さらに，$r_B+(1+\beta)r_E\ll(1+\beta)R_L$ より，式(7.22)から電圧利得 A_v は，1 より少し小さい値になります. これは，出力電圧が入力電圧に 100％ 帰還されるからです. このため，小信号等価回路も入力側と出力側で分けられません.

したがって，コレクタ接地増幅回路は，電圧利得がほぼ 1 になり入力電圧の増幅ができません. しかし，i_B の入力電流に対して，$(1+\beta)i_B$ の出力電流が得られるので，電流利得が $(1+\beta)$ となり，りっぱな増幅回路です.

また，小信号等価回路から入力インピーダンスや出力インピーダンスも求まります.

まず入力インピーダンスは，出力を開放した状態で V_{in} 端子から ΔI_B が流れたときの ΔV_{in} を求めることにより得られます. 図 7.11 より，次の式が導かれます.

$$v_{in}=[r_B+(1+\beta)r_E]\Delta i_B+v_{out} \tag{7.23}$$

$$v_{out}=[(1-\alpha)r_C/\!/R_L](1+\beta)i_B \tag{7.24}$$

よって，入力インピーダンス Z_{in} は，次のようになります.

$$Z_{in}=\frac{v_{in}}{i_B}=r_B+(1+\beta)r_E+[(1-\alpha)r_C/\!/R_L](1+\beta)$$

$$=(1+\beta)\left(\frac{r_B}{1+\beta}+r_E+[(1-\alpha)r_C/\!/R_L]\right) \tag{7.25}$$

通常は，$(1-\alpha)r_C/\!/R_L\approx R_L$ なので，

$$Z_{in}\approx(1+\beta)\left(\frac{r_B}{1+\beta}+r_E+R_L\right) \tag{7.26}$$

になります.

　また，$R_L \gg r_E$ ならば，入力インピーダンス Z_{in} は，次のように近似できます.

$$Z_{in} \approx r_B + (1+\beta)R_L \tag{7.27}$$

　つまり，通常は $R_L > r_E$ なのでエミッタ端子の場合より入力インピーダンスが高いです.また，ベース端子からは，エミッタ端子に接続した抵抗 R_L が（$1+\beta$）倍に見えます.したがって，抵抗 R_L は高く設定したほうが入力インピーダンスを高くできます.ただし，出力端子の先に抵抗性の負荷が付く場合は，その影響を受けてしまいます.

　次に出力インピーダンスを求めます.これは，入力を固定した状態で V_{out} 端子から ΔV_{out} を印加したときに流れる ΔI_{out} を求めることにより得られます.ここでは，入力信号源の出力インピーダンス（内部抵抗）を ρ とし，エミッタ端子の抵抗 R_L を除いた形の**図 7.12** の小信号等価回路で考えます.

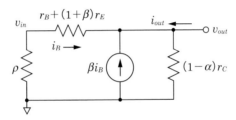

図 7.12■**入力信号源の出力抵抗を考慮したコレクタ接地の等価回路**

電流の向きに注意して，式を立てます.

$$i_B = \frac{-v_{out}}{\rho + r_B + (1+\beta)r_E} \tag{7.28}$$

$$-i_{out} = (1+\beta)i_B \tag{7.29}$$

i_B を消去すると，

$$\frac{i_{out}}{1+\beta} = \frac{v_{out}}{\rho + r_B + (1+\beta)r_E} \tag{7.30}$$

となるので，出力インピーダンス Z_{out} は，次のようになります.

$$Z_{out} = \frac{v_{out}}{i_{out}} = \frac{\rho + r_B + (1+\beta)r_E}{1+\beta} = r_E + \frac{\rho + r_B}{1+\beta} \tag{7.31}$$

　そして，エミッタ端子に接続されている抵抗 R_L を考慮すれば，

$$Z_{out} = \frac{\rho + r_B + (1+\beta)r_E}{1+\beta} /\!/ R_L \tag{7.32}$$

となります.

　また，式(7.31)より $(1+\beta)r_E \gg \rho$，$(1+\beta)r_E \gg r_B$ であれば $Z_{out} \approx r_E$ となり，ト

ランジスタのエミッタ抵抗が出力インピーダンスになります．抵抗 R_L を考慮すると $Z_{out} \approx r_E /\!/ R_L$ になりますが，$r_E \ll R_L$ ならば，$Z_{out} \approx r_E$ としても差し支えありません．つまり，コレクタ接地の増幅回路は出力インピーダンスが非常に低く大きな電流を出力できることになります．これは，出力電圧が 100% 入力電圧に帰還されるからです．したがって，コレクタ接地増幅回路はスピーカーの駆動などの最終段のアンプとして，よく利用されます．

ここで大事なことは，入力信号源の出力インピーダンス ρ が $1/(\beta+1)$ 倍ではありますが，コレクタ接地増幅回路の出力インピーダンスとして見えてくるということです．これは注意が必要です．なぜなら，コレクタ接地増幅回路を最終段のアンプとして使用する場合に，その前段でエミッタ接地増幅回路などにより電圧利得を十分にとっておこうという意図が働きやすいからです．つまり，前段のエミッタ接地増幅回路の電圧利得を得るために出力インピーダンスを高く設定してしまうと，コレクタ接地増幅回路の出力インピーダンスも高くなってしまい，所望の出力特性（出力電流やインピーダンス整合など）が得られないことが起こります．したがって，コレクタ接地増幅回路の場合は，前段まで含めた注意が必要になります．

7.2.3　ベース接地増幅回路
（1）基本構成

入力をエミッタ（E），出力をコレクタ（C）とし，ベース（B）を接地した形態の増幅回路で，基本構成例を**図 7.13** に示します．基本動作や考え方は，エミッタ接地増幅回路と似ています．

7.2.1 項で述べたエミッタ接地増幅回路と同じように入力信号として，振幅 $\pm 10\,\mathrm{mV}$ の正弦波を入力した場合のシミュレーション波形を**図 7.14** に示します．ただし入力信号は，$0\,\mathrm{V}$ を中心に $\pm 10\,\mathrm{mV}$ の振幅になっています．また，バイア

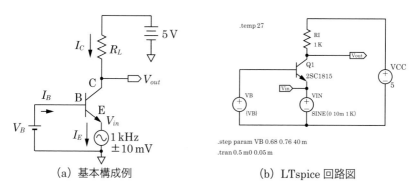

（a）基本構成例　　　　　　　　（b）LTspice 回路図

図 7.13■ベース接地増幅回路

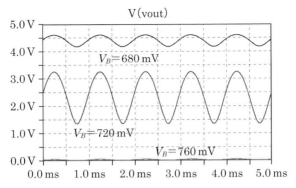

図7.14■ベース接地増幅回路のシミュレーション結果

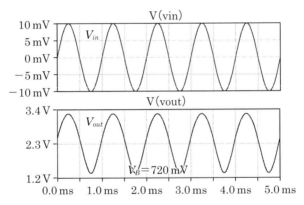

図7.15■ベース接地増幅回路の入出力シミュレーション結果

ス電圧 V_B は，680 mV，720 mV，760 mV にそれぞれ設定しています．

　このように，振幅±10 mV の入力信号 V_{in} が増幅されて出力信号 V_{out} になっています．また，V_B の値によって出力信号が上下に張り付きますし振幅も出なくなります．エミッタ接地増幅回路の場合と非常に似ていますが，当然違いもあります．一番大きな違いは入力信号 V_{in} と出力信号 V_{out} の関係です．**図7.15** に示すように，出力信号 V_{out} は，入力信号 V_{in} と同相になります（エミッタ接地増幅回路は逆相でした）．9.3 節のミラー効果で後述しますが，同相となることで周波数特性がよくなります．

(2) シミュレーションによる解析

　ベース接地増幅回路のバイアス電流の設定は，基本的にはエミッタ接地増幅回路と同じになります．

　① 出力の DC 電位からコレクタ電流 I_C を求める

　出力電圧 V_{out} の DC 電位を 2.5 V くらいに設定することからコレクタ電流 I_C

は 2.5 mA（＝2.5 V/1 kΩ）になります．エミッタ接地増幅回路と同様です．

② 求めたコレクタ電流 I_C からバイアス電圧 V_B を決める

コレクタ電流 I_C に 2.5 mA を流すためのバイアス電圧 V_B は，図 7.6 のベース・エミッタ間電圧 V_{BE} から，720 mV くらいになります．このときのベース電流 I_B は，8 μA 程度です．これもエミッタ接地増幅回路と同様です．

③ V_{CE}-I_C 曲線と負荷直線から出力振幅を確認する

バイアス電圧 V_B が決まったら，動作点（バイアスポイント）を設定し負荷曲線を描きます．これもエミッタ接地増幅回路と同じになるので，図 7.7 のようになります．ただし，図 7.7(c) の入力正弦波形は，左右反転します．したがって，出力振幅は，2 V（＝1.1 V＋0.9 V）程度になり，図 7.14 および図 7.15 の出力振幅と合致します．つまりエミッタ接地増幅回路と同程度の電圧利得（例では 100くらい）が得られることになります．

(3) 小信号等価回路による解析

図 6.8(c) に示すベース接地のバイポーラトランジスタの小信号等価回路を用いて，図 7.13 に示すベース接地増幅回路の小信号等価回路に置き換えます．

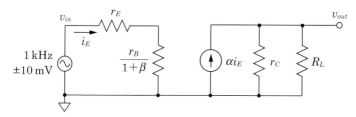

図 7.16■ベース接地増幅回路の小信号近似等価回路

ベース接地なので，β ではなく，$\alpha(＝I_C/I_E)$ を使用していることに注意が必要です．ただし，入力側の抵抗は他の接地との比較のため β で表しています．

では，ベース接地増幅回路の電圧利得を求めてみましょう．

まず，入力電圧 v_{in} は，入力電流を i_E として，

$$v_{in}=\left(r_E+\frac{r_B}{1+\beta}\right)i_E \tag{7.33}$$

また，v_{out} は負荷抵抗 R_L とコレクタ抵抗 r_C の並列接続を $R_L /\!\!/ r_C$ とすると，

$$v_{out}=\alpha i_E(R_L /\!\!/ r_C)=\alpha i_E \frac{R_L r_C}{R_L+r_C} \tag{7.34}$$

したがって，電圧利得 A_v は $\alpha=\beta/(1+\beta)$ により，

$$A_v=\frac{v_{out}}{v_{in}}=\frac{\alpha(R_L /\!\!/ r_C)}{r_E+\dfrac{r_B}{1+\beta}}=\alpha\frac{R_L r_C}{R_L+r_C}\frac{1+\beta}{r_E(1+\beta)+r_B}=\frac{\beta}{r_E(1+\beta)+r_B}\frac{R_L r_C}{R_L+r_C}$$

$$\tag{7.35}$$

　これを，$(1+\beta)r_E \gg r_B,\ r_C \gg R_L$ により，近似すると，

$$A_v = \frac{\beta}{r_B+(1+\beta)r_E}\frac{R_L r_C}{R_L+r_C} \approx \frac{\beta}{\beta r_E}R_L = \frac{R_L}{r_E} \tag{7.36}$$

となります．つまり，式(7.9)との対比でわかるように，エミッタ接地増幅回路と絶対値が同じになります．ここで，$r_E = U_T/I_E$ です．

　また，式(7.35)を α で表すと，

$$A_v = \alpha \frac{R_L r_C}{R_L+r_C}\frac{1+\beta}{r_E(1+\beta)+r_B} = \alpha \frac{R_L r_C}{R_L+r_C}\frac{1}{r_E+\dfrac{r_B}{1+\beta}} = \frac{R_L r_C}{R_L+r_C}\frac{\alpha}{r_E+r_B(1-\alpha)}$$

$$\tag{7.37}$$

となります．

　電流利得は，i_E を入力して i_C が得られるので，ベース接地電流増幅率 α になります．つまり，電流利得は 1 以下です．

　電力利得は，

$$A_p = \frac{\alpha\beta}{r_B+(1+\beta)r_E}\frac{R_L r_C}{(R_L+r_C)} \approx \frac{\alpha}{r_E}R_L \approx \frac{R_L}{r_E} \tag{7.38}$$

となります．これは，電圧利得とほぼ同じです．なぜなら，電流利得が $\alpha \approx 1$ だからです．

　小信号等価回路から入力と出力のインピーダンスは，次のようになります．

$$Z_{in} = r_E + \frac{r_B}{1+\beta} \tag{7.39}$$

$$Z_{out} = R_L /\!/ r_C = \frac{R_L r_C}{R_L+r_C} \tag{7.40}$$

だいたいの感触を掴むのであれば，$r_E > r_B/(1+\beta)$，$r_C \gg R_L$ なので，

$$Z_{in} \approx r_E = \frac{U_T}{I_E} \tag{7.41}$$

$$Z_{out} \approx R_L \tag{7.42}$$

で問題ないでしょう．

　入力インピーダンスは，エミッタ接地増幅回路と比較して非常に小さくなってしまいます．エミッタ接地の場合は，$Z_{in} = r_B+(1+\beta)r_E$ でしたので，入力インピーダンスがほぼ，$1/(1+\beta)$ になってしまいます．バイアス電流を絞れば高くできますが，利得が落ちてしまいます．出力インピーダンスは，エミッタ接地増幅回路と同じで負荷抵抗でほぼ決まります．

　なお，この例では，入力信号 V_{in} を 0 V が中心の交流信号にしましたが，例えば 0.5 V を中心とする場合は，バイアス電圧 V_B も 0.5 V 上げれば基本的に OK です．ただし，コレクタ・エミッタ間電圧 V_{CE} をきちんと確保して，トランジスタが活性領域に十分入るようにすることが必要です．

7.3 増幅回路の温度依存性と自己バイアス回路

BJT の動作点（バイアスポイント）を求めるには，所望の I_C と V_{BE} を設定すれば求まります．そしてバイアスポイントを求めたら，その V_{BE} を固定して信号の変化分を重畳していました．これを**固定バイアス回路**といい，いままでは固定バイアス回路について述べてきたことになります．このほうがトランジスタの動作が理解しやすいからです．しかし実際には，他にも重要なパラメータが存在します．それは温度です．そもそも式(5.10)や(5.11)では温度 T が入っていますし，伝達飽和電流 I_s は強い温度特性をもちます．したがって，所望の I_C を得るための V_{BE} が，温度によって異なります．I_C-V_{BE} 特性の温度依存性を図 **7.17**(a) に，図 7.3 に示すエミッタ接地増幅回路における出力電圧の温度依存性を図 7.17 (b)にそれぞれ示します．

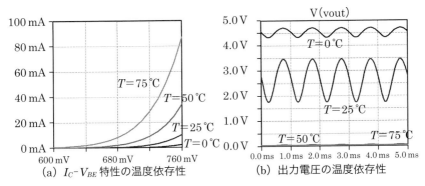

(a) I_C-V_{BE} 特性の温度依存性 （b) 出力電圧の温度依存性

図 7.17 ■トランジスタとエミッタ接地増幅回路の温度依存性

図からわかるように，所定のコレクタ電流 I_C を得るためのベース・エミッタ間電圧 V_{BE} は，温度が上がるにつれて下がっていきます（グラフが左にシフト）．一般的には，$\Delta V_{BE} = -2.2\,\text{mV/℃}$ といわれています．これは，電流増幅率 $\beta(=h_{fe})$ が温度により変動することにより表されます．つまり，固定バイアス回路で V_{BE} を固定してしまえば，温度が下がると β が低下して I_C が減り，温度が上がると β が増加して I_C が増えます．これにより，出力電圧は上下にシフトし，利得も変わってきます．しかし，たとえばマイクを使っていて音の大きさが温度によって変わってくるのでは，そのマイクは使えません．

そこで**自己バイアス回路**を使います．これはコレクタ電流 I_C の増減に応じてベース・エミッタ間電圧 V_{BE} を調整して，電流増幅率 β の温度変動に起因するコレクタ電流の変化を緩和しようとするものです．

図 7.18 にエミッタ接地の自己バイアス回路の回路図を示します．これは電流帰還バイアス型といわれるものです．他に電圧帰還バイアス型もありますが，電

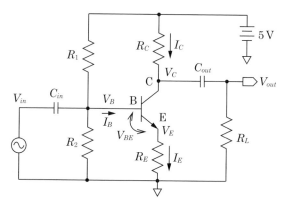

図 7.18 ■ 電流帰還型の自己バイアス回路

流帰還型のほうが安定性はよいとされています．今回は，より実践的にバイアス
電圧 V_{B0} を決める分圧抵抗 R_1, R_2 や入出力信号の交流分を伝えるカップリング
キャパシタ C_{in}, C_{out}，グランドに対する負荷抵抗 R_L を入れています．このため，
コレクタの抵抗を R_C としました．

　図 7.18 の回路のポイントは，エミッタ（E）に抵抗 R_E を入れていることです．
このようにすると，何らかの理由によりコレクタ電流 I_C が増加した際，エミッ
タ電流も増加するので，抵抗 R_E によりエミッタ電位 V_E が上昇します．それに
より，トランジスタの V_{BE} が減少してベース電流 I_B が減少し，コレクタ電流 I_C
が減少します．出力電流の増加を入力電流に帰還させて電流の増加を抑えていま
すので，このような回路は電流帰還型といわれます．抵抗 R_E の抵抗値を適切に
選択することにより，温度に対する安定性の高い回路を設計できます．

7.3.1　自己バイアス回路の温度に対する安定性について

　この回路の温度の変動に対するコレクタ電流 I_C の安定性を考えます．図 7.18
の直流等価回路を**図 7.19** に示します．図 6.1(c) を参考に T 型等価回路にしてい
ます．直流なので，カップリングキャパシタ C_{in}, C_{out} の両側の素子は消えます．
また，ベース広がり抵抗 r_B は外部のベース端子から実際にトランジスタとして
動作するベースの領域までの抵抗ですから，r_B にかかる電圧は実効的な V_{BE} か
ら除外しています．したがって，実効的な V_{BE} は $V_B' - V_E$ になります．図 6.1(c)
の直流電源は，ダイオードに置き換えました．直流（DC）なので，各パラメー
タに 0 を付けています．

　この図において，次の式が成り立ちます．

$$I_{B0} = \frac{V_{B0} - V_{B0}'}{r_B} \tag{7.43}$$

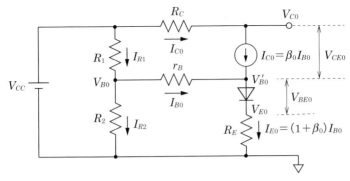

図7.19■自己バイアス回路の直流等価回路

$$I_{B0}=I_{R1}-I_{R2}=\frac{V_{CC}-V_{B0}}{R_1}-\frac{V_{B0}}{R_2}=\frac{V_{CC}}{R_1}-\left(\frac{1}{R_1}+\frac{1}{R_2}\right)V_{B0} \tag{7.44}$$

$$V'_{B0}=(1+\beta_0)I_{B0}R_E+V_{BE0} \tag{7.45}$$

$R_1\parallel R_2=R_{in}$ とすると，式(7.44)から V_{B0} は次のように求まります。

$$V_{B0}=\frac{1}{\left(\dfrac{1}{R_1}+\dfrac{1}{R_2}\right)}\left(\frac{V_{CC}}{R_1}-I_{B0}\right)=R_{in}\left(\frac{V_{CC}}{R_1}-I_{B0}\right) \tag{7.46}$$

式(7.45)と(7.46)を使って，式(7.43)から V_{B0} と V'_{B0} を消すと，次のようになります。

$$I_{B0}=\frac{V_{B0}-V'_{B0}}{r_B}=\frac{R_{in}\left(\dfrac{V_{CC}}{R_1}-I_{B0}\right)-(1+\beta_0)I_{B0}R_E-V_{BE0}}{r_B}$$

よって，両辺の I_{B0} を整理すると，I_{B0} は次の式で求まります。

$$I_{B0}=\frac{\dfrac{R_{in}}{R_1}V_{CC}-V_{BE0}}{r_B+R_{in}+(1+\beta_0)R_E} \tag{7.47}$$

> $$\left[\frac{f(x)}{g(x)}\right]'=\frac{f'(x)g(x)-f(x)g'(x)}{[g(x)]^2}$$
> を思い出そう。

したがって，I_{C0} は次の式で求まります。

$$I_{C0}=\beta_0 I_{B0}=\frac{\beta_0\left(\dfrac{R_{IN}}{R_1}V_{CC}-V_{BE0}\right)}{r_B+R_{in}+(1+\beta_0)R_E} \tag{7.48}$$

この I_{C0} について，温度変動により β_0 が変動するとして，β_0 に対する感度を計算します。

$$\left.\frac{\Delta I_{C0}}{I_{C0}}\right|_{\Delta\beta_0}=\frac{\Delta I_{C0}}{\Delta\beta_0}\frac{\Delta\beta_0}{I_{C0}}=\frac{dI_{C0}}{d\beta_0}\frac{\Delta\beta_0}{I_{C0}}$$

$$= \frac{\left(\dfrac{R_{in}}{R_1} V_{CC} - V_{BE0}\right)[r_B + R_{in} + (1+\beta_0)R_E - \beta_0 R_E]}{[r_B + R_{in} + (1+\beta_0)R_E]^2} \frac{\Delta\beta_0}{\beta_0 \dfrac{\dfrac{R_{in}}{R_1} V_{CC} - V_{BE0}}{r_B + R_{in} + (1+\beta_0)R_E}}$$

$$= \frac{r_B + R_{in} + R_E}{r_B + R_{in} + (1+\beta_0)R_E} \frac{\Delta\beta_0}{\beta_0} \tag{7.49}$$

この係数をコレクタ電流 I_{C0} の β_0 の温度変動に対する安定指数 S_β といいます.

$$S_\beta = \frac{r_B + R_{in} + R_E}{r_B + R_{in} + (1+\beta_0)R_E} \tag{7.50}$$

これらの式からわかるように,固定バイアス回路 ($R_E = 0$) の場合は $S_\beta = 1$ となり,直流の電流増幅率 β_0 の変動分 $\Delta\beta_0/\beta_0$ が,そのままコレクタ電流 I_{C0} の変動分 $\Delta I_{C0}/I_{C0}$ に現れます.また,$R_E \gg r_B$,$R_E \gg R_{in}$ の場合は,安定指数 S_β は $1/(1+\beta_0)$ となり,β_0 の変動分は $1/(1+\beta_0)$ まで抑制されます.つまり,抵抗 R_E は,値が大きいほど安定指数 S_β は小さくなり,温度に対する安定性が向上します.しかし,次に説明するように,R_E を大きくすると別の問題が発生します.

7.3.2 自己バイアス回路の利得について

図 7.18 の自己バイアス回路の利得について考えます.**図 7.20** に小信号等価回路を示します.ここでのポイントは,抵抗 R_E が ($1+\beta$) 倍になっている点です.これは,コラム 6.4 の 1.(1)を参照してください.r_E の代わりに $r_E + R_E$ になったと考えれば理解できます.なお,$1/(1-\alpha) = \beta + 1$ です.また,カップリングキャパシタ C_{in}, C_{out} は,動作周波数で十分低いインピーダンスになるとして省略しています.

この小信号等価回路より,次の式が導かれます.

$$i_B = \frac{v_{in}}{r_B + (1+\beta)(r_E + R_E)} \tag{7.51}$$

$$v_{out} = -\beta i_B[(1-\alpha)r_C /\!/ R_C /\!/ R_L] \tag{7.52}$$

よって,これらの式から,電圧利得 A_v は次のようになります.

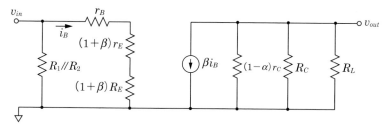

図 7.20■自己バイアス回路の小信号等価回路

$$A_v = \frac{v_{out}}{v_{in}} = \beta \frac{(1-\alpha)r_C \,/\!/\, R_C \,/\!/\, R_L}{r_B + (1+\beta)(r_E + R_E)} \tag{7.53}$$

ここで，$(1-\alpha)r_C \gg (R_C \,/\!/\, R_L)$ および $r_E \ll R_E, r_B \ll (1+\beta)R_E$ とすれば，

$$A_v \approx \beta \frac{R_C \,/\!/\, R_L}{(1+\beta)R_E} \approx \frac{R_C \,/\!/\, R_L}{R_E} \qquad (\because \quad \beta \gg 1) \tag{7.54}$$

となります．つまり，電圧利得は，β の値によらず抵抗値だけで決定できるのです．

7.3.1 項で，抵抗 R_E の抵抗値は大きいほど安定性がよいと書きましたが，式 (7.54) より，R_E が大きいほど電圧利得は低下することがわかります．

7.3.3　自己バイアス回路の定数の決定

図 7.18 および図 7.19 において，7.2.1 項の固定バイアス回路の例に従い，$R_C = 1\,\mathrm{k\Omega}$，$I_{C0} = I_{E0} = 2.5\,\mathrm{mA}$，$V_{BE0} = 720\,\mathrm{mV}$ とします．そして，$R_L = 4\,\mathrm{k\Omega}$ として，$R_C \,/\!/\, R_L = 800\,\Omega$ とすると，電圧利得 A_v を 10 と設定すれば，式 (7.54) より抵抗 R_E の抵抗値は，$R_E = 800/10 = 80\,\Omega$ になります．

これにより，図 7.19 において V_{E0} の電位は $R_E I_{C0}$ より 200\,mV となり，V_{B0} の電位は $V_{E0} + V_{BE0}$ より 920\,mV くらいとなります．

次に R_1 と R_2 について考えます．$R_{in} = R_1 \,/\!/\, R_2$ と式 (7.50) より，R_1 と R_2 が大きいと安定性が悪化します（$R_{in} \gg R_E$ なら S_β が 1 に近づく）．しかし，R_1 と R_2 が小さいと直流電流が多く流れます．この直流電流は増幅作用に直接関係がないので電力の無駄です．R_1 と R_2 については一意には決まりませんが，規模感は掴めます．式 (7.50) において，回路の温度に対する安定指数 S_β が $r_B \ll R_{in}$，$r_B \ll (1+\beta)R_E$ とすると，r_B を無視して，次のように近似できます．

$$S_\beta = \frac{r_B + R_{in} + R_E}{r_B + R_{in} + (1+\beta_0)R_E} \approx \frac{R_{in} + R_E}{R_{in} + (1+\beta_0)R_E} \tag{7.55}$$

つまり，R_{in} が $(1+\beta)R_E$ と同程度なら，安定指数 S_β は，0.5 くらいになることがわかりますし，半分程度なら S_β は 0.3 くらい，4 分の 1 程度なら 0.2 くらいになります．

一方，I_{R1} や I_{R2} は，I_{B0} に比べて，そこそこ大きくないと I_B が変動した場合にベース電圧 V_B の値に影響が出てしまいます．この影響をどれくらいに設定するかは，設計者それぞれの考えや経験で決めることが多いです．いま，I_{R2} は，I_{B0} の 10 倍程度であると決めます．いろいろ意見はあるかもしれませんが，値を決めないと先に進まないのでいったん決めます．

また，V_{CE0} の確保ですが，BJT を活性領域で動作させるためには，そこそこの V_{CE} が必要です．ここでは 1\,V 以上を確保するようにします．

これらを考慮し，コレクタ電圧 V_{C0} が電源電圧の半分の 2.5\,V 程度であることから，エミッタ電圧 V_{E0} を 1\,V 程度とします．

このようにすると，$I_{B0}=8\,\mu\mathrm{A}$ から，I_{R2} が $80\,\mu\mathrm{A}$ 程度となり，また，V_{B0} が $920\,\mathrm{mV}$ であることから，R_2 は $920\,\mathrm{mV}/80\,\mu\mathrm{A}=11.5\,\mathrm{k\Omega}$ と算出されます．公称抵抗値標準数（図 P.5 参照）を考慮して，$R_2=11\,\mathrm{k\Omega}$ とします．

そして，図 7.19 の直流等価回路より，R_1 を計算します．ここで，r_B は $50\,\Omega$ 程度であり，I_{B0} は $8\,\mu\mathrm{A}$ 程度ですから，r_B での電圧降下は無視できるほど小さいので省略します．したがって，**図 7.21** に示す直流等価回路を用いて計算します．

図 7.21 から次の式が導けます．

$$I_{R2}=\frac{V_{B0}}{R_2} \tag{7.56}$$

$$I_{R1}=I_{R2}+I_{B0} \tag{7.57}$$

$$R_1=\frac{V_{CC}-V_{B0}}{I_{R1}} \tag{7.58}$$

式(7.58)に，式(7.56)と(7.57)を代入すると，次のようになります．

$$R_1=\frac{V_{CC}-V_{B0}}{I_{R1}}=\frac{V_{CC}-V_{B0}}{I_{R2}+I_{B0}}=\frac{V_{CC}-V_{B0}}{\dfrac{V_{B0}}{R_2}+I_{B0}} \tag{7.59}$$

そして，$V_{B0}=920\,\mathrm{mV}$，$V_{CC}=5\,\mathrm{V}$，$I_{B0}=8\,\mu\mathrm{A}$，$R_2=11\,\mathrm{k\Omega}$ として計算すると，$R_1=44.5\,\mathrm{k\Omega}$ となります．公称抵抗値を考慮して $R_1=47\,\mathrm{k\Omega}$ としました．

また，このときの R_{in} については $R_1/\!/R_2$ なので，$9\,\mathrm{k\Omega}$ くらいになります．したがって，式(7.50)の安定指数 S_β は，$r_B=50\,\Omega$ とすると，0.27 くらいになります．

これらの回路パラメータを用いた回路とシミュレーション波形を**図 7.22** に示します．カップリングキャパシタ C_{in}, C_{out} は，$1\,\mathrm{kHz}$ で十分低いインピーダンスになるように容量値を $10\,\mu\mathrm{F}$ にしました．温度は $0\sim75\,\mathrm{℃}$ で $25\,\mathrm{℃}$ ずつ上げています．

このように，温度に応じて $V_{BE}(=V_B-V_E)$ が調整され，V_C の動作点が変更されています．これにより，出力電圧 V_{out} の振幅（＝利得）が非常に安定していることがわかります．電圧利得は 10 程度ででいます．10 に届かないのは，式

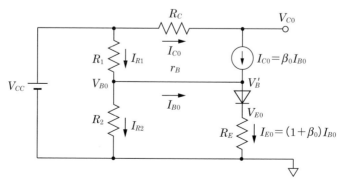

図7.21 ■ r_B を省略した直流等価回路

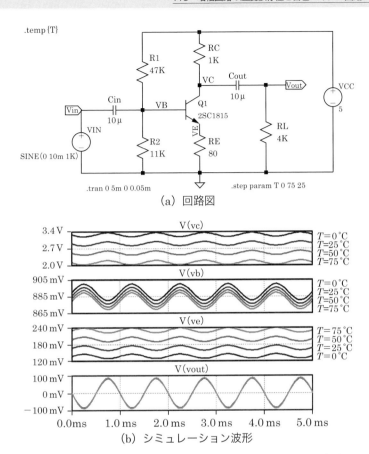

(a) 回路図

(b) シミュレーション波形

図7.22■自己バイアス回路の回路図とシミュレーション波形

(7.53)において，$r_E \ll R_E$ とまでは言い切れないからです．r_E は室温で $10.4\,\Omega$（$=26\,\mathrm{mV}/2.5\,\mathrm{mA}$）くらいあります．式(7.54)の近似を少し変更して次のようにします．

$$A_v = \beta \frac{(1-\alpha)r_C /\!/ R_C /\!/ R_L}{r_B + (1+\beta)(r_E + R_E)} \approx \beta \frac{R_C /\!/ R_L}{(1+\beta)(R_E + r_E)} \approx \frac{R_C /\!/ R_L}{R_E + r_E} \qquad (\because \quad \beta \gg 1)$$

$$(7.60)$$

この式によれば，利得は 8〜9 くらいになってシミュレーション結果と合います．しかしながら，もっと利得が欲しい場合がありますよね．安定性を確保した状態で利得を向上させる方法を次に説明します．

7.3.4 バイパスキャパシタの追加

7.3.1，7.3.2項からわかるように，エミッタに抵抗 R_E を追加して電流帰還バ

イアスをかけると，温度に対する利得の感度が減少します．この抵抗 R_E は，その抵抗値が大きいと安定性はよくなりますが利得がでませんし，抵抗値が小さいと利得はでますが安定性が損なわれます．このトレードオフを解決する手段が**バイパスキャパシタ**です．キャパシタが直流（DC）では高インピーダンスで交流（AC）では低インピーダンスであることを活用します．

図 **7.23** にバイパスキャパシタ C_E の追加例を示します．抵抗 R_E を抵抗 R_{E1} と抵抗 R_{E2} に分割しています．この合成インピーダンスは，

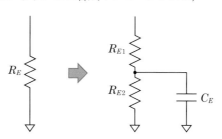

図 7.23■バイパスキャパシタの追加

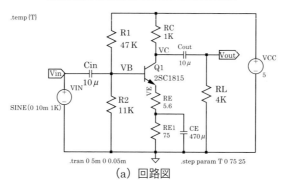

（a）回路図

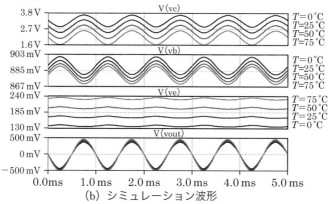

（b）シミュレーション波形

図 7.24■バイパスキャパシタを追加した回路図とシミュレーション波形

$$R_E = R_{E1} + \frac{\dfrac{R_{E2}}{j\omega C_E}}{R_{E2} + \dfrac{1}{j\omega C_E}} = R_{E1} + \frac{R_{E2}}{j\omega C_E R_{E2} + 1} \tag{7.61}$$

となりますので，低周波では $R_E = R_{E1} + R_{E2}$ に，高周波では $R_E = R_{E1}$ に近似できます．

式(7.60)において，$r_E = 10.4\,\Omega$，$R_C = 1\,\mathrm{k\Omega}$，$R_L = 4\,\mathrm{k\Omega}$ とし，電圧利得を 50 に設定して，式(7.60)から，$R_{E1} = 5.6\,\Omega$ としました．また，$R_E = 80\,\Omega$ の場合と同じ安定性を期待して，$R_{E1} + R_{E2} = 80\,\Omega$ から $R_{E2} = 75\,\Omega$ に設定しました．さらに，バイパスキャパシタは 1 kHz で十分な低インピーダンスとするために，$C_E = 470\,\mu\mathrm{F}$ としています．この回路を図 **7.24**(a)に示します．

図 7.24(b)にシミュレーション波形を示します．図 7.22 と比べると，出力電

表 7.2 ■ 各接地方式の BJT 増幅回路の特性パラメータ

特性パラメータ	エミッタ接地	コレクタ接地	ベース接地
入力インピーダンス Z_{in}	$r_B + (1+\beta)r_E$ $\approx \beta r_E = \beta \dfrac{U_T}{I_E}$	$(1+\beta)$ $\left[\dfrac{r_B}{1+\beta} + r_E + ((1-\alpha)r_C /\!/ R_L)\right]$ $\approx (1+\beta)\left(\dfrac{r_B}{1+\beta} + r_E + R_L\right)$ $\approx r_B + (1+\beta)R_L$	$r_E + \dfrac{r_B}{1+\beta} \approx r_E = \dfrac{U_T}{I_E}$
出力インピーダンス Z_{out}	$R_L /\!/ (1-\alpha)r_C$ $= \dfrac{R_L(1-\alpha)r_C}{R_L + (1-\alpha)r_C}$ $\approx R_L$	$\dfrac{\rho + r_B + (1+\beta)r_E}{1+\beta} /\!/ R_L$ $= \left(r_E + \dfrac{\rho + r_B}{1+\beta}\right) /\!/ R_L$	$\dfrac{R_L r_C}{R_L + r_C} \approx R_L$
電圧利得 A_v	$-\dfrac{\beta R_L /\!/ (1-\alpha)r_C}{r_B + (1+\beta)r_E}$ $\approx -\dfrac{\beta R_L}{\beta r_E} = -\dfrac{R_L}{r_E}$ $= -R_L \dfrac{I_E}{U_T}$	$\dfrac{(1-\alpha)r_C /\!/ R_L}{\dfrac{r_B}{(1+\beta)} + r_E + [(1-\alpha)r_C /\!/ R_L]}$ $\approx \dfrac{R_L}{\dfrac{r_B}{(1+\beta)} + r_E + R_L} \approx 1$	$\dfrac{\beta}{r_B + (1+\beta)r_E} \dfrac{R_L r_C}{(R_L + r_C)}$ $\approx \dfrac{\beta}{\beta r_E} R_L = \dfrac{R_L}{r_E} = R_L \dfrac{I_E}{U_T}$
電流利得 A_i	β	$\approx 1+\beta$	$\alpha = \dfrac{\beta}{1+\beta}$
電力利得 A_p $(A_v \times A_i)$	$\dfrac{\beta^2[R_L /\!/ (1-\alpha)r_C]}{r_B + (1+\beta)r_E}$ $\approx \dfrac{\beta^2 R_L}{\beta r_E} = \beta R_L \dfrac{I_E}{U_T}$	$\approx 1+\beta$	$\dfrac{\alpha\beta}{r_B + (1+\beta)r_E} \dfrac{R_L r_C}{(R_L + r_C)}$ $\approx \dfrac{\alpha}{r_E} R_L \approx \dfrac{R_L}{r_E} = \dfrac{I_E R_L}{U_T}$

圧 V_{out} の振幅から電圧利得が上がっており，所望の 50 になっているのがわかります．一方，エミッタ電圧 V_E は図 7.22 と変わっておらず，同様の安定性が得られるのがわかります．

　このように，バイパスキャパシタを追加することで安定性を確保したまま利得を向上させることができるので，回路設計に非常に有効であることがわかります．

7.4　バイポーラトランジスタ増幅回路の特性パラメータ

　以上のように，各接地方式の増幅回路にはそれぞれ特徴があります．表 7.2 に，バイポーラトランジスタ増幅回路の各接地増幅回路で解析して得た特性パラメータをまとめましたので，参考にしてください．

コラム 7.1　インピーダンス整合

　図 C7.1 の回路において，負荷抵抗 R_L で取り出せる電力の最大値を考えます．まず，回路を流れる電流 I_L と負荷抵抗 R_L への印加電圧 V_L は，信号源の内部抵抗を ρ とすると，次のようになります．

$$I_L = \frac{v_{out}}{\rho + R_L} \tag{C7.1}$$

$$V_L = I_L R_L = \frac{R_L v_{out}}{\rho + R_L} \tag{C7.2}$$

よって，負荷抵抗 R_L で消費される電力は，次のように表せます．

$$P_L = I_L V_L = \frac{v_{out}}{\rho + R_L} \frac{R_L v_{out}}{\rho + R_L} = \frac{R_L v_{out}{}^2}{(\rho + R_L)^2} \tag{C7.3}$$

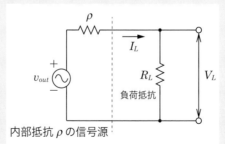

図 C7.1■信号源と負荷抵抗

　式(C7.3)において，R_L を変数として微分すると，次のようになります．

$$\frac{dP_L}{dR_L} = \frac{(\rho + R_L)^2 - 2(\rho + R_L)R_L}{(\rho + R_L)^4} v_{out}{}^2 \tag{C7.4}$$

これより，

$$(\rho + R_L)^2 - 2(\rho + R_L)R_L = 0$$

の条件で最大値となることがわかります．したがって，

$$\rho = R_L \tag{C7.5}$$

のときに，最大電力 P_{L_max} になります．

$$P_{L\_max} = \frac{v_{out}^2}{4\rho} \tag{C7.6}$$

P_{L_max} は負荷抵抗で取り出せる最大の電力であり，最大電力または最大有能電力といわれます．このように，内部のインピーダンスと外部のインピーダンスを一致させることを「インピーダンス整合をとる」といいます．

7.5　第7章のまとめ

本章では，トランジスタ回路の主要な用途である増幅回路について説明しました．接地や直流バイアスなどの用語がいろいろでてきて戸惑ったかもしれませんが，すぐに慣れると思います．ここでは，動作周波数が高くない場合の基本的な小信号等価回路を説明しました．まずは，きちんと回路図を起こして式を立て，丁寧に解いてください．必ず適切な値が得られます．また，複雑な回路も実際は基本回路の組合せの場合も多いです．

電子回路は難しいとよくいわれますが，基本的な事項さえマスターしておけば，あとは理詰めで求めていけますので，決して難しいものではありません．一歩ずつ理解を積み重ねていってほしいと思います．

7.6　第7章の演習問題

（1）右のエミッタ接地増幅回路について，室温でバイアス電流 I_{C0} が 6 mA のとき，電圧増幅率 A_v を求めなさい．なお，室温での熱電圧 U_T を 26 mV とする．

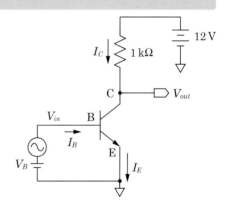

（2）図 7.9 のコレクタ接地増幅回路の電圧利得を詳細に求めなさい．なお，BJT の I_B-I_C 特性は次頁の図に示すとおりである．また，バイアス電流 $I_{C0} = 2.5$ mA，$R_L = 1$ kΩ，$r_B = 50$ Ω とし，室温でよい．なお，室温での熱電圧は 26 mV とし，コレクタ抵抗 r_C は R_L より十分に高く無視してよい．

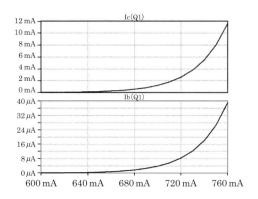

（3）図 7.13 のベース接地増幅回路の電圧利得を室温で 200 にしたい．バイアス時の出力電圧 V_{out0} を電源電圧の半分（$=0.5V_{CC}$）とした場合に，必要な電源電圧を求めなさい．なお，$R_L=1\,\mathrm{k\Omega}$ とし，室温での熱電圧を 26 mV とする．また，コレクタ抵抗 r_C は R_L より十分に高く無視してよい．

（4）下の自己バイアスのエミッタ接地増幅回路において，$R_L=200\,\Omega$，$R_C=800\,\Omega$ の場合に，電圧増幅率を 10 にするように各抵抗値（R_{E1}, R_{E2}, R_1, R_2）を設定しなさい．BJT の DC バイアス電流は 6 mA とする．なお，温度に対する安定指数 S_β は 0.35 以下にすることとする．また，キャパシタは 1 kHz で充分に低いインピーダンスになるよう設定されているとする．BJT の特性は前問（2）の V_{BE}-I_C および I_B 特性とし，計算は室温を前提として進めてよい．

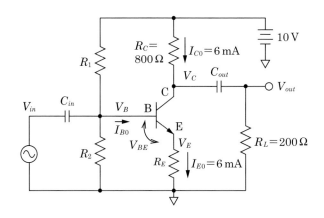

例 題 演 習

　ここでは本格的な演習として，エミッタ接地増幅回路とコレクタ接地増幅回路をカスケード接続した2段アンプについて，回路定数を考えてみます．かなり実践的な例題ですが，順序だてて解いていけば難しくはありません．

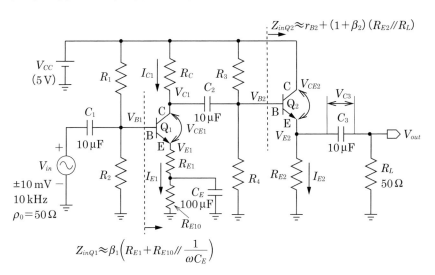

図 P.1 ■エミッタとコレクタ接地増幅回路のカスケード接続

　図 P.1 の回路の定数を求めていきます．目標は，出力 V_{out} の振幅を1V（±0.5V）程度確保することです．

　入力信号は，±10mV を 10kHz で出力し，出力インピーダンス ρ_0 が 50Ω です．また，キャパシタ C_1〜C_3 および C_E は，10kHz に対して十分に低いインピーダンスとなるようにあらかじめ設定しました．V_{CC} は5Vを想定しています．

　いままでは出力端は開放でしたが，バイポーラトランジスタの増幅回路は，基本的に抵抗負荷が多いので，抵抗負荷で演習していきます．

　まず，出力の負荷抵抗 R_L が 50Ω です．負荷側の入力インピーダンスを想定しています．ここから R_{E2} を求めていきます．まず，V_{E2} が最小の出力電圧状態を想定し，トランジスタ Q_2 が OFF 状態ならば（実際には完全に OFF 状態にはならないのですが，計算をしやすくするためです），キャパシタ C_3 の両端の電圧 V_{C3} は**図 P.2**(a)に示すように R_{E2} と R_L にかかります．

　したがって，トランジスタ Q_2 が OFF 状態のときの V_{E2} の電位 V_{E2_L} は，

$$V_{E2\_L} = \frac{R_{E2}}{R_{E2}+R_L} V_{C3} \tag{P.1}$$

となります．ここで，V_{C3} は，そのキャパシタ C_3 の値が十分に大きければ交流時は短絡とみなせる（$v_{C3}=0$）ので，DC 状態のときは $V_{out}=0\,\text{V}$ より，DC 状態の V_{E2} の電位 V_{E2_0} がそのまま印加されます．したがって，

$$V_{E2\_L} = \frac{R_{E2}}{R_{E2}+R_L} V_{E2\_0} \tag{P.2}$$

となります．

また，トランジスタ Q_2 が ON 状態のときは，そのときのコレクタ・エミッタ間電圧を V_{CE2} とすれば，V_{E2} の電位 V_{E2_H} は，

$$V_{E2\_H} = V_{CC} - V_{CE2} \tag{P.3}$$

と表せます．したがって，V_{E2} の電位は，図 P.2(b)に示す電位変動となります．

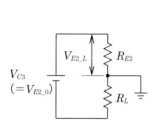

(a) Q_2 が OFF のときの電位分布

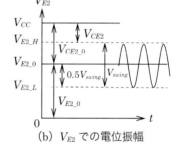

(b) V_{E2} での電位振幅

図 P.2■V_{E2} における電位変動

図 P.2(b)より，出力信号の振幅を V_{swing} とすると，

$$V_{E2\_L} = \frac{R_{E2}}{R_{E2}+R_L} V_{E2\_0} = V_{E2\_0} - 0.5 V_{swing} \tag{P.4}$$

となります．したがって，エミッタ抵抗 R_{E2} は，

$$R_{E2} = R_L \frac{V_{E2\_0} - 0.5 V_{swing}}{0.5 V_{swing}} \tag{P.5}$$

となります．

ここで，V_{E2_0} は Q_2 のベース電圧 V_{B2} が $0.5 V_{CC}$ くらいになるよう想定して，$V_{E2\_0}=2.5-0.75=1.75\,\text{V}$ とすると，式(P.5)において $R_L=50\,\Omega$，$V_{swing}=1\,\text{V}$ より，$R_{E2}=125\,\Omega$ となりますが，V_{swing} に余裕をもたせて少し小さめに考えるのと，後述の図 P.5 の公称抵抗値標準数の E24 系列を考慮して，$120\,\Omega$ に設定します．公称抵抗値とは，IEC（国際電気標準会議）が制定した E シリーズ標準数に基づいて決められた抵抗値です．市場で問題なく購入できる抵抗値と考えてよいかと思います（図 P.5 参照）．

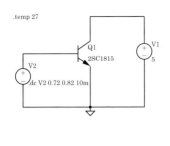

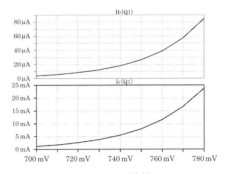

図 P.3■LTspice による 2SC1815 の V_{BE}-I_C 特性

したがって，V_{E2_0} が 1.75 V で R_{E2} が 120 Ω ですから，I_{E2} は 1.75 V/120 Ω＝15 mA くらいになります．

図 P.3 より，15 mA 程度流すためには V_{BE}＝765 mV くらいと読み取れます．

この V_{BE} は計算でも得られます．熱電圧 U_T を 26 mV，伝達飽和電流 I_s を 2SC1815 のモデルパラメータから 2.04×10^{-15} A とすれば，

$$V_{BE} = U_T \ln \frac{I_C}{I_s} = 2.6 \times 10^{-2} \times \ln\left(\frac{15 \times 10^{-3}}{2.04 \times 10^{-15}}\right)$$

$$\approx 2.6 \times 10^{-2} \times \ln(7.35 \times 10^{12}) \approx 0.77$$

となり，やはり V_{BE}＝770 mV くらいとなります．したがって，図 P.1 の V_{B2} を 2.52 V（＝1.75 V＋0.765 V）くらいにすることを考えます．

また，このバイアス電流（15 mA）付近の β_{20} は，図 P.3 の V_{BE}＝765 mV の I_{B20}＝50 μA と I_{C20}＝15 mA から，次のように概算できます．

$$\beta_{20} = \frac{I_{C20}}{I_{B20}} \approx \frac{15\,\text{mA}}{50\,\mu\text{A}} = 300$$

図 P.4 に出力段の直流等価回路を示します．ベース拡がり抵抗 r_{B2} を無視しています．この図 P.4 から式を立てると，次のようになります．

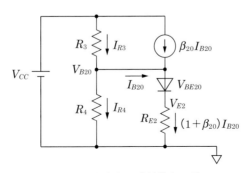

図 P.4■出力段の直流等価回路

$$I_{R3} = \frac{V_{CC} - V_{B20}}{R_3} = I_{R4} + I_{B20} \tag{P.6}$$

$$I_{R4} = \frac{V_{B20}}{R_4} \tag{P.7}$$

式(P.6)，(P.7)より，

$$R_3 = \frac{V_{CC} - V_{B20}}{\dfrac{V_{B20}}{R_4} + I_{B20}} \tag{P.8}$$

I_{R4} を I_{B20} の5倍程度にとるとして，300μA とします．（安定性確保から本当は10倍くらいにとりたいのですが，前段のエミッタ接地増幅回路の出力インピーダンスに関係しますので，抵抗値をあまり低く設定できないのです．これは，電源電圧が5Vと比較的低いことが原因です）．

このときの R_4 は，式(P.7)より，8.4kΩ くらいになります．**図 P.5** の E24 系列より，8.2kΩ とします．

そして，式(P.8)から R_3 を求めると，$R_3 = 6.9$kΩ と計算されます．図 P.5 の E24 系列より，6.8kΩ とします．

これで，出力段のコレクタ接地増幅回路の定数は決まりました．

これらによると，Q_2 のエミッタ抵抗値 r_{E2} は，$r_{E2} = U_T/I_{E2} = 26$mV/15mA＝1.7Ω と計算されます．また，入力インピーダンスは，Q_2 のベース端子からみた入力インピーダンス Z_{inQ2} が式(7.27)より，$r_{B2} + (1 + \beta_2)(R_{E2} /\!/ R_L)$ で計算され，11kΩ くらいになります（$\beta_2 = \beta_{20}$ としました．r_{B2} は50Ω 程度で無視できます）．また，$R_3 = 6.8$kΩ，$R_4 = 8.2$kΩ より，前段のエミッタ接地増幅回路からみた入

E3	10				22						47						
E6	10		15		22		33		47		68						
E12	10	12	15	18	22	27	35	39	47	56	68	82					
E24	10	11	12	13	15	16	18	20	22	24	27	30	33	36	39	45	47
	51	56	62	68	75	82	91										
E96	100	102	105	107	110	113	115	118	121	124	127	130	133	137	140	143	147
	150	154	158	162	165	169	174	178	182	187	191	196	200	205	210	215	221
	226	232	237	243	249	255	261	267	274	280	287	294	301	309	316	324	332
	340	348	357	365	374	383	392	402	412	422	432	442	453	464	475	487	499
	511	523	536	549	562	576	590	604	619	634	649	665	681	698	715	732	750
	768	787	808	825	845	866	887	909	931	953	976						

図 P.5 ■ 公称抵抗値標準数

（出典：http://rohmfs.rohm.com/jp/products/databook/applinote/passive/resistor/common/resistance_value-j.pdf）

力インピーダンス Z_{in2} は，$R_3 /\!/ R_4 /\!/ Z_{inQ2}$ より，2.8 kΩ 程度になります．

したがって，前段のエミッタ接地増幅回路の出力インピーダンス Z_{out1} は Z_{in2} $/\!/ R_C$ になります．ここで，エミッタ接地増幅回路の出力振幅は，コレクタ接地増幅回路の電圧利得がほぼ 1 なので，1 V 以上確保する必要があります．したがって，その電圧利得 A_{v1} は，入力振幅が ±10 mV であることから，60（56 dB）くらい必要です．エミッタ接地増幅回路の電圧利得 A_{v1} は，$A_{v1} = (R_C /\!/ Z_{in2})/(r_{E1} + R_{E1})$ で表されます．ここで，$R_C /\!/ Z_{in2}$ は，Z_{in2} が 2.8 kΩ なので，現実的には 1～2 kΩ です．また，$r_{E1} = U_T / I_{C1}$ なので，エミッタ接地増幅回路のバイアス電流を 2.5 mA くらいはとらないと，r_{E1} が 10.4 Ω くらいになりません．したがって，R_C を 1.2 kΩ とし，V_{C10} を 2 V とします．すると，$R_C /\!/ Z_{in2}$ は，840 Ω くらいになりますので，R_{E1} を 3 Ω として，A_{v1} を 60 くらいになるようにします．

そして，R_{E10} の値を考えます．バイアス電流が 2.5 mA である図 7.7 の V_{CE}-I_C 特性において，1.2 kΩ（＝R_C）の負荷直線を重ねます（**図 P.6**）．この負荷直線は，5 V と 4.17 mA（＝5 V/1.2 kΩ）を考えて引く直線ですが，V_{E1} が 0 ではないので，その分だけ左にシフトします．$I_{C10} = 2.5$ mA を考えると，動作点を $V_{CE1} = 1.5$ V のところに設定しました．これにより，負荷直線のシフト量は 0.5 V ですので，V_{E10} は 0.5 V となります．

したがって，V_{E10} を 0.5 V 程度にするため，$I_{C10} = 2.5$ mA ですから R_{E10} は 200 Ω くらいになります．E24 を考慮して，$R_{E10} = 200$ Ω としました．

図 P.3 より，$I_C = 2.5$ mA 付近では，$V_{BE} = 720$ mV，$I_B = 8$ μA であるので，$\beta_{10} = 300$（＝2.5 mA/8 μA）とし，I_{R2} を I_B の 10 倍として，$I_{R2} = 80$ μA とします．また，V_{B10} を 1.22 V 付近（$V_{E10} + V_{BE10} = 0.5$ V + 720 mV）に設定し，R_2 を式（P.7）のアナロジーから 15 kΩ としました．また，式（P.8）のアナロジーから，$R_1 = 43$ kΩ に設定しました．

$R_{in} = R_1 /\!/ R_2 = 11$ kΩ として，$S_{\beta 1}$ は式（7.50）より，0.15 くらいに抑えられま

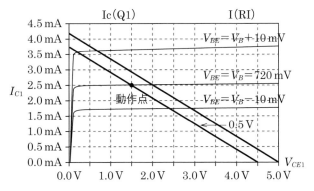

図 P.6■Q_1 の V_{CE}-I_C 特性と動作点

す.

　図 P.7 に回路図と波形を記載します．温度の変化がある場合でも，1 V の出力振幅を確保しているのがわかります．他にも適する回路定数があると思いますので，いろいろ試してみてください.

　次に，実際に回路を組んでみましょう．ここでは，株式会社 MGIC の E-Station* を使いました．この E-Station は，電気電子の学習ができる実験キットです．特徴は，ユニバーサルのブレッドボードに電源および信号発生器と測定器が搭載された構成であり，所望の回路を手軽に組んで動作検証ができることです．特に，簡易的ではありますがオシロスコープが 2 チャンネルあり，信号の

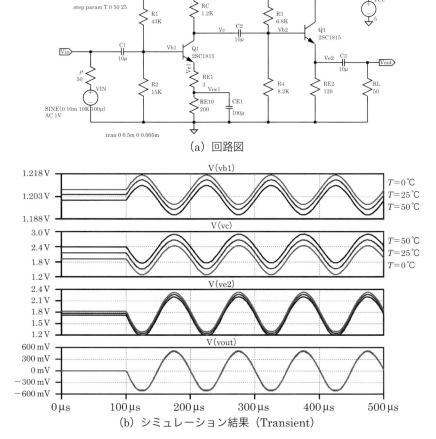

(a) 回路図

(b) シミュレーション結果（Transient）

図 P.7 ■ シミュレーション結果（Transient）

---

* http://m-gic.com/e-station/

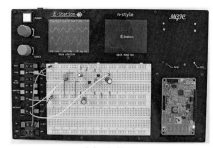
(a) 全体図

(b) 回路部

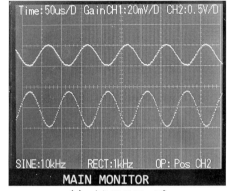

CH1：入力信号

CH2：出力信号

(c) オシロスコープ

図 P.8■E-Station による実際の回路と波形

波形を見ることができるため，非常に便利です．

　図 P.8 に示すように，抵抗，キャパシタ，トランジスタの各リードをブレッドボードに差し込んで図 P.7 の回路を構成して，波形を観測しました．20 mV 振幅の入力信号が，1 V 振幅の出力信号に増幅されていることがわかります．

第8章

MOSFET を使った増幅回路

MOSFET は，集積回路（IC）ではメインで使われるトランジスタです．実は BJT ほどの信号増幅能力はありませんが，非常にコンパクトかつ省電力に設計でき，集積回路に向いています．また，近年の微細化プロセスの進展により，性能が年々向上しており，以前では考えられなかったような無線用回路でも使われています．今では MOSFET がトランジスタの主役になってきています．本章では，MOSFET を使用した増幅回路について見ていきます．

8.1　MOSFET のモデルパラメータ

MOSFET は，上述のように主に集積回路（IC）で活用されています．IC においては，MOSFET は一素子ごとに個別にパラメータを設定できます．ここでは，LTspice に標準コンポーネントとして用意されている nmos4 および pmos4 を用いて，パラメータを設定するための基礎知識を説明します．nmos4 は n 型，pmos4 は p 型の MOSFET のトランジスタモデルです．

(a) nmos4 のシンボル　　　(b) パラメータの設定ウィンドウ

図 8.1■LTspice の nmos4 のモデルパラメータ設定例

図 8.1 に示すように，LTspice で nmos4 をクリックすると，パラメータの設定ウィンドウが現れます．ここで現れる各設定パラメータについて，**表 8.1** で説明します．

表 8.1 に示したパラメータを図示すると，**図 8.2** のようになります．今までは，MOSFET の断面図で説明していましたが，図 8.2 は MOSFET を上から見た平

表 8.1■MOSFET のモデルパラメータの説明

パラメータ	説明
Model Name	シミュレーションで使うトランジスタモデルの名前. 図 8.1 の nmos4 は，シミュレーションでは NMOS という名前で扱われます.
Length(L)	MOSFET のゲート長（L）
Width(W)	MOSFET のゲート幅（W）
Drain Area(AD)	ドレインの拡散領域の面積（$W \times H$）
Source Area(AS)	ソース領域の拡散領域の面積（$W \times H$）
Drain Perimeter(PD)	ドレインの拡散領域の周囲長（ゲート側は除く）（$W + 2H$）
Source Perimeter(PS)	ソースの拡散領域の周囲長（ゲート側は除く）（$W + 2H$）
No. Parallel Devices(M)	並列に接続するトランジスタ数. シミュレーション的には L はそのままで W が M 倍になると考えても構いませんが，実際には加工精度の影響で実効値が変わってきます.

面図です. ポリシリコンのゲート（G）の両側に四角いソース（S）とドレイン（D）の拡散層が形成されています. その拡散層やゲートには，上位のメタル配線に接続するためのビア（via）が形成されています. このビアとメタル配線を通して MOSFET の各端子を電源やグランドや他の MOSFET に接続して，電子回路を構成できるようになっています.

　実際に IC を設計する際には，各 MOSFET の W と L を調整します. それに伴い，AD, AS, PD, PS も変わってきますので，商用の CAD では W と L を引数として自動的に変更されるようになっています. なお，LTspice の nmos4 や

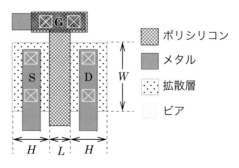

図 8.2■MOSFET の平面図

pmos4 の標準シミュレーションモデル（NMOS, PMOS）では，コラム 8.1 で取り上げるチャネル長変調効果は考慮されていません．

8.2 MOSFET の基本増幅回路

BJT の増幅回路と同様に，MOSFET もそれぞれの端子に対応したソース接地増幅回路，ドレイン接地増幅回路，およびゲート接地増幅回路が存在します．それぞれについて，BJT の場合と同様に特徴があります．

8.2.1 ソース接地増幅回路
（1）基本構成

ソース接地増幅回路は，入力をゲート（G），出力をドレイン（D）とし，ソース（S）を接地した形態の増幅回路で，基本構成例を図 8.3 に示します．この図からわかるように，BJT が MOSFET に置き換わった構成ですが，MOSFET はゲートの入力インピーダンスが高いので，BJT に比べて使いやすくなっています．動作原理は，ゲート・ソース間に ΔV_{GS} の電圧を印加すると，ドレイン端子から $g_m \Delta V_{GS}$ のドレイン電流 ΔI_D が流れるので，このドレイン電流 ΔI_D をドレイン端子に接続した負荷抵抗 R_L で電圧に変換するというものです．BJT に比べて低電圧で動作し，図では電源電圧を 2 V にしています．

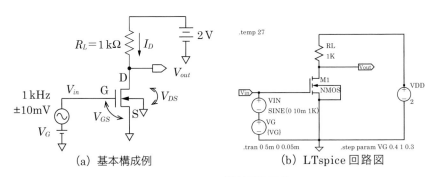

(a) 基本構成例   (b) LTspice 回路図

図 8.3 ■ ソース接地増幅回路

入力信号は，BJT の場合と同様に，周波数 1 kHz で振幅が ± 10 mV の正弦波としました．図 8.3(b)の LTspice 回路図においては，MOSFET は nmos4 を使用しました．チャネル長 L を 0.2 μm，チャネル幅 W を 10 μm，ソースおよびドレインの拡散層のチャネル方向の長さ H を 0.5 μm，並列トランジスタ数 M を 4 としています．Model Name は標準モデルの NMOS です．

図 8.4 に，ゲート電圧 V_G を 400 mV，700 mV，1 V にそれぞれ設定したときの出力 V_{out} のシミュレーション結果（室温）を示します．

このように，V_G を上下すると，出力 V_{out} が下側や上側に移動するとともに，

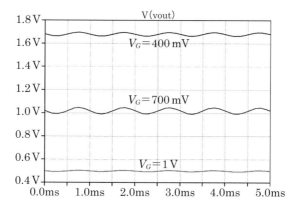

図 8.4 ■ V_G の依存性を示す LTspice のシミュレーション結果

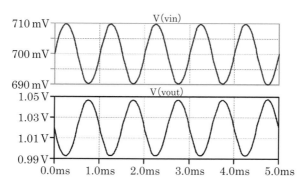

図 8.5 ■ 入出力波形のシミュレーション結果

振幅も変わってきます．つまり，BJT のエミッタ接地増幅回路と同様に適切な値が存在するということです．

図 8.5 に V_G＝700 mV のときの入出力波形を示します．エミッタ接地増幅回路と同様に，入力と出力の位相が 180° 異なり，逆相になっています．同図から，電圧利得は 2.7 くらいになります．このときのバイアス電流が小さいこともありますが，一般的に BJT と比べて MOSFET のほうが利得を得られにくいです．

(2) シミュレーションによる解析

使用する MOSFET の V_{GS}-I_D 特性と V_{DS}-I_D 特性をシミュレーションによって求め，トランジスタの特性を事前に把握します．図 8.6 に LTspice の回路図を示します．MOSFET のパラメータ設定は，図 8.1(b) と同様です．

DC バイアス状態では，V_{out} は電源電圧の半分にして，V_{out0}＝1 V とします．つまり，V_{DS}＝1 V で I_D＝1 mA となります．次に MOSFET の動作点は，LTspice で求めた図 8.7(a) の V_{GS}-I_D 特性の I_D＝1 mA のポイントから V_{GS}＝0.7 V とします．これが，DC バイアス時のゲート・ソース間電圧 V_{GS0} になります．

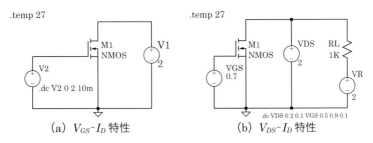

(a) V_{GS}-I_D 特性 　　　　　(b) V_{DS}-I_D 特性

図 8.6 ■ MOSFET の特性シミュレーション

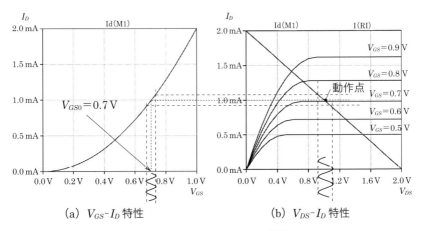

(a) V_{GS}-I_D 特性 　　　　　(b) V_{DS}-I_D 特性

図 8.7 ■ MOSFET の I-V 特性

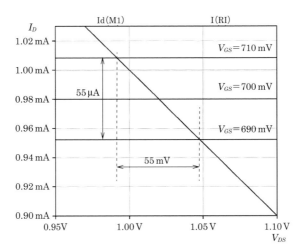

図 8.8 ■ V_{DS}-I_D カーブの動作点付近の拡大グラフ

図 **8.8** に，図 8.7(b)の動作点付近を拡大したグラフを示します．図の負荷直線との交点から，出力信号の振幅は 55 mV くらいであることがわかります．これは図 8.5 の結果と一致します．また，この図からトランスコンダクタンス g_m も計算できます．ΔV_{GS} が 20 mV のとき，ΔI_D は 55 μA ですから，

$$g_m = \frac{\Delta I_D}{\Delta V_{GS}} = \frac{55\,\mu A}{20\,mV} = 2.75\,mS$$

となります．

（3）小信号等価回路による解析

図 6.10 の MOSFET の小信号等価回路を参考にして，ドレイン接地増幅回路の小信号等価回路を考えます．

ソース（S）が接地で，ゲート（G）が入力，ドレイン（D）が出力になりますので，**図 8.9** に示すような小信号等価回路になります．この小信号等価回路から電圧利得を求めます．

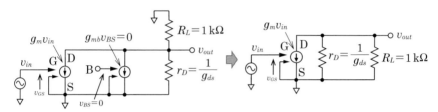

図8.9■ソース接地増幅回路の小信号等価回路

出力電圧 v_{out} は，負荷抵抗 R_L とドレイン抵抗 r_D の並列抵抗に，電流源の電流 $g_m v_{in}$ が流れることによって発生しますので，次の式で表せます．

$$v_{out} = -(R_L /\!/ r_D)g_m v_{in} = \frac{-R_L r_D}{R_L + r_D}g_m v_{in} \tag{8.1}$$

これより，電圧利得 A_v は次のようになります．

$$A_v = \frac{v_{out}}{v_{in}} = \frac{-R_L r_D}{R_L + r_D}g_m = \frac{-R_L}{\dfrac{R_L}{r_D}+1}g_m \approx -g_m R_L \tag{8.2}$$

通常は $r_D \gg R_L$ なので，$A_v \approx -g_m R_L$ に近似できます．したがって，$g_m = 2.75\,mS$ とし，$R_L = 1\,k\Omega$ で計算すると，

$$A_v = -2.75 \times 10^{-3} \times 1 \times 10^3 = -2.75$$

となり，シミュレーション結果とだいたい一致します．マイナス符号は出力が反転することを表しています．なお，ドレイン抵抗 r_D については，コラム 8.1 を参照してください．

また，入力端子に直流電流（DC）が流れないので DC 的には電流利得は ∞ ですが，動作時にはゲートの容量を介して AC 電流が流れますので，当然ながら ∞

というわけではありません.

入力インピーダンスは,MOSFET のゲートが入力になっているので DC 的には

$$Z_{in} = \infty \tag{8.3}$$

となります.

また,出力インピーダンスは,入力端 V_{in} を固定(小信号では $v_{in} = 0$)して出力端から見たインピーダンスを考えます.$v_{in} = 0$ ということは電流源が開放できるということですから,当該インピーダンスは,負荷抵抗 R_L とドレイン抵抗 r_D の並列接続です.したがって,出力インピーダンスは,次のようになります.

$$Z_{out} = R_L \mathbin{/\!\!/} r_D = \frac{R_L r_D}{R_L + r_D} \tag{8.4}$$

8.2.2　ドレイン接地増幅回路

(1)　基本構成

ドレイン接地増幅回路は,入力をゲート(G),出力をソース(S)とし,ドレイン(D)を電源に接地した形態の増幅回路で,基本構成例を**図 8.10** に示します.この図からわかるように,BJT が MOSFET に置き換わった構成です.BJT を使ったコレクタ接地増幅回路の場合は,式(7.3)や例題演習で示したように,出力インピーダンスが前段の回路の出力インピーダンスの影響を受けますが,MOSFET を使ったドレイン接地増幅回路は,入力(ゲート)が高インピーダンスのため,出力インピーダンスが前段の回路の出力インピーダンスの影響を受けません.これは非常に好都合な特性です.

また,ソース(S)が出力になっているので,ソース(S)とバルク(B)とを接続することはあまりしません.対象のバルクにウェル構造が必要なのと,出力端子にバルクの容量が付加されるからです.したがって,バルク(B)を DC 電位(例ではグランド)に接続します[*].この場合は,しきい値電圧 V_{TH} の大きさは,ソース(S)とバルク(B)を接続した場合に比べて,上昇することになります.これは**基板バイアス効果**とよばれます.

(2)　シミュレーションによる解析

DC バイアス状態では,V_{out} は電源電圧の半分にして,$V_{out0} = 1\,\text{V}$ とします.つまり,$V_{DS} = 1\,\text{V}$ で $I_D = 1\,\text{mA}$ となります.次に,MOSFET の動作点は,LTspice で求めた図 8.7 の V_{GS}-I_D 特性の $I_D = 1\,\text{mA}$ のポイントから,$V_{GS} = 0.7\,\text{V}$ とします.これが DC バイアス時のゲート・ソース間電

> 基板バイアス効果とは,NMOS において基板電位がソース電位よりも低くなってしまった場合に,しきい値電圧 V_{TH} が大きくなってしまう現象をいいます.PMOS の場合は,N ウェル電位がソース電位より高い場合に,同様のことが起こります.

---

[*] しきい値電圧の上昇や出力の歪みを避けるために S と B を接続することはありますが,NMOS の場合はトリプルウェルプロセスが必要になります.

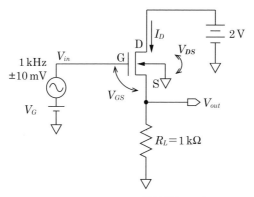

図8.10■ドレイン接地増幅回路

圧 V_{GS0} になります．厳密には，ソース（S）とバルク（B）が接続されていない
ため，しきい値電圧 V_{TH} の大きさが大きくなるのでドレイン電流 I_D が低下しま
すが，ここではほぼ同じとしています．

したがって $V_G=V_{out0}+V_{GS0}=1+0.7=1.7\mathrm{V}$ となります．動作点および負荷曲
線の描き方はソース接地と同じとなりますが，ドレイン接地の場合はソース電位
そのものが変化するので，この負荷曲線から振幅を求めることはできません．

図8.11 に，ドレイン接地増幅回路のシミュレーション結果を示します．入力
信号が V_{GS0} だけシフトした出力信号になります．

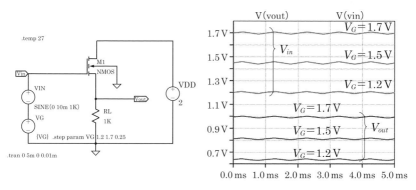

図8.11■ドレイン接地増幅回路の入出力シミュレーション

この入出力間の電圧のシフト量は，低い V_G のほうが減少しています．これは，
電流そのものが減少するからです．さらに，ソース電圧 $V_S(=V_{out})$ が低下して
バルク・ソース間電圧 V_{BS} も減少したため，基板バイアス効果の緩和により，
しきい値電圧 V_{TH} の絶対値が低下する影響もあります．$|V_{TH}|$ の低下により所定
のドレイン電流 I_D を流すのに必要な V_{GS} も減少するからです．

(3) 小信号等価回路による解析

　図 6.10 の MOSFET の小信号等価回路を参考にして，ドレイン接地増幅回路の小信号等価回路を考えます．

　ドレイン（D）が接地で，ゲート（G）が入力，ソース（S）が出力になりますので，**図 8.12** に示すような小信号等価回路になります．この小信号等価回路から電圧利得を求めます．

　負荷抵抗 R_L に流れる電流を i_O とすると，次のようになります．

$$i_O = g_m(v_{in} - v_{out}) - g_{mb}v_{out} - \frac{v_{out}}{r_D} \tag{8.5}$$

また，$i_O = v_{out}/R_L$ なので，代入すると次のように整理できます．

$$\left(g_m + g_{mb} + \frac{1}{r_D} + \frac{1}{R_L}\right)v_{out} = g_m v_{in} \tag{8.6}$$

ここから，電圧利得 A_v が求まります．

$$A_v = \frac{v_{out}}{v_{in}} = \frac{g_m}{\left(g_m + g_{mb} + \dfrac{1}{r_D} + \dfrac{1}{R_L}\right)} = \frac{g_m R_L}{\left(g_m + g_{mb} + \dfrac{1}{r_D}\right)R_L + 1} = \frac{g_m R_L}{(g_m + g_{mb} + g_{ds})R_L + 1} \tag{8.7}$$

　ここで，チャネル長変調係数 λ を考慮し，$r_D = 1/\lambda$（コラム 8.1 参照）として r_D が高抵抗と考えると，$1/r_D \approx 0$ とみなせるので，

$$A_v \approx \frac{g_m R_L}{(g_m + g_{mb})R_L + 1} \tag{8.8}$$

と近似できます．通常は，$(g_m + g_{mb})R_L \gg 1$ なので，

$$A_v \approx \frac{g_m}{g_m + g_{mb}} \tag{8.9}$$

となります．g_{mb} は，通常は g_m の 20～30 ％ なので，コレクタ接地増幅回路と同様に電圧利得は 1 弱ということになります．

　なお，入力に直流電流（DC）が流れないので DC 的な電流利得は ∞ ですが，

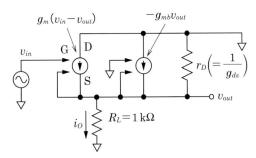

図 8.12■ドレイン接地増幅回路の小信号等価回路

動作時にはゲートの容量を介して AC 電流が流れます．MOSFET のゲートが入力になっているので，DC 的には次のようになります．

$$Z_{in} = \infty \tag{8.10}$$

また，出力インピーダンスは，入力端（V_{in}）を固定（小信号では $v_{in}=0$）して出力の電圧と電流から求めます．

まずは MOSFET 単体（図 8.12 の v_{out} より上側）で考えます．図 8.12 の小信号等価回路で入力端を接地（$v_{in}=0$）として，式(8.5)を整理すると

$$i_O = g_m(0-v_{out}) - g_{mb}v_{out} - \frac{v_{out}}{r_D} = -\left(g_m + g_{mb} + \frac{1}{r_D}\right)v_{out} \tag{8.11}$$

なので，

$$Z_{out} = -\frac{v_{out}}{i_O} = \frac{1}{g_m + g_{mb} + \dfrac{1}{r_D}} \tag{8.12}$$

になります．r_D が高抵抗と考えて，$1/r_D$ を 0 に近似して，

$$Z_{out} \approx \frac{1}{g_m + g_{mb}} \tag{8.13}$$

となります．つまり，MOSFET 単体での出力インピーダンス Z_{out} は $1/(g_m+g_{mb})$ となります．

したがって，ドレイン接地増幅回路の出力インピーダンスはソースに負荷抵抗 R_L が並列に接続されているので，

$$Z_{out} = \frac{1}{g_m + g_{mb}} /\!/ R_L = \frac{\dfrac{1}{g_m+g_{mb}}R_L}{\dfrac{1}{g_m+g_{mb}}+R_L} = \frac{R_L}{(g_m+g_{mb})R_L+1} \tag{8.14}$$

となります．

もし $1/(g_m+g_{mb}) \ll R_L$ のときは R_L が見えないので，$Z_{out} \approx 1/(g_m+g_{mb})$ になります．また，負荷抵抗 R_L を低く設定したときは，出力インピーダンスは R_L になります．したがって，通常は負荷抵抗 R_L を高く設定しません．

8.2.3　ゲート接地増幅回路

（1）基本構成

ゲート接地増幅回路は，入力をソース（S），出力をドレイン（D）とし，ゲート（G）を電源に接地した形態の増幅回路で，基本構成例を**図 8.13** に示します．ゲート接地増幅回路は，MOSFET を使った増幅回路の中で唯一の入力がゲートでない構成で，MOSFET の最大のメリットである高入力インピーダンスが発揮されません．また，ゲート接地の場合はドレイン接地と同様に，通常はバルク（基板）端子を DC 電位（図ではグランド）に接続します．ドレイン接地の場合

と同じ理由です.

（2）シミュレーションによる解析

　8.2.1 項で述べた MOSFET の V_{GS}-I_D 特性および V_{DS}-I_D 特性と負荷直線より, V_{GS} ＝0.7 V の と き I_D＝1 mA と な り, V_{DS}＝1 V となるので, V_{GS0}＝0.7 V になります. 図 8.13 では, 入力（S）の DC 電位がグランドなので, V_G＝V_{GS0}＋0＝0.7 V になります. 入力の DC 電位がグランドでない場合は, その分だけ電圧がシフトします.

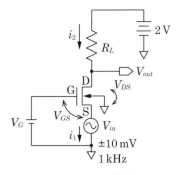

図 8.13■ゲート接地増幅回路

　図 8.14 に, ゲート接地増幅回路のシミュレーション結果を示します. 入力信号（±10 mV）が増幅されていることがわかります. 図 8.3 の V_{GS}-I_D 特性より, V_{GS} が V_{GS0}±200 mV で I_D が約 1.4〜0.5 mA で変化するので, 図 8.14(b)に示すように, 出力 V_{out} の DC 電位は V_{DD}

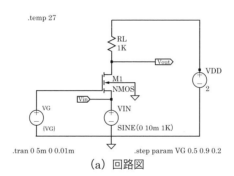

(a) 回路図

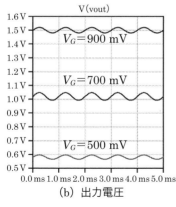

(b) 出力電圧

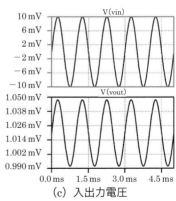

(c) 入出力電圧

図 8.14■ゲート接地増幅回路の入出力シミュレーション

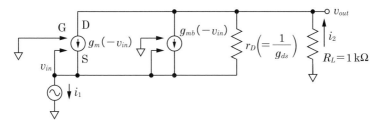

図8.15■ゲート接地増幅回路の小信号等価回路

からの電圧降下を考えて $1.5 \sim 0.6\,\mathrm{V}$ で変化することになります．また，図 8.14 (c)に示すように，入力と出力が同相になります．このため，後述するように，周波数特性が良好です．

(3) 小信号等価回路による解析

図 6.10 の MOSFET の小信号等価回路を参考にして，ゲート接地増幅回路の小信号等価回路を考えます．ゲート（G）が接地で，ソース（S）が入力，ドレイン（D）が出力ですので，**図 8.15** に示すような小信号等価回路になります．この小信号等価回路から電圧利得を求めます．

入力電流を i_1 とすると，

$$i_1 = g_m(-v_{in}) + g_{mb}(-v_{in}) + \frac{v_{out} - v_{in}}{r_D} \tag{8.15}$$

となります．また，

$$i_2 = i_1 = -\frac{v_{out}}{R_L} \tag{8.16}$$

なので，両式を結んで整理すると，

$$\frac{v_{out}}{R_L} = \left(g_m + g_{mb} + \frac{1}{r_D}\right)v_{in} - \frac{v_{out}}{r_D} \tag{8.17}$$

となります．ここから，電圧利得 A_v は，

$$A_v = \frac{v_{out}}{v_{in}} = \frac{g_m + g_{mb} + \dfrac{1}{r_D}}{\dfrac{1}{r_D} + \dfrac{1}{R_L}} = \frac{\left(g_m + g_{mb} + \dfrac{1}{r_D}\right)R_L}{\dfrac{R_L}{r_D} + 1} = \frac{(g_m + g_{mb} + g_{ds})R_L}{g_{ds}R_L + 1} \tag{8.18}$$

と求められます．通常は $r_D \gg 1$ なので，$1/r_D \approx 0$ として

$$A_v \approx \frac{g_m + g_{mb}}{1/R_L} = (g_m + g_{mb})R_L \tag{8.19}$$

と近似できます．これは，ソース接地増幅回路とほぼ同じになります．

また，ゲート接地増幅回路の場合は，電流利得は，$i_2 = i_1$ より，1 になります．

入力インピーダンスは，式(8.16)により式(8.15)から v_{out} を消して，

$$i_1 = g_m(-v_{in}) + g_{mb}(-v_{in}) + \frac{-R_L i_1 - v_{in}}{r_D} \tag{8.20}$$

となるので，整理して

$$v_{in}\left(g_m + g_{mb} + \frac{1}{r_D}\right) = -\left(\frac{R_L}{r_D} + 1\right)i_1 \tag{8.21}$$

となります．したがって，入力インピーダンス Z_{in} は，

$$Z_{in} = \frac{v_{in}}{i_1} = -\frac{\dfrac{R_L}{r_D} + 1}{g_m + g_{mb} + \dfrac{1}{r_D}} = -\frac{R_L g_{ds} + 1}{g_m + g_{mb} + g_{ds}} \tag{8.22}$$

で表されます．マイナス符号は，v_{in} と i_1 の向きが互いに逆であることを示しています．

$r_D \gg R_L$ で $r_D \gg 1$ の場合は，あわせて電流の向きを逆に考えると，

$$Z_{in} = \frac{\dfrac{R_L}{r_D} + 1}{g_m + g_{mb} + \dfrac{1}{r_D}} \approx \frac{1}{g_m + g_{mb}} \tag{8.23}$$

と近似されます．通常，g_m は数 mS くらいはあるので，入力インピーダンスは，他の接地形式に比べて非常に低くなります．

出力インピーダンスは，ドレイン接地の場合と同じように，入力端 V_{in} を固定（小信号では $v_{in}=0$）して出力の電圧と電流から求めます．

まずは，MOSFET 単体（R_L を無視）で考えます．図 8.15 の小信号等価回路で入力端を接地（$v_{in}=0$）として式(8.15)を整理すると，

$$i_1 = \frac{v_{out} - 0}{r_D} \tag{8.24}$$

となり，式(8.16)を代入して，出力インピーダンスは次のようになります．

$$Z_{out} = -\frac{v_{out}}{i_2} = r_D \tag{8.25}$$

これは，小信号等価回路からも明らかです．上記のように r_D は通常高い値なので，ゲート接地の MOSFET の出力インピーダンスは，非常に高いものとなります．したがって，ドレイン接地増幅回路の出力インピーダンスは，ドレイン抵抗 R_L が並列に接続されているので，

$$Z_{out} = r_D \,/\!/\, R_L = \frac{r_D R_L}{r_D + R_L} = \frac{R_L}{1 + \dfrac{R_L}{r_D}} \tag{8.26}$$

となります．通常は $r_D \gg R_L$ なので，$Z_{out} \approx R_L$ になります．

入力インピーダンスが低く，出力インピーダンスが高いので，ゲート接地回路

は比較的使いづらいといえます．ですが，入力と出力が同相になるため，高周波特性がよく（9.3 節のミラー効果を参照），高周波（Radio Frequency：RF）回路に使われます．

8.3　MOSFET 増幅回路の特性パラメータ

　以上のように，各接地方式の増幅回路にはそれぞれの特徴があります．MOSFET 増幅回路の各増幅回路で解析して得た特性パラメータを**表 8.2** にまとめますので参考にしてください．

表 8.2 ■各接地方式の MOSFET 増幅回路の特性パラメータ

特性パラメータ	ソース接地	ドレイン接地	ゲート接地
入力インピーダンス Z_{in}（DC 時）	∞	∞	$\dfrac{\dfrac{R_L}{r_D}+1}{g_m+g_{mb}+\dfrac{1}{r_D}}\approx\dfrac{1}{g_m+g_{mb}}$
出力インピーダンス Z_{out}	$R_L /\!/ r_D=\dfrac{R_L r_D}{R_L+r_D}$	$\dfrac{\dfrac{1}{g_m+g_{mb}}R_L}{\dfrac{1}{g_m+g_{mb}}+R_L}$ $=\dfrac{R_L}{(g_m+g_{mb})R_L+1}$ $\approx\dfrac{1}{g_m+g_{mb}}$	$r_D /\!/ R_L=\dfrac{r_D R_L}{r_D+R_L}$ $=\dfrac{R_L}{1+\dfrac{R_L}{r_D}}\approx R_L$
電圧利得 A_v	$-\dfrac{R_L r_D}{R_L+r_D}g_m$ $=\dfrac{-R_L}{\dfrac{R_L}{r_D}+1}g_m\approx -g_m R_L$	$\dfrac{g_m R_L}{\left(g_m+g_{mb}+\dfrac{1}{r_D}\right)R_L+1}$ $\approx\dfrac{g_m R_L}{(g_m+g_{mb})R_L+1}$ $\approx\dfrac{g_m}{g_m+g_{mb}}\approx 1$	$\dfrac{\left(g_m+g_{mb}+\dfrac{1}{r_D}\right)R_L}{\dfrac{R_L}{r_D}+1}\approx\dfrac{g_m+g_{mb}}{\dfrac{1}{R_L}}$ $\approx(g_m+g_{mb})R_L$
電流利得 A_i	—	—	1
電力利得 A_p （$A_v\times A_i$）	—	—	$=A_v$

コラム8.1　チャネル長変調効果

　5.3節でMOSFETが飽和領域に入ると，ドレイン電流 I_D はドレイン・ソース間電圧 V_{DS} によらないと書きましたが，実際には V_{DS} を上げると I_D が増加します．これは，**図C8.1**(a)において V_{DS} を上げていくと，ピンチオフ点がソース側に移動してくためです．ピンチオフ点からドレインまでの空乏層が広がり，高抵抗領域が広がっていくのですが，反転層が形成されているチャネルの長さ（実効チャネル長）は短くなります．これをチャネル長変調といいます．つまり，実効チャネル内の電界は大きくなり，実質的にチャネル長 L を短くしたようになるので，ドレイン電流 I_D が増加することとなります．

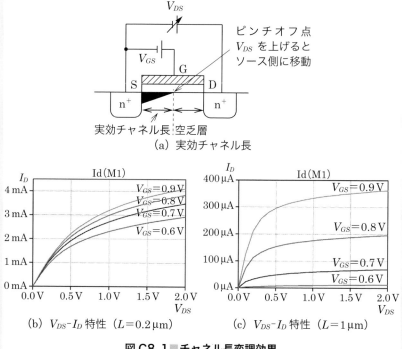

（a）実効チャネル長

（b）V_{DS}-I_D 特性（$L=0.2\,\mu\mathrm{m}$）　　（c）V_{DS}-I_D 特性（$L=1\,\mu\mathrm{m}$）

図C8.1■チャネル長変調効果

　これを式で表します．式(5.25) $I_D=\dfrac{1}{2}\mu C_{OX}\dfrac{W}{L}(V_{GS}-V_{TH})^2$ より，チャネル長 L が ΔL だけ短くなった場合のドレイン電流 I_D は，次のようになり，さらにテイラー展開により近似できます．

$$I_D=\frac{1}{2}\mu_n C_{OX}\frac{W}{L-\Delta L}(V_{GS}-V_{TH})^2=\frac{1}{2}\mu_n C_{OX}W(V_{GS}-V_{TH})^2\frac{1}{L-\Delta L}$$

$$\approx \frac{1}{2}\mu_n C_{OX} W (V_{GS}-V_{TH})^2 \left(\frac{1}{L}-\frac{-\Delta L}{L^2}\right) = \frac{1}{2}\mu_n C_{OX}\frac{W}{L}(V_{GS}-V_{TH})^2\left(1+\frac{\Delta L}{L}\right)$$

$$(C8.1)$$

ここで，チャネル長の縮小比率 $\Delta L/L$ は，V_{DS} に比例するとして，その比例係数を λ とすると，ドレイン電流 I_D は，次の式になります.

> コラム 6.3 の式の近似と一緒です.

$$I_D \approx \frac{1}{2}\mu_n C_{OX}\frac{W}{L}(V_{GS}-V_{TH})^2(1+\lambda V_{DS})$$

$$(C8.2)$$

この λ は，チャネル長変調係数と呼ばれており，V_{DS}-I_D 特性の飽和領域におけるグラフの傾きを表しています．つまり，その逆数 $(1/\lambda)$ は，バイポーラトランジスタにおけるアーリー電圧 V_A のような指標になり，飽和領域でのドレイン抵抗を表します.

図 C8.1(b)，(c) に V_{DS}-I_D 特性を記載しました．このグラフから，飽和領域において V_{DS} を上げると，I_D が大きくなっていくことがわかります．また，設計チャ

> ソース接地増幅回路の小信号等価回路でドレイン抵抗 r_D が出てきましたね.

ネル長 L が 0.2 µm の場合と 1 µm との比較から，チャネル長が長いほうが飽和領域の傾斜が緩やかになります．これは，L が大きいため，チャネル長変調係数 λ（$=\Delta L/L$）が小さくなるためです

ちなみに，図 8.7(b) の V_{DS}-I_D 特性では，飽和領域ではグラフがフラットだったと思います．これは，LTspice に用意されている標準のシミュレーションモデルの NMOS や PMOS には，チャネル長変調効果が入っていないからです．チャネル長変調効果を考慮したシミュレーションには，より高度なシミュレーションモデルが必要になります．これは，半導体プロセスをもった会社から入手することができますが，通常は契約が必要です．このコラムの V_{DS}-I_D 特性のグラフは，筆者の手持ちのトランジスタモデルを使用しています.

コラム 8.2　トランスコンダクタンス

MOSFET のトランスコンダクタンス g_m は，次のようにして表現できます.

まず，式(5.25) から MOSFET の飽和領域のドレイン電流式が式(C8.3) のようになります．その両辺を V_{GS} で微分して g_m を求めます.

$$I_D = \frac{1}{2}\mu C_{OX}\frac{W}{L}(V_{GS}-V_{TH})^2$$

$$(C8.3)$$

$$g_m = \frac{dI_D}{dV_{GS}} = \mu C_{OX}\frac{W}{L}(V_{GS}-V_T)$$

$$(C8.4)$$

また，式(C8.3) から

$$\mu C_{OX} \frac{W}{L} = \frac{2I_D}{(V_{GS}-V_T)^2}$$

となるので，これを式(C8.4)に代入して

$$g_m = \frac{2I_D}{(V_{GS}-V_T)} = \frac{2I_D}{V_{eff}} \tag{C8.5}$$

となります．$V_{eff}(\equiv V_{GS}-V_{TH})$ は，**有効ゲート電圧**とよばれ，MOSFET のキャリアに寄与する電荷が有効ゲート電圧に比例しますので，非常に重要なパラメータになります．有効ゲート電圧は，ゲートオーバードライブ電圧 V_{OV} と記載されることもあります．

　ここで，BJT と MOSFET のトランスコンダクタンス g_m を比較します．まず，BJT のコレクタ電流式は，エミッタ電流とほぼ等しいとして，式(5.10)から次のように表せます．

$$I_C \approx I_s \exp \frac{V_{BE}}{U_T} \tag{C8.6}$$

この両辺を V_{BE} で微分して，

$$\frac{dI_D}{dV_{BE}} = \frac{1}{U_T} I_s \exp \frac{V_{BE}}{U_T} = \frac{I_C}{U_T} \tag{C8.7}$$

となるので BJT の g_m は，次のように表せます．

$$g_m = \frac{\Delta I_C}{\Delta V_{BE}} = \frac{I_C}{U_T} \tag{C8.8}$$

　熱電圧 U_T はトランジスタによらない物理量であり，常温（27℃）では，おおよそ 26 mV と決まっています．一方，有効ゲート電圧 V_{eff} は，

$$V_{eff} \equiv V_{GS}-V_T = \sqrt{\frac{2I_D}{\mu C_{OX} \frac{W}{L}}} \tag{C8.9}$$

であり，設計事項です（W と L で調整できる）．有効ゲート電圧 V_{eff} は，MOSFET のアナログ回路では，電源電圧にもよりますが，数百 mV のオーダーです．そのため，同じバイアス電流であれば MOSFET のトランスコンダクタンス g_m は，BJT の 1/3～1/10 になります（式(C8.5)と式(C8.8)の比較）．

　したがって，能力的には BJT のほうが高いのですが，MOSFET はゲートが高インピーダンスで直流電流（DC）が流れないので，低消費電力というメリットがあります．スマートフォンなどのバッテリー駆動の電子機器に MOSFET の集積回路（IC）が多く使われているのは，このためです．

8.4　第8章のまとめ

　この章では，MOSFET を使った増幅回路について述べてきました．基本的な構成は BJT のものと同じです．MOSFET 増幅回路は，一般的に BJT のものよ

りも利得が劣りますが，ゲートが高インピーダンスなことに加えて，しきい値電圧 V_{TH} の調整により低電圧でも動作が可能なので，低消費電力化に向いています．

　現在はスマートフォンなどのバッテリー駆動の電子機器が広く普及していますので，以前と比べて MOSFET を使って電子回路を設計することが多くなっており，MOSFET が電子回路の主役になってきています．集積回路（IC）では，個別に MOSFET のサイズを設定できるので，設計の自由度も広がります．興味があれば，LTspice などのツールを使って実際に回路を設計してみてください．

8.5　第8章の演習問題

（**1**）ソース接地増幅回路，ゲート接地増幅回路，ドレイン接地増幅回路のそれぞれの特徴についてまとめ，それらの主な用途について調べなさい．

（**2**）図 8.10 のドレイン接地回路の負荷抵抗 R_L を電流源に置き換えた回路を考える．

（**2-1**）小信号等価回路および出力インピーダンスを求めなさい．

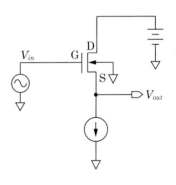

（**2-2**）入力信号に正弦波を入力した際の出力波形を示しなさい．

（**2-3**）図の回路では，入力電圧の変動により，トランジスタのしきい値電圧が変化し，その結果，出力波形が歪む現象が生じる．この現象を抑制する手法について調べなさい．

（**3**）図 8.3 のソース接地増幅回路において，ソースとグランドの間に抵抗 R_S を挿入した．

（**3-1**）小信号等価回路，および，増幅率を求めなさい．

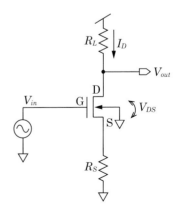

（**3-2**）入力信号 V_{IN} を 0 V から電源電圧まで線形に上昇させた際（スイープ，掃引）の電流 I_{DS} を示し，抵抗 R_S を入れた際の特徴を述べなさい．

入力パラメータを変化させた場合に出力パラメータが，どのような特性を示すかを調べる手法をスイープ測定といいます．このときにパラメータを変化させる動作をスイープとよびます．

第9章

増幅回路の周波数特性

　トランジスタを使った増幅回路は，入力信号の周波数がどこまで高くなっても増幅動作ができるわけではありません．実際には，周波数が高くなると利得が低下していき，ある周波数以上になると信号増幅ができなくなります（利得が0dB以下になります）．これは，おもにトランジスタ内部の寄生容量や出力の負荷容量が関係しています．寄生容量（parasitic capacitance）とは，回路図には明示されませんが，実際にトランジスタ内に存在する容量で，たとえばベース・エミッタ間の接合容量や拡散容量などが挙げられます．容量Cは，そのインピーダンスが$1/j\omega C$で表されて，周波数が高くなると低下することが原因です．寄生容量は，トランジスタのモデルには通常含まれていますので，シミュレーションでは考慮されている場合が多いです．また，寄生容量や負荷容量でなくても，増幅回路にはバイパスキャパシタやカップリングキャパシタ（結合容量）が存在しますので，これらに対する周波数の考慮も必要です．

（1）入力周波数が低い場合（低域）

　バイパスキャパシタやカップリングキャパシタのインピーダンスが高いので，入力信号がトランジスタに入力されるかどうかの考慮が必要です．

（2）入力周波数が高い場合（高域）

　トランジスタ内部の寄生容量のインピーダンスが低くなるため，トランジスタ内での正味の信号電流などが小さくなり，利得が落ちてきますので考慮が必要です．また，負荷容量のインピーダンス低下によっても利得が落ちてきます．

　このように低域と高域ではそれぞれに考慮すべき事項があります．したがって，入力信号の周波数帯域は，低域と高域の間の周波数（中域）にもってくるように設計します．

9.1　遮断周波数と帯域幅

　図9.1(a)のエミッタ接地増幅回路では，低域ではカップリングキャパシタC_1，C_2やバイパスキャパシタC_Eのインピーダンスが高く，入力・出力信号が通らないのと，エミッタ電流I_Eも抑えられるので，利得が出にくい状態になります．

　高域では，寄生容量（ベース・エミッタ間の接合容量など）のインピーダンスが低くなり，入力信号がトランジスタ本体を迂回するようになるので，利得が下がります．また出力負荷のインピーダンス低下も利得に影響します．

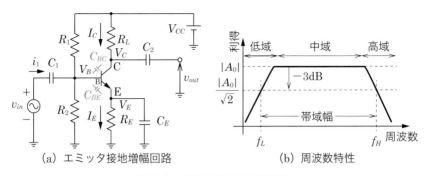

図9.1■増幅回路と周波数特性

　この周波数特性を図9.1(b)に示します．中域の電圧利得$|A_0|$の$1/\sqrt{2}$になる周波数を，低域遮断周波数（図中のf_L）と高域遮断周波数（図中のf_H）とそれぞれいい，これらの差分（$f_H - f_L$）を帯域幅とよんでいます．

　この$1/\sqrt{2}$倍は，デシベルで表示すると，$20 \log \dfrac{1}{\sqrt{2}} = 20 \log 2^{-\frac{1}{2}} = -10 \log 2 \approx -3$となるので，$-3\,\mathrm{dB}$と表現します．

9.2　低域通過回路と高域通過回路

　容量と周波数の関係を理解するために，受動素子だけの**低域通過回路**（高域遮断回路）を**図9.2**に示します．このような回路は**ローパスフィルタ**ともよばれます．図(a)の回路の入出力の関係は，

$$v_o = \frac{\dfrac{1}{j\omega C}}{R + \dfrac{1}{j\omega C}} v_i = \frac{1}{j\omega CR + 1} v_i \tag{9.1}$$

となり，電流iを実軸上のベクトルとしてフェーザ表示にすると図(b)のようになります．なお，v_o/v_iを計算すると，

$$\frac{v_o}{v_i} = \frac{1}{j\omega CR + 1} \tag{9.2}$$

となり，これを**伝達関数**といいます．$j\omega$をsで置き換えて，

$$\frac{1}{j\omega CR + 1} = \frac{1}{sCR + 1} = H(s) \qquad (\because \quad s = j\omega) \tag{9.3}$$

と表記されることが多いです．

　図9.2(b)から，抵抗Rにかかる電圧（$v_R = Ri$）と容量にかかる電圧（$v_o = i/j\omega C$）の大きさが等しい場合，これらの電圧の大きさは，入力電圧v_iの$1/\sqrt{2}$であり，かつ出力電圧v_oの入力電圧v_iに対する位相遅れθが45°になることが容易にわかります．このときの角周波数をω_pとすると，$R|i| = |i|/\omega_p C$より，

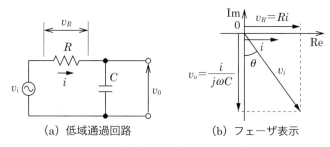

(a) 低域通過回路　　　(b) フェーザ表示

図 9.2■低域通過回路とフェーザ表示

$\omega_p = 1/RC$ となり，

$$f_p = \frac{\omega_p}{2\pi} = \frac{1}{2\pi RC} \tag{9.4}$$

が遮断周波数になります．ω_p はポール角周波数ともよばれます．

　高域通過回路（低域遮断回路）を**図 9.3**(a)に示します．このような回路は**ハイパスフィルタ**ともよばれます．この入出力の電圧比は

$$\frac{v_o}{v_i} = \frac{R}{R + \dfrac{1}{j\omega C}} v_i = \frac{j\omega CR}{j\omega CR + 1} v_i \tag{9.5}$$

となり，伝達関数は $j\omega = s$ として

$$H(s) = \frac{sCR}{sCR + 1} \tag{9.6}$$

となります．

　図 9.3(b)のフェーザ表示から，容量 C にかかる電圧（$v_C = i/j\omega C$）と抵抗にかかる電圧（$v_o = Ri$）の大きさが等しい場合，これらの電圧の大きさは，入力電圧 v_i の $1/\sqrt{2}$ であり，かつ出力電圧 v_o の入力電圧 v_i に対する位相の進み θ が $45°$ になります．この場合の各周波数を ω_p とすると，$R|i| = |i|/\omega_p C$ より，$\omega_p = 1/RC$ となり，

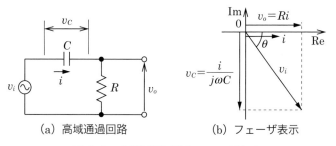

(a) 高域通過回路　　　(b) フェーザ表示

図 9.3■高域通過回路とフェーザ表示

$$f_p = \frac{\omega_p}{2\pi} = \frac{1}{2\pi RC} \tag{9.7}$$

が遮断周波数になります.

$R=1\,\text{k}\Omega$, $C=1\,\mu\text{F}$ の場合の低域と高域の通過回路のシミュレーション結果を図 9.4 にそれぞれ示します. x 軸が周波数になります.

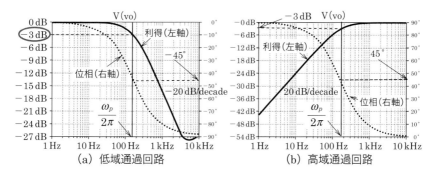

(a) 低域通過回路 　(b) 高域通過回路

図 9.4■低域・高域通過回路のシミュレーション結果

この場合の ω_p は, ともに $10^3\,\text{rad/s}$ となり, f_p は, $\omega_p/2\pi$ になるので, 160 Hz くらいになります. この周波数において, 利得が最大利得 (0 dB) に比べて, $-3\,\text{dB}$ ($=1/\sqrt{2}$) となり, 位相遅れもしくは進みが 45° になっているのがわかります. なお, $\pm20\,\text{dB/decade}$ は桁が変わる (10 倍) ごとに $\pm20\,\text{dB}$ になることを表しています.

9.3　ミラー効果

反転増幅 (入力と出力の位相が反転して増幅) を想定して, $-A$ の利得の増幅回路を考えた場合に, 図 9.5(a) に示すように, 入出力間に容量があると, その容量値 C が大きく見える現象が起こります. これをミラー効果といいます.

増幅回路の入力インピーダンスが高く入力電流 i が, 容量 C に流れるとすると, 次の式が成り立ちます.

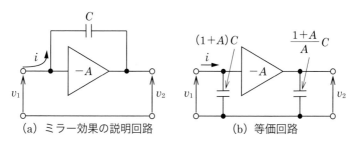

(a) ミラー効果の説明回路 　(b) 等価回路

図 9.5■ミラー効果

$$v_1 - v_2 = \frac{1}{j\omega C} i$$

$$v_2 = -Av_1 \tag{9.8}$$

これらの式から v_2 を消去して入力インピーダンス Z_{in} を求めると,

$$Z_{in} = \frac{v_1}{i} = \frac{1}{j\omega C(1+A)} \tag{9.9}$$

となります. この式は, 入力側から見ると容量 C の容量値が $(1+A)$ 倍に見えることを表しています. これがミラー効果です. つまり容量 C の容量値が小さくても, 増幅器の電圧利得が高ければ, 入力容量が非常に大きく見えてしまうので, 注意が必要です.

また, 出力インピーダンス Z_{out} を求めると,

$$Z_{out} = \frac{v_2}{-i} = \frac{1}{j\omega C} \frac{A}{1+A} \tag{9.10}$$

となります. つまり, 出力側から容量 C を見ると, $(1+A)/A$ 倍に見えます. したがって, 図 9.5(b)の等価回路が導けます.

9.4　バイポーラトランジスタ（BJT）の高周波等価回路

　ここでは, 高周波における**寄生容量**（parasitic capacitance）の影響について説明します. トランジスタを高周波で動作させる場合は, 寄生容量のインピーダンスが低くなり無視できなくなります. この寄生容量には, 前述のようにベース・エミッタ間の接合

接合容量は pn 接合の空乏層による容量です. 空乏層容量ともよばれます. 拡散容量とは順方向バイアス時の pn 接合の少数キャリアによる容量です.

容量 C_{je} と拡散容量 C_{de}, ベース・コレクタ間の接合容量 C_{jc}, コレクタ・基板（バルク）間の接合容量 C_s が考えられます. したがって, これらの寄生容量を, 図 7.8 のエミッタ接地増幅回路の小信号等価回路に組み込んだ高周波等価回路を**図 9.6** に示します. なお, 信号源の出力インピーダンスを ρ としました.

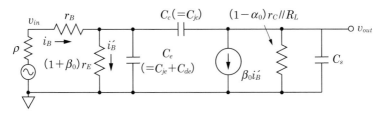

図 9.6■エミッタ接地増幅回路の高周波等価回路

　図に示すように, ベース・エミッタ間の寄生容量 $C_e(=C_{je}+C_{de})$ とベース・コレクタ間の接合容量 $C_c(=C_{jc})$ が, 高周波になるとインピーダンスが低下して,

入力電流 i_B のうち正味のベース電流 i'_B が低下するので，出力側の電流（$\beta_0 i'_B$）が低下します．β_0 は，直流の電流増幅率です．このため高周波では，入力電流 i_B を基準（$\beta_0 i'_B = \beta i_B$）にした電流増幅率 β が低下することになります．

このように，ベース・エミッタ間の寄生容量 C_e は，高周波特性を悪化させますが，悪化の度合いでいえばベース・コレクタ間の接合容量 C_c のほうが深刻です．前述のミラー効果により，ベース・コレクタ間の接合容量 C_c が（$1+A$）倍（A は増幅回路の電圧利得）に見えてしまいます．つまり，利得が高いほど入力容量が大きく見えます．このため，信号源の出力インピーダンスが大きいほど低域通過回路の遮断周波数が低下して，帯域幅が低下します．

高周波における増幅回路の動作解析には，等価回路としてハイブリッド π 型等価回路がよく利用されます．エミッタ接地のバイポーラトランジスタを，**図 9.7** の形で表します．通常 C_s は負荷容量に比べて，かなり小さいので無視します．なお，MOSFET は一般的にハイブリッド π 型等価回路で表されます．

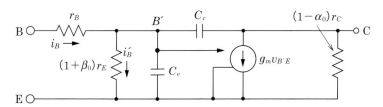

図 9.7■エミッタ接地のハイブリッド π 型等価回路

ここではトランスコンダクタンス g_m を用いています．この g_m については，次の式が成り立ちます．もともと電流源の電流量は，$\beta_0 i_B$ でしたので，

$$\beta_0 i'_B = \beta_0 \frac{v_{B'E}}{(1+\beta_0)r_E} = g_m v_{B'E} \tag{9.11}$$

となり，

$$g_m = \frac{\beta_0}{(1+\beta_0)r_E} = \frac{\alpha_0}{r_E} \quad \left(\because \quad a_0 = \frac{\beta_0}{1+\beta_0} \right) \tag{9.12}$$

となります．β_0 と α_0 は，エミッタ接地とベース接地の直流電流増幅率です．

9.5　エミッタ接地増幅回路の周波数特性

増幅回路の周波数特性は，増幅回路内のキャパシタ（寄生容量を含む）で決まります．**図 9.8** にエミッタ接地増幅回路を示します．

この増幅回路を，ハイブリッド π 型等価回路を用いて高周波小信号等価回路に変換します．高周波領域では，C_1 と C_2 のインピーダンスは十分に小さく短絡とします．**図 9.9**(a) に変換した高周波小信号等価回路を示します．入力信号源

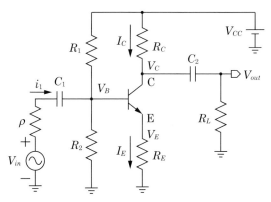

図9.8■エミッタ接地増幅回路

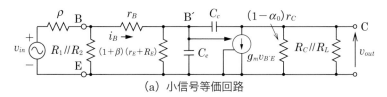

(a) 小信号等価回路

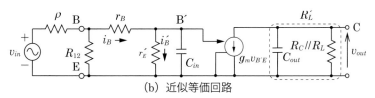

(b) 近似等価回路

図9.9■高周波小信号等価回路

の出力インピーダンスを ρ としました．この回路は，ミラー効果を利用して，図(b)のように近似できます．

　なお，$(1-\alpha)r_C$ は，$(1-\alpha)r_C \gg R_L$ より無視しています．また，$R_1 /\!/ R_2 = R_{12}$ としました．各定数は，次のようになります．

$$r'_E = (1+\beta_0)(r_E + R_E) \tag{9.13}$$

$$C_{in} = C_e + (1+A)C_c \quad (A \text{ は増幅回路の電圧利得}) \tag{9.14}$$

$$C_{out} = \frac{1+A}{A}C_c \tag{9.15}$$

この図9.9(b)の小信号等価回路を用いて高域周波数特性を解析してみます．

　入力側の抵抗 r'_E とキャパシタ C_{in} の並列接続のインピーダンス $r'_E /\!/ \dfrac{1}{j\omega C_{in}} = Z_i$ とすると，入力側は，**図9.10** に示すように表されます．

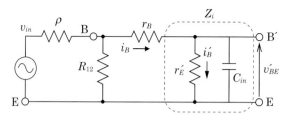

図9.10■入力側の小信号等価回路

この図より，$v_{B'E}$ を求めると，入力電圧 v_{in} の分圧から，

$$v_{B'E} = \frac{v_{in}}{\rho + \dfrac{R_{12}(r_B + Z_i)}{R_{12} + (r_B + Z_i)}} \frac{R_{12}}{R_{12} + (r_B + Z_i)} Z_i$$

$$= \frac{R_{12}Z_i}{\rho[R_{12} + (r_B + Z_i)] + R_{12}(r_B + Z_i)} v_{in} \tag{9.16}$$

となります.

また，出力電圧 v_{out} は，図 9.9(b)の出力側から，

$$v_{out} = -g_m v_{B'E} R_L' \tag{9.17}$$

と表されます. したがって，

$$v_{out} = -g_m R_L' \frac{R_{12}Z_i}{\rho[R_{12} + (r_B + Z_i)] + R_{12}(r_B + Z_i)} v_{in} \tag{9.18}$$

となります. これより，電圧利得 A_v は

$$A_v = \frac{v_{out}}{v_{in}} = -g_m R_L' \frac{R_{12}Z_i}{\rho[R_{12} + (r_B + Z_i)] + R_{12}(r_B + Z_i)} \tag{9.19}$$

となります. そして，$Z_i = r_E' /\!/ \dfrac{1}{j\omega C_{in}}$ より，

$$Z_i = \frac{\dfrac{r_E'}{j\omega C_{in}}}{r_E' + \dfrac{1}{j\omega C_{in}}} = \frac{r_E'}{j\omega C_{in}r_E' + 1} \tag{9.20}$$

なので，これを式(9.19)に代入して，

$$A_v = -g_m R_L' \frac{R_{12}\dfrac{r_E'}{j\omega C_{in}r_E' + 1}}{\rho\left[R_{12} + \left(r_B + \dfrac{r_E'}{j\omega C_{in}r_E' + 1}\right)\right] + R_{12}\left(r_B + \dfrac{r_E'}{j\omega C_{in}r_E' + 1}\right)}$$

$$= -g_m R_L' \frac{R_{12}\dfrac{r_E'}{j\omega C_{in}r_E' + 1}}{\rho(R_{12} + r_B) + R_{12}r_B + \dfrac{(\rho + R_{12})r_E'}{j\omega C_{in}r_E' + 1}}$$

$$= -g_m R'_L \frac{R_{12} r'_E}{j\omega C_{in} R_i + \rho(R_{12} + r_B) + R_{12} r_B + (\rho + R_{12}) r'_E} \tag{9.21}$$

となります．この式では，

$$R_i = r'_E [\rho(R_{12} + r_B) + R_{12} r_B] \tag{9.22}$$

としました．

式(9.21)の分母分子を $\rho(R_{12} + r_B) + R_{12} r_B + (\rho + R_{12}) r'_E$ で割ると，

$$A_v = -g_m R'_L \frac{\dfrac{R_{12} r'_E}{\rho(R_{12} + r_B) + R_{12} r_B + (\rho + R_{12}) r'_E}}{j\omega C_{in} \dfrac{R_i}{\rho(R_{12} + r_B) + R_{12} r_B + (\rho + R_{12}) r'_E} + 1} = \frac{-g_m R'_L Z_{in}}{j\omega C_{in} R_{in} + 1} \tag{9.23}$$

となります．この式では，

$$R_{in} = \frac{r'_E [\rho(R_{12} + r_B) + R_{12} r_B]}{\rho(R_{12} + r_B) + R_{12} r_B + (\rho + R_{12}) r'_E} \tag{9.24}$$

$$Z_{in} = \frac{R_{12} r'_E}{\rho(R_{12} + r_B) + R_{12} r_B + (\rho + R_{12}) r'_E} = \frac{R_{12} r'_E}{\rho(R_{12} + r_B + r'_E) + R_{12}(r_B + r'_E)} \tag{9.25}$$

としました．そして，$R'_L = R_C /\!/ R_L /\!/ \dfrac{1}{j\omega C_{out}}$ であり，$R_{CL} = R_C /\!/ R_L$ とすると，

$$R'_L = \frac{\dfrac{R_{CL}}{j\omega C_{out}}}{R_{CL} + \dfrac{1}{j\omega C_{out}}} = \frac{R_{CL}}{j\omega C_{out} R_{CL} + 1} \tag{9.26}$$

と表されるので，これを式(9.23)に代入して，

$$A_v = \frac{-g_m R'_L Z_{in}}{j\omega C_{in} R_{in} + 1} = \frac{-g_m R_{CL} Z_{in}}{(j\omega C_{in} R_{in} + 1)(j\omega C_{out} R_{CL} + 1)} \tag{9.27}$$

となります．

$\omega = 0$（DC）のときは，式(9.20)と式(9.26)より，$Z_{i(\omega=0)} = r'_E$，$R'_{L(\omega=0)} = R_{CL}$ なので，そのときの電圧利得 A_0 は，式(9.19)と式(9.25)より，

$$A_0 = -g_m R_{CL} \frac{R_{12} r'_E}{\rho(R_{12} + r_B + r'_E) + R_{12}(r_B + r'_E)} = -g_m R_{CL} Z_{in}$$

となるので，これを式(9.27)に代入すると，

$$A_v = \frac{-g_m R_{CL} Z_{in}}{(j\omega C_{in} R_{in} + 1)(j\omega C_{out} R_{CL} + 1)} = \frac{A_0}{(j\omega C_{in} R_{in} + 1)(j\omega C_{out} R_{CL} + 1)} \tag{9.28}$$

となります．

A_0 は最大の電圧利得なので，中域利得を表しています．したがって，

$$A_v = \frac{A_0}{(j\omega C_{in}R_{in}+1)(j\omega C_{out}R_{CL}+1)} = \frac{A_0}{\left(1+j\dfrac{\omega}{\omega_{p1}}\right)\left(1+j\dfrac{\omega}{\omega_{p2}}\right)} \tag{9.29}$$

となります. このとき,

$$\omega_{p1} = \frac{1}{C_{in}R_{in}} \tag{9.30}$$

$$\omega_{p2} = \frac{1}{C_{out}R_{CL}} \tag{9.31}$$

としました. ω_{p1} と ω_{p2} は, 高域遮断特性を示す入力側と出力側のポール角周波数です.

　この式(9.29)の形は, 第 12 章の負帰還回路でもでてきますので, 覚えておいてください. ω_{p1} が第 1 極（ファーストポール）, ω_{p2} が第 2 極（セカンドポール）になります. これらの極と利得および位相の関係は, 基本的に**図 9.11** のようになります. このように, 伝達関数（出力と入力の関係）の周波数特性を表した利得（ゲイン）と位相の線図の組合せを**ボード線図**といいます. コラム 9.1 と 9.2 を参照してください.

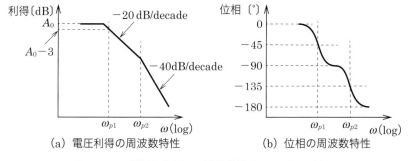

図 9.11 利得と位相の周波数特性を示すボード線図

　図 9.11(a)に示すように, 第 1 極から利得が$-20\,\mathrm{dB/decade}$（桁が変わるたびに 20 dB 低下する）で減少していきます. そして, 第 2 極からは 2 つの極が作用するため, $-40\,\mathrm{dB/decade}$ となります. つまり, 利得の落ち方が急峻になります.

　また, 位相については, 図 9.4(a)に示すように, 極において 45° 遅れ, その後, 90° まで遅れていきます. したがって, 極が 2 つ存在する場合は, 図 9.11 (b)に示す通り, 第 1 極で 45° 遅れ, その後, 90° まで遅れていき, 第 2 極では 135° の遅れとなります. そして, 高い周波数で最大 180° まで遅れていくことになります.

　図 9.12(a)にシミュレーション用の回路図を示します. 基本的に図 7.22 の定

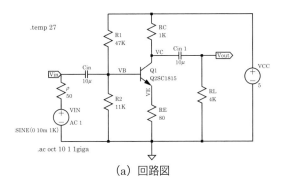

(a) 回路図

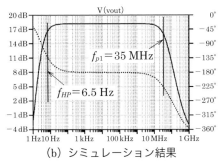

(b) シミュレーション結果

図9.12■エミッタ接地回路の周波数特性

数を使っていますが，信号源の出力インピーダンス ρ を $50\,\Omega$ として入れました．

まず，式(9.24)より，$R_{12}\gg r_B, R_{12}\gg\rho$，および $r_E'\gg\rho, r_E'\gg r_B$ ならば，R_{in} は次のように近似できます．

$$R_{in}=\frac{r_E'[\rho(R_{12}+r_B)+R_{12}r_B]}{\rho(R_{12}+r_B)+R_{12}r_B+(\rho+R_{12})r_E'}\approx\frac{r_E'(\rho R_{12}+R_{12}r_B)}{\rho R_{12}+R_{12}r_B+R_{12}r_E'}$$

$$=\frac{r_E'(\rho+r_B)}{\rho+r_B+r_E'}\approx\rho+r_B \tag{9.32}$$

図の定数と $r_B=50\,\Omega$ を使って R_{in} は，$100\,\Omega$ くらいであるとわかります．

また，図9.12(b)より，$A=8$（$=18\,\mathrm{dB}$）です．また，2SC1815 の仕様書から，コレクタ出力容量は，$2\sim3\,\mathrm{pF}$ くらいだとわかります．したがって，式(9.14)より，$C_{in}=30\,\mathrm{pF}$ くらいになります．

これらを使って，式(9.30)から第1極を計算すると，$50\,\mathrm{MHz}$ くらいになります．図9.12(b)では $f_{p1}=35\,\mathrm{MHz}$ くらいになっていますので，式(9.14)の C_e が $10\,\mathrm{pf}$ くらいついているのかもしれません．周波数特性は，シミュレーションで見るほうが正確ですので，計算は感触を掴む程度で考えてもらえばと思います．特に AC 解析は，モデル精度の確保が DC 解析よりも格段に難しいため，シミュレーションでも実測との誤差がそれなりに出ます．なお，図9.12(b)より，第1

極では位相は$-45°$になっています．エミッタ接地増幅回路は出力が反転するので，図9.12(b)の$-180°$が基準になります．

また，$C_{out}=3\,\mathrm{pf}$くらいで，$R_{CL}=800\,\Omega$なので，式(9.31)から第2極は$f_{p2}=70\,\mathrm{MHz}$くらいとなります．ですが，図9.9(a)においてC_cを介して入力が出力に直で見えてくるようになる（零点の存在）ので，実は帯域が伸びた格好になっています．このことは，図9.12(b)で高域での利得の落ち方がなだらかになっていることからもわかります．零点については，コラム9.1と9.2を参照してください．また，零点を考慮した場合，式(9.29)は次のような式になります．

$$A_v=\frac{\left(1+j\dfrac{\omega}{\omega_z}\right)A_0}{\left(1+j\dfrac{\omega}{\omega_{p1}}\right)\left(1+j\dfrac{\omega}{\omega_{p2}}\right)} \tag{9.33}$$

ω_zが零点になります．零点はハイパスフィルタ（高域通過回路）で発生しますので，零点により利得は$+20\,\mathrm{dB/decade}$となり，位相が$90°$戻ります．

なお，今回は出力端に容量負荷を付けませんでしたが，この容量負荷が大きい場合は，出力側の極が第1極になる場合があります．ちなみに，MOSFETの場合は，基本的に容量負荷になりますし入力側の寄生容量も小さいので，出力側の極を第1極とし入力側の極は考慮しない場合が多いです．

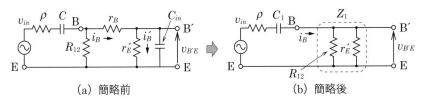

(a) 簡略前　　　　　　　　　　　(b) 簡略後

図9.13■入力側の小信号等価回路

一方，低域は，入力側が**図9.13**(a)に示すようになりますが，$r_B\ll R_{12}$，$r_B\ll r'_E$かつ低域なので，r_BとC_{in}を無視すると，図(b)のように簡略化できます．これから，

$$v_{B'E}=\frac{R_{12}\mathbin{/\mkern-5mu/} r'_E}{\left(\rho+\dfrac{1}{j\omega C_1}\right)+(R_{12}\mathbin{/\mkern-5mu/} r'_E)}v_{in}=\frac{\dfrac{R_{12}r'_E}{R_{12}+r'_E}}{\left(\rho+\dfrac{1}{j\omega C_1}\right)+\left(\dfrac{R_{12}r'_E}{R_{12}+r'_E}\right)}v_{in}$$

$$=\frac{R_{12}r'_E}{(R_{12}+r'_E)\left(\rho+\dfrac{1}{j\omega C_1}\right)+R_{12}r'_E}v_{in} \tag{9.34}$$

となります．ここで$v_{B'E}/v_{in}$を求めると，

$$\frac{v_{B'E}}{v_{in}}=\frac{R_{12}r'_E}{(R_{12}+r'_E)\left(\rho+\dfrac{1}{j\omega C_1}\right)+R_{12}r'_E}=\frac{1}{\dfrac{R_{12}+r'_E}{R_{12}r'_E}\left(\rho+\dfrac{1}{j\omega C_2}\right)+1} \tag{9.35}$$

となるので，$v_{B'E}/v_{in}$ が，$1/\sqrt{2}$ になる ω_{HP} を次の式から求めます．

$$\left|\frac{R_{12}+r'_E}{R_{12}r'_E}\left(\rho+\frac{1}{j\omega C_2}\right)+1\right|=\sqrt{2} \tag{9.36}$$

$\rho=50\,\Omega$，$R_{12}=9\,\text{k}\Omega$，$C_1=10\,\mu\text{F}$，$r'_E=300\times(80+10.4)\approx27\,\text{k}\Omega$ で計算すると，ω_{HP} は $15\,\text{rad/s}$ くらいになるので，f_{HP} は $3\,\text{Hz}$ くらいになります．図 9.12 (b)では，$6.5\,\text{Hz}$ くらいですので，感触は掴めるでしょう．これもシミュレーションで確認してください．

コラム9.1 極と零点

　9.2 節で述べたように，入力と出力の関係を示す式を伝達関数といいます．いま，$s=j\omega$ として，伝達関数 $H(s)$ が

$$H(s)=\frac{s-\omega_z}{(s-\omega_{p1})(s-\omega_{p2})}A \tag{C9.1}$$

で表されるとします．ω_{p1} と ω_{p2} を極，ω_z を零点とよびます．以降の計算を簡単化するために式(9.33)から形を変えていますが，本質的には同じものです．この極が2つで，零点が1つの伝達関数は，実際によく使われる形です．この極と零点について，どういう意味をもつのかを考えてみます．まず，極について考えます．

(1) 極について

　入力を $U(s)$，出力を $Y(s)$ とし，伝達関数 $H(s)$ を単純化のため次のような1次とします．入出力は，式(C9.2)のように表せます．このように，極が1つの場合を **1次遅れ系** といいます．

$$Y(s)=H(s)U(s)=\frac{A}{s-\omega_p}U(s) \tag{C9.2}$$

　そして，このインパルス応答をみてみます．インパルス応答は，インパルス入力 $U(s)=1$ を与えた場合の出力 $Y(s)$ の応答ですので，伝達関数 $H(s)$ に等しくなります．つまり，インパルス応答をみると，伝達関数で表される対象システムそのものがわかります．したがって，$Y(s)=A/(s-\omega_p)$ となり，これを逆ラプラス変換して時間 t の関数として表すと次のようになります．

$$y(t)=Ae^{\omega_p t} \tag{C9.3}$$

つまり，$t=0$ のときは，$y(t)=A$ となりますが，時間 t が経つにつれて，次のようになっていくことがわかります．極は実数を想定しています．

① $\omega_p<0$ の場合：出力 $y(t)$ は，時間が経つにつれて 0 に収束．すなわち，システムは安定．この場合の極を安定極といいます．

② $\omega_p > 0$ の場合：出力 $y(t)$ は，時間が経つにつれて ∞ に発散．すなわち，システムは不安定．この場合の極を不安定極といいます．

③ いずれも，極の絶対値が大きいほど，収束または発散が早い．

このように，極の正負によってシステムの安定性がわかります（図 C9.1）.

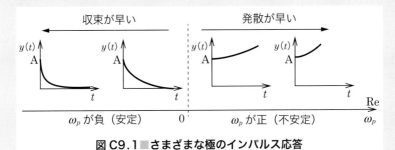

図 C9.1 ■ さまざまな極のインパルス応答

また，極が 2 つの 2 次遅れ系の場合は，入出力は次のようになります．

$$Y(s) = \frac{A}{(s - \omega_{p1})(s - \omega_{p2})} U(s) = \frac{A}{\omega_{p1} - \omega_{p2}} \left(\frac{1}{s - \omega_{p1}} - \frac{1}{s - \omega_{p2}} \right) U(s)$$

$$\text{(C9.4)}$$

このインパルス応答を逆ラプラス変換して時間 t の関数にすると，

$$y(t) = \frac{A}{\omega_{p1} - \omega_{p2}} (e^{\omega_{p1}t} - e^{\omega_{p2}t}) = \frac{A}{\omega_{p1} - \omega_{p2}} e^{\omega_{p1}t} - \frac{A}{\omega_{p1} - \omega_{p2}} e^{\omega_{p2}t} \quad \text{(C9.5)}$$

となります．つまり，各極でのそれぞれ 1 次応答を足し合わせるとシステムの応答になるのがわかります．したがって，極が複数の場合でも同様となり，以下のことがいえます．

④ すべての極が負の場合：出力 $y(t)$ のすべての項は時間が経つにつれて一定値に収束．すなわち，システムは安定．

⑤ 少なくとも 1 つの極が正の場合：出力 $y(t)$ は，時間が経つにつれて ∞ に発散．すなわち，システムは不安定．

⑥ いずれも，極の絶対値が大きいほど，収束または発散が早い．

上記の③⑥を安定なシステムの応答で考えると，収束が早いということはシステム全体への影響は小さいということになりますので，安定なシステムの応答は極の絶対値が小さなほうが支配的となります．特に，絶対値が最も小さな極（影響力が最も大きい極）は，**代表極**（dominant pole）または**主要極**とよばれます．

さらに極が複素数の場合は，極の虚部の存在によって，時間 t の関数においてオイラーの公式から正弦波成分が出現します．つまり，正弦波状の振動成分により出力が振動しながら収束したり発散したりします．詳しくは制御理論の書籍を参照してください．

(2) 零点について

式(C9.1)において，もし零点 ω_z が第1極 ω_{p1} に近い場合（$\omega_z \approx \omega_{p1}$）を考えます．すると，次のような近似ができます．

$$H(s) = \frac{s - \omega_z}{(s - \omega_{p1})(s - \omega_{p2})}A \approx \frac{A}{(s - \omega_{p2})} \tag{C9.6}$$

つまり，第1極 ω_{p1} の影響を緩和してくれることがわかります．零点 ω_z が第2極 ω_{p2} に近い場合は，第2極 ω_{p2} の影響を緩和します．つまり，ある極に零点を近づけて設定すると，その極の影響を緩和することができます．コラム9.2で述べているように，極が存在すると入力に対する出力の利得が低下し位相が遅れますが，それらの低下と遅れは零点により緩和することができます．

極と同様に，実部が負の場合の零点を安定零点，実部が正の場合を不安定零点といいます．そして，不安定零点で上記の不安定極の打ち消しはできません．なぜなら，極と零点の値を全く同一にすることは不可能だからです．かなり近い値に設定しても $e^{\omega_z t}$ の項は残るので，時間がかかるかもしれませんが∞に発散します．上述の零点による極の影響の緩和は，安定極と安定零点での場合だと思ってください．

この極と零点は，回路の周波数応答を表現するボード線図で非常に重要な役割を担っていますので，コラム9.2も参照してください．

コラム9.2　ボード線図

ボード線図（Bode plot）は，システムの周波数特性を表現する図であり，電気電子回路の分野でよく使われます．図C9.2(a)のように，伝達関数 $H(s)$ のシステムにある周波数の正弦波信号（電圧もしくは電流）を入力すると，その周波数の正弦波信号が出力されますが，振幅と位相は変化します．この振幅と位相の変化を様々な周波数においてプロットしたものがボード線図です．次の2つのグラフをセットで使います．x 軸はともに周波数（もしくは角周波数）です．

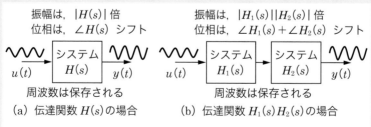

(a) 伝達関数 $H(s)$ の場合　(b) 伝達関数 $H_1(s)H_2(s)$ の場合

図C9.2■システムにおける正弦波信号の入出力

・ゲイン線図：y軸を入力信号に対する出力信号の振幅の割合（利得，ゲイン）としたグラフ．したがってy軸は$|H(s)|$となり，通常はデシベル（$=20\log|H(s)|$）で表示されます．単位は〔dB〕です．

・位相線図：y軸を入力に対する出力の位相差としたグラフ．したがって，y軸は$\angle H(s)$となり，単位は〔°〕です．

また複数システムが直列に接続されて伝達関数が$H_1(s)H_2(s)$の場合は，図C9.2(b)のように，振幅は$|H_1(s)||H_2(s)|$倍となり，位相は$\angle H_1(s)+\angle H_2(s)$だけ変化します．

例として，次の1次の伝達関数を考えます．コラム9.1で説明したように，ω_pが極になります．ω_pは安定極としているので，分母を$(s+\omega_p)$にしています．

$$H(s)=\frac{A}{s+\omega_p} \tag{C9.7}$$

このシステムのゲイン$|H(s)|$と位相$\angle H(s)$は，$H(\omega)=\dfrac{A}{\omega^2+\omega_s^2}(\omega_p-j\omega)$と変形して，**図C9.3**(a)のフェーザ表示のようになります．この図からゲイン線図と位相線図を考えてみます．

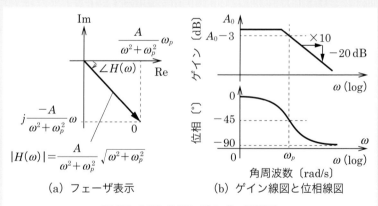

(a) フェーザ表示　　(b) ゲイン線図と位相線図

図C9.3■1次遅れ系のボード線図

まず，$\omega=0$（DC時）のとき，ゲイン（デシベル表示）は$20\log(A/\omega_p)$となり，これをDCゲインA_0とします．位相は$\angle H(0)=0$であり，位相の遅れや進みはありません．そして，$\omega=\omega_p$のとき，ゲインは$20\log(A/\sqrt{2}\,\omega_p)=20\log(A/\omega_p)-20\log\sqrt{2}$となり，$A_0-3$dBとなります．位相は，$\angle H(\omega_p)=-45°$であり45°遅れます．さらに，$\omega\gg\omega_p$のとき，ゲインは

$$20\log\left(\frac{A}{\omega^2+\omega_p^2}\sqrt{\omega^2+\omega_p^2}\right)\approx20\log\frac{A}{\omega}$$

より，角周波数が10倍になると振幅は$1/10$になるので，ゲインは20dB低下し

ていきます．−20 dB/decade と表現されます．decade は 10 倍の意味です．位相
は，$\angle H(\omega)$ が−90°に近づいていきますので，最大で 90°まで遅れます．

したがって，図 C9.3(b)のゲイン線図と位相線図が得られます．このように位
相が 1 次の極の存在により遅れていきますので，式(C9.7)のような形を 1 次遅れ
系と呼びます．また，極が 1 次と 2 次の 2 つある場合は 2 次遅れ系といいます．

次に，式(C9.8)の伝達関数を考えます．コラム 9.1 で説明したように，ω_z は零
点です．

$$H(s) = A(s + \omega_z) \tag{C9.8}$$

これも，上記の一次遅れ系と同様に，**図 C9.4**(a)のフェーザ表示からゲイン線
図と位相線図を考えてみます．

$\omega = 0$（DC 時）のとき，ゲインは，$20 \log A\omega_z$ となり，これを DC ゲイン A_0 と
します．位相は $\angle H(0) = 0$ であり，遅れや進みはありません．そして，$\omega = \omega_z$
のとき，ゲインは $20 \log \sqrt{2} A\omega_z = 20 \log A\omega_z + 20 \log \sqrt{2}$ となり，$A_0 + 3$ dB となり
ます．位相は $\angle H(\omega_z) = 45°$ であり，45°進みます．さらに，$\omega \gg \omega_z$ のとき，ゲイ
ンは $20 \log(A\sqrt{\omega^2 + \omega_z^2}) \approx 20 \log A\omega$ より，角周波数が 10 倍になると振幅も 10
倍になるので，ゲインは 20 dB 増加していきます．20 dB/decade です．位相は，
$\angle H(\omega)$ が 90°に近づいていきますので，最大で 90°まで進みます．

したがって，図 C9.4(b)のゲイン線図と位相線図が得られます．このように位
相が 1 次の零点の存在により進んで行きますので，式(C9.8)のような形を 1 次進
み系と呼びます．

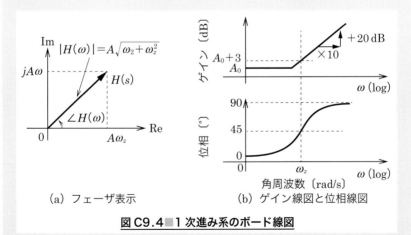

（a）フェーザ表示　　　　　（b）ゲイン線図と位相線図

図 C9.4■1 次進み系のボード線図

では，コラム 9.1 の式(C9.1)で示した零点を有する 2 次遅れ系の伝達関数の
ボード線図について考えてみます．安定な極および零点としています．

$$H(s) = \frac{s + \omega_z}{(s + \omega_{p1})(s + \omega_{p2})} A = \frac{A}{(s + \omega_{p1})(s + \omega_{p2})} \cdot (s + \omega_z) \tag{C9.9}$$

　この伝達関数は，2次遅れ系と1次進み系の直列接続だとわかります．つまり，図 C9.1(b) で示したように，ゲインは各システムのゲインの積で，位相は各システムの位相の和でそれぞれ求まります．ここで注意してほしいのはゲイン線図です．y 軸のゲインをデシベルで表示しているので，ゲインの積はデシベルの和になります．つまり，各システムのゲイン線図と位相線図をそれぞれ足せばシステム全体のボード線図ができあがります．$\omega_{p1} < \omega_{p2} < \omega_z$ の場合の式(C9.9)のボード線図は，図 C9.5 に示すようになります．x 軸の ω はすべて log スケールです．

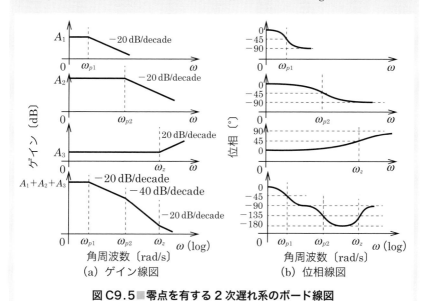

図 C9.5 ■零点を有する2次遅れ系のボード線図

　コラム 9.1 で説明した零点によるゲインの低下と位相の遅れの緩和がわかると思います．

9.6　第9章のまとめ

　この章では，BJT を使った増幅回路の周波数特性について述べました．前章までは周波数という概念が出てこなかったため，シミュレーションの横軸が電圧もしくは電流か時間でした．本章における周波数軸での利得（ゲイン）と位相の考え方に戸惑ったかもしれません．

　実際にシミュレーションで使うトランジスタモデルも周波数特性を合わせこむのは非常に手間がかかります．それだけ寄生容量の考慮が難しいともいえます．しかし，実際の増幅回路の設計には周波素数特性が非常に重要になりますので，等価回路とシミュレーションを併用して理解を深めてほしいと思います．ただし，シミュレーションに頼ることはせず，等価回路で基本現象を抑えたうえでシ

ミュレーションにより確認するという作業を繰り返すようにしてください．シミュレーションで回路定数を調整するだけでは，設計者とは言えませんよ．

9.7　第9章の演習問題

（1）右図の回路の入力側からみた容量と出力側から見た容量をそれぞれ計算しなさい．

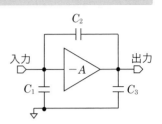

（2）右図のように，エミッタ接地増幅回路の出力にベース接地増幅回路を縦積みに付加して増幅回路を構成した．これについて，以下の問いに答えなさい．

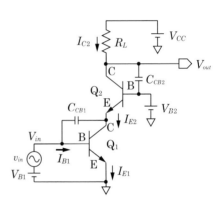

　なお，C_{CB1} と C_{CB2} は，トランジスタ Q_1 と Q_2 のコレクタ・ベース間の寄生容量を示している．

（2-1）ベース接地増幅回路の部分の電圧利得 A_{v2} を求めなさい．なお，熱電圧を U_T とする．

（2-2）エミッタ接地増幅回路の部分の電圧利得 A_{v1} を求めなさい．なお，Q_1 のベース接地電流増幅率を α_1 とする．

（2-3）入力段で決まるポール角周波数を求めなさい．なお，当該角周波数は，入力信号源の出力インピーダンス ρ と入力 V_{in} からみた容量で決まるとする．また，当該容量は Q_1 のコレクタ・ベース間の寄生容量 C_{CB1} とエミッタ接地増幅回路の電圧増幅率 A_{v1} で決まるとする．

（2-4）出力段で決まるポール角周波数を求めなさい．なお，当該角周波数は，ベース接地増幅回路の出力インピーダンスと，出力 V_{out} からみた容量で決まるとする．

（2-5）前問（2-3）で求めたポール角周波数と回路全体の電圧利得について，ミラー効果の影響に触れつつ論じなさい．

第10章

差動増幅回路

　この章では，アナログ増幅回路の中でも重要な差動増幅回路について述べていきます．いままでの増幅回路では，基本的に1入力であり，入力信号の増減に対応したバイアスポイントの近傍において増幅作用を発生させていました．通常は入力電圧によってバイアスポイントが変わりますし，特にバイポーラトランジスタでは，前段の出力電流が後段の回路のバイアス電流に影響を及ぼすため，キャパシタによりDCカットを施すのが一般的なので，DC信号を増幅することができませんでした．差動増幅回路は，相補の2入力にすることで，基本的にキャパシタを用いなくてもよいようにしており，直流から交流まで広い周波数レンジで増幅作用が可能になります．

10.1　差動増幅回路と集積回路

　差動増幅回路は，相補の2入力とすることが大前提です．つまり，共通の電圧（コモン電圧といいます）に対して，一方はプラス側に，他方はマイナス側に，それぞれ同じ電圧を同時に印加します．この入力信号の制約を守ることによって，差動増幅回路は，図10.1に示すように，2つの同じトランジスタを向かい合わせで使うような構造にできます．

　この一対のトランジスタ（ペアトランジスタ）は，その特性がぴったり一致することが理想ですが，実際にトランジスタを2つ買ってきた場合に，それらの

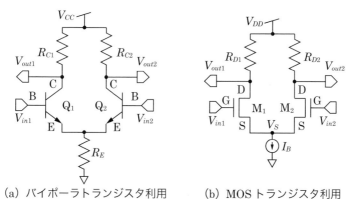

　　（a）バイポーラトランジスタ利用　　　　（b）MOSトランジスタ利用

図 10.1 ■ 差動増幅回路の基本構成

特性がぴったり一致していることはありません．トランジスタの仕様書には，各特性が幅をもたせた形で記載されています．これは，製造装置や製造日時が違うことや他のさまざまな要因のために，同じ特性の素子が作れないからです．

　ところが集積回路（IC）においては，ペアトランジスタが同じシリコンウエハ内に近接した状態で同時に形成されます．そのため，素子特性の一致（マッチング）が，個別素子のトランジスタ（ディスクリートトランジスタとよびます）に比べて飛躍的に向上します．

　これは，アナログ回路を設計する際に，この上ないメリットです．このため，差動増幅回路は，集積回路プロセスを用いて構成されることが多いです．集積回路プロセスでは，通常はMOSFETが形成されるので，最近の差動増幅回路は図10.1(b)のようにMOSFETを利用して設計します．本書でも，差動増幅回路はMOSFETで説明していきます．このMOSFETの差動増幅回路はオペアンプIC内に用いられて，いろいろなところで利用されています．

　図10.1(b)に示したように，差動増幅回路のバイアスのために，定電流源 I_B を用いています．このような定電流源は，集積回路（IC）の内部では，電流源があれば，次に説明するカレントミラー回路を利用して比較的簡単に電流値を調整できますので，差動増幅回路でよく使われています．このように定電流源を利用すると，抵抗を使った場合に比べて入力電圧や温度や電源電圧の変化に対するバイアスポイントの変動が緩和されて使いやすくなります．これも，差動増幅回路の大きなメリットです．

10.2　カレントミラー回路

　カレントミラー回路は，その名称のとおり，電流を鏡に映すようにコピーできる回路です．また，コピーの際には，拡大と縮小も可能です．この機能によって，集積回路内部の各所に電流信号を伝達できるとともに，アナログ回路に必要なバイアス電流を供給することができます．**図10.2**にカレントミラー回路を示します．図(a)はNMOS，(b)はPMOSで，それぞれ構成しています．

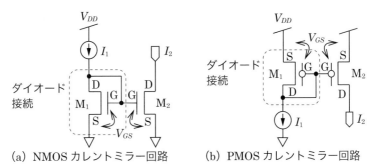

(a) NMOS カレントミラー回路　　(b) PMOS カレントミラー回路

図10.2■カレントミラー回路

図 10.2 のように，一方の MOSFET（M$_1$）において，そのゲート（G）とドレイン（D）が接続（ダイオード接続といいます）されており，そのゲート（G）が他方の MOSFET（M$_2$）のゲート（G）に接続されています．つまり，両 MOSFET（M$_1$, M$_2$）のゲート・ソース間電圧 V_{GS} は，互いに等しくなります．

いま，M$_1$ と M$_2$ が飽和領域で動作しているとして，M$_1$ と M$_2$ を流れる電流 I_1, I_2 は，しきい値電圧 V_{TH} が等しいとすれば，

$$I_1 = \frac{1}{2}\mu C_{OX}\frac{W_1}{L_1}(V_{GS}-V_{TH})^2 \tag{10.1}$$

$$I_2 = \frac{1}{2}\mu C_{OX}\frac{W_2}{L_2}(V_{GS}-V_{TH})^2 \tag{10.2}$$

と表されます．これらの式のそれぞれの辺どうしで割ることにより，

$$\frac{I_1}{I_2} = \frac{W_1/L_1}{W_2/L_2} \tag{10.3}$$

と表されます．つまり，I_1 と I_2 の比は，M$_1$ の W/L と M$_2$ の W/L の比に等しくなります．通常は M$_1$ と M$_2$ のゲート長 L を等しくしますので，ゲート幅 W を同じくすると等倍で電流のコピーが，$W_1/W_2 = 1/2$ にすると 2 倍の電流のコピーが，$W_1/W_2 = 2$ とすると半分の電流コピーができることになります．

10.3　カスコード化とカレントミラー回路

ただし，飽和領域であっても，ドレイン電流 I_D がドレイン・ソース間電圧 V_{DS} に全く依存しないということはありません．詳しくはコラム 8.1 を参照してください．

図 10.3 に，集積回路内に使われるゲート長が $0.5\,\mu\mathrm{m}$ クラスの NMOS の $I\text{-}V$ カーブを示します．このように，飽和領域であっても，$I\text{-}V$ カーブに傾きは存在します．したがって，精度のよい電流コピーを行おうとすると，MOSFET の V_{DS} も揃える必要があります．

一方，$V_{DS}\text{-}I_D$ 特性の平坦性を向上させる設計テクニックとして，カレントミ

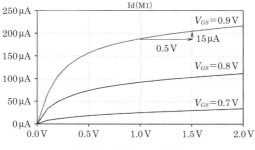

図 10.3　$V_{DS}\text{-}I_D$ 特性

ラー回路をカスコード化する方法があります．カスコード（cascode）とは，ソース接地とゲート接地を縦方向に組み合わせる回路構成で，カスコード・カレントミラーの場合は，**図10.4**(a)に示すように，ダイオード接続された縦積みのMOSFET M_1, M_3 により生成されたゲート電圧を他方のMOSFET M_2, M_4 のゲートに印加する構成です．

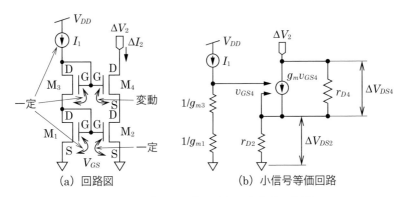

(a) 回路図　　　　　　　　　(b) 小信号等価回路

図10.4■カスコード・カレントミラー回路

この回路図を小信号等価回路に置き換えてみます．これには第6章で示したMOSFETの置き換えを使えば簡単にできます．図6.12により，M_1 と M_3 は $1/g_m$ の抵抗に置き換わります．また，M_2 はゲート電圧が固定ですから，図6.11より，ドレイン抵抗 r_D に置き換わります．さらに M_4 はゲート・ソース間電圧 V_{GS} が変化しますので，図6.10より，$g_m v_{GS}$ の電流源とドレイン抵抗 r_D に置き換わります．したがって，図10.4(b)の小信号等価回路を得ます．

ここで出力側の電圧が ΔV_2 だけ変化したとします．図10.2(a)のような1段の構成（カスコード化しない）の場合は，電圧変化による電流の変化 ΔI_2 は，次のようになります．

$$\Delta I_2 = \frac{\Delta V_2}{r_{D2}} \tag{10.4}$$

一方，カスコード・カレントミラーの場合は，図10.4(b)から次のようになります．

$$\Delta V_2 = \Delta V_{DS2} + \Delta V_{DS4} \tag{10.5}$$

$$\Delta V_{DS2} = \Delta I_2 r_{D2} \tag{10.6}$$

$$\Delta I_2 = g_{m4}\Delta V_{GS4} + \frac{\Delta V_{DS4}}{r_{D4}} \tag{10.7}$$

M_4 のゲート電圧は固定なため，$\Delta V_{GS4} = -\Delta V_{DS2}$ とし，これと式(10.6)および式(10.7)を式(10.5)に代入すると，

$$\Delta V_2 = \Delta I_2 r_{D2} + r_{D4}(\Delta I_2 + g_{m4}\Delta I_2 r_{D2}) = (r_{D2} + r_{D4} + g_{m4}r_{D2}r_{D4})\Delta I_2 \tag{10.8}$$

となり，これを整理して近似すると次のようになります．

$$\Delta I_2 = \frac{\Delta V_2}{r_{D2}r_{D4}} \frac{1}{\dfrac{1}{r_{D4}}+\dfrac{1}{r_{D2}}+g_{m4}} \approx \frac{\Delta V_2}{r_{D2}r_{D4}} \frac{1}{g_{m4}} = \frac{\Delta V_2}{r_{D2}} \frac{1}{g_{m4}r_{D4}} \tag{10.9}$$

$r_{D2}\gg 1, r_{D4}\gg 1$ として近似しました．式(10.4)と比較すると，出力電圧変化 ΔV_2 による出力電流の変化 ΔI_2 は，カスコード・カレントミラー回路にすることによって，$1/g_{m4}r_{D4}$ に抑えられることがわかります．この $g_{m4}r_{D4}$ を MOSFET M_4 の真性利得とよんでいます．

図 **10.5** にカスコード化した場合の V_{DS}–I_D 特性を示します．平坦性が非常によくなっていることがわかります．

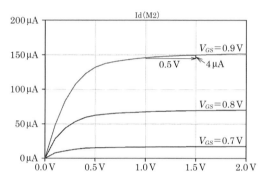

図 10.5■カスコード化した場合の V_{DS}–I_D 特性

V_{DS}–I_D 特性の傾きは，ドレイン抵抗 r_D の逆数を示しています．つまり，カスコード化することによって，出力端子からみたドレイン抵抗が，M_4 の真性利得 $g_{m4}r_{D4}$ 倍になることがわかります．

このように，カスコード化することによって，ドレイン抵抗を縦に追加した MOSFET の真性利得倍にして，V_{DS}–I_D 特性の平坦性をよくできますが，問題点もあります．それは MOSFET を縦積みにし，すべてのトランジスタを飽和領域で動作させる必要があるため，NMOS の場合は出力電圧の上限（PMOS の場合は下限）が，カスコード化しない場合に比べて低下（PMOS の場合は上昇）するということです．MOSFET を縦積みにする以上，どうしようもありませんが，テクニックによって緩和する方法はあります．興味のある人は章末の演習問題（4）を見てください．

10.4 差動増幅回路の動作解析

図 10.1(b) の MOSFET を用いた差動増幅回路について，解析的に動作を示します．MOSFET M_1 と M_2 の入力電圧をそれぞれ V_{in1} と V_{in2} とし，それらの差

分（差動電圧）を $\Delta V_{in}(=V_{in1}-V_{in2})$, それらの中点電圧（コモン電圧）を V_{CM} $(=(V_{in1}+V_{in2})/2)$ とすると，入力電圧は

$$V_{in1}=V_{CM}+\frac{\Delta V_{in}}{2} \tag{10.10}$$

$$V_{in2}=V_{CM}-\frac{\Delta V_{in}}{2} \tag{10.11}$$

で表せます.

したがって，MOSFET M_1 と M_2 は，チャネル長 L および幅 W としきい値電圧 V_{TH} が等しいとし，ともに飽和領域で動作しているとすると，各ドレイン電流は，節点 S の電位を V_S とすると，

$$I_{D1}=\frac{1}{2}\mu C_{OX}\frac{W}{L}(V_{in1}-V_S-V_{TH})^2=\frac{1}{2}\mu C_{OX}\frac{W}{L}\left(V_{CM}+\frac{\Delta V_{in}}{2}-V_S-V_{TH}\right)^2 \tag{10.12}$$

$$I_{D2}=\frac{1}{2}\mu C_{OX}\frac{W}{L}(V_{in2}-V_S-V_{TH})^2=\frac{1}{2}\mu C_{OX}\frac{W}{L}\left(V_{CM}-\frac{\Delta V_{in}}{2}-V_S-V_{TH}\right)^2 \tag{10.13}$$

となります. したがって，

$$
\begin{aligned}
\Delta I_D &= I_{D1}-I_{D2} \\
&= \frac{1}{2}\mu C_{OX}\frac{W}{L}\left[\left(V_{CM}+\frac{\Delta V_{in}}{2}-V_S-V_{TH}\right)^2-\left(V_{CM}-\frac{\Delta V_{in}}{2}-V_S-V_{TH}\right)^2\right] \\
&= \frac{1}{2}\mu C_{OX}\frac{W}{L}2\Delta V_{in}(V_{CM}-V_S-V_{TH})=\mu C_{OX}\frac{W}{L}V_{eff}\Delta V_{in}
\end{aligned}
$$

$$(\because\quad V_{CM}-V_S-V_{TH}=V_{eff}) \quad (10.14)$$

と書き換えられます. ここで V_{eff} は有効ゲート電圧とよばれます.

このように，入力電圧の差分 $(V_{in1}-V_{in2}=\Delta V_{in})$ に対応した出力電流の差分 ΔI_D が得られることになります. つまり，差動電圧 ΔV_{in} が入力されると，その $\mu C_{OX}\dfrac{W}{L}V_{eff}$ 倍の差動電流 ΔI_D が流れることになるので，この係数は，差動信号入力に対する相互コンダクタンス g_m となります.

$$g_m=\mu C_{OX}\frac{W}{L}(V_{CM}-V_S-V_{TH})=\mu C_{OX}\frac{W}{L}V_{eff} \tag{10.15}$$

また，I_{D1} は次のように近似できます. 式(10.10)を使っています.

$$
\begin{aligned}
I_{D1} &= \frac{1}{2}\mu C_{OX}\frac{W}{L}(V_{in1}-V_S-V_{TH})^2 \\
&= \frac{1}{2}\mu C_{OX}\frac{W}{L}\left[(V_{CM}-V_S-V_{TH})^2+\Delta V_{in}(V_{CM}-V_S-V_{TH})+\frac{\Delta V_{in}{}^2}{4}\right] \\
&\approx \frac{1}{2}\mu C_{OX}\frac{W}{L}(V_{eff}{}^2+\Delta V_{in}V_{eff}) \qquad (\because\quad \Delta V_{in}\ll 1) \quad (10.16)
\end{aligned}
$$

この結果を利用して，I_{D2} は次のようになります．

$$I_{D2} \approx \frac{1}{2}\mu C_{OX}\frac{W}{L}(V_{eff}^2 - \Delta V_{in}V_{eff}) \tag{10.17}$$

また，コモン電圧が入力されているときの，それぞれのドレイン電流は等しいので，式(10.12)と(10.13)より

$$I_{1CM} = I_{2CM} = \frac{1}{2}\mu C_{OX}\frac{W}{L}(V_{CM} - V_S - V_{TH})^2 = \frac{1}{2}\mu C_{OX}\frac{W}{L}V_{eff}^2 = \frac{I_B}{2} \tag{10.18}$$

となります．I_B は図 10.1(b)のバイアス電流です．これから，

$$I_{D1} = \frac{I_B}{2} + \frac{\Delta I_D}{2} \tag{10.19}$$

$$I_{D2} = \frac{I_B}{2} - \frac{\Delta I_D}{2} \tag{10.20}$$

と表せます．

つまり，一方のトランジスタのドレイン電流が増加した分だけ，他方のトランジスタのドレイン電流が減少します．図で表すと，**図 10.6** のようになります．

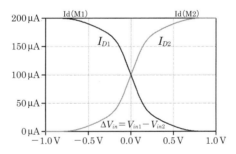

図 10.6 ■差動増幅回路の入力電圧と各ドレイン電流

このように，入力の差動電圧 ΔV_{in} を変化させた場合に，一方のトランジスタのドレイン電流が増加した分だけ，他方のトランジスタのドレイン電流が減少しているのがわかります．なお，図 10.6 の場合は，バイアス電流 I_B を 200 μA にしていますので，各トランジスタに 100 μA 流れたときに波形が交差します．

このことは，差動増幅回路の特徴であり，**図 10.7**(a)に示すようなシングル入力の増幅回路の場合は，バイアス電流 I_B と信号入力に起因する電流変化である信号電流 ΔI が区別できません．このため，カップリングキャパシタを入力に挿入してバイアス電流 I_B と信号電流 ΔI を分離させていました．

ところが図 10.7(b)に示すように差動増幅回路の場合は，構造的にバイアス電流 I_B と信号電流 ΔI を区別できます．このため，定電流源により直流成分のみに一定のバイアス電流 I_B を加えることができるので，増幅回路のバイアスポイン

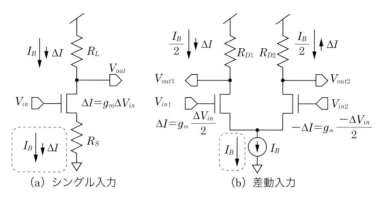

図10.7■シングル入力と差動入力の増幅回路のバイアス電流と信号電流

トを一定に保持することができるのです．シングル入力の増幅回路に定電流源を挿入しても，信号成分の電流も一定化されてしまうので，増幅動作ができなくなってしまいます．

また，差動入力電圧が0，すなわち $V_{in1}=V_{in2}=V_{CM}$ のときの電流の式(10.18)より

$$\mu C_{OX}\frac{W}{L}(V_{CM}-V_S-V_{TH})^2=I_B \qquad (10.21)$$

となるので，差動入力の g_m は式(10.15)より，I_B を使って次のようになります．

$$g_m=\mu C_{OX}\frac{W}{L}(V_{CM}-V_S-V_{TH})=\frac{I_B}{V_{CM}-V_S-V_{TH}}=\frac{I_B}{V_{eff}} \qquad (10.22)$$

また，差動出力電圧（$V_{out1}-V_{out2}=\Delta V_{out}$）は，抵抗値 R_D の R_{D1} と R_{D2} に電流が流れて決まりますから，

$$\Delta V_{out}=V_{out1}-V_{out2}=-R_D(I_{D1}-I_{D2})=-R_D\Delta I_D=-R_Dg_m\Delta V_{in} \qquad (10.23)$$

で表されます．

したがって，差動利得 A_v は

$$A_v=-g_mR_D=-\frac{I_BR_D}{V_{eff}} \qquad (10.24)$$

となります．この差動増幅回路の電圧利得は，オープンループゲイン（Open-Loop Gain）ともよばれます．

図10.8 に1.5 V±10 mV の正弦波を1 MHz で入力したときのシミュレーション結果を示します．電源電圧はICでよく使われる3.3 V にしました．

このように，入力電圧も，一方が $\Delta V_{in}/2$ だけ増加すると，他方は $\Delta V_{in}/2$ だけ減少するので，コモンソース電圧 V_S は，一定になります．これが非常に好都合で，V_{in1} と V_{in2} がそれなりに大きく変化しても V_S が一定であり，入力信号の影響を受けません．このため，定電流源によるバイアス電流 I_B の一定化ができる

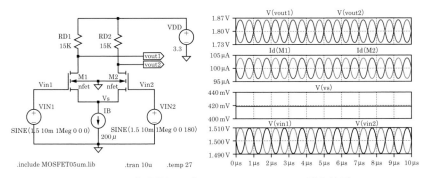

図 10.8■差動増幅回路のシミュレーション回路と波形

ので，バイアスポイント（動作点）がずれないのです．

　また，差動増幅回路は図 10.1(b)に示したように，ソース接地の増幅回路を背中合わせにくっつけたような構成になっています．これは，前述のように，入力のカップリングキャパシタを不要にするという効果もありますが，そのほかにノイズに強いという特徴があります．

　図 10.9 に示すように，図(a)のシングル入力の増幅回路は電源やグランドなどの変動により入力信号にノイズが乗った場合，そのノイズが増幅されて出力に現れます．ところが差動入力（$V_{in1} - V_{in2}$）にして差動出力（$V_{out1} - V_{out2}$）を考えると，ノイズ分が打ち消されて出力に現れなくなるのです．

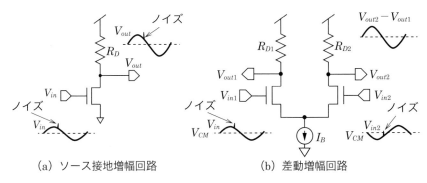

（a）ソース接地増幅回路　　　　　（b）差動増幅回路

図 10.9■ノイズに対する感度の説明図

10.5　差動増幅回路の小信号等価回路

　定電流源をゲート電圧固定の MOSFET に置き換えた差動増幅回路を**図 10.10**(a)に示します．この小信号信号等価回路は，図 6.10，6.11 の MOSFET の小信号等価回路を使って置き換えると，図 10.10(b)のようになります．差動入力の

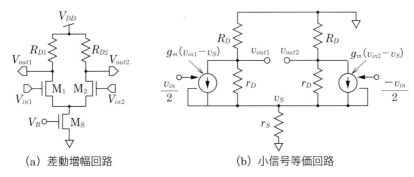

（a）差動増幅回路　　　　　　　（b）小信号等価回路

図 10.10▪差動入力回路の小信号等価回路

相互コンダクタンスを g_m とし，MOSFET M_1, M_2 および M_S のドレイン抵抗を，
それぞれ r_D と r_S としています．

この小信号等価回路から，差動利得を求めてみます．

まず，MOSFET の共通ソース v_S は，r_S に流れ込む電流を考えると，

$$v_S = r_S\left[g_m(v_{in1}-v_S)+g_m(v_{in2}-v_S)-\frac{2v_S}{r_D+R_D}\right] \tag{10.25}$$

となり，これを整理すると

$$v_S = \frac{r_S g_m}{1+2r_S g_m+\dfrac{2r_S}{r_D+R_D}}(v_{in1}+v_{in2}) \approx \frac{r_S g_m}{1+2r_S g_m}(v_{in1}+v_{in2}) \tag{10.26}$$

で表せます．これは，通常は，$g_m \gg 1/r_D$ より，$g_m+(1/r_D)\approx g_m$ として近似して，

$$2r_S g_m+\frac{2r_S}{r_D+R_D}=2r_S\left(g_m+\frac{1}{r_D+R_D}\right)\approx 2r_S g_m$$

としました．

これを用いて，各出力電圧（v_{out1}, v_{out2}）を求めます．まず，出力端子における
キルヒホッフの電流則から，

$$-\frac{v_{out1}}{R_D}=g_m(v_{in1}-v_S)+\frac{v_{out1}-v_S}{r_D} \tag{10.27}$$

$$-\frac{v_{out2}}{R_D}=g_m(v_{in2}-v_S)+\frac{v_{out2}-v_S}{r_D} \tag{10.28}$$

となります．これらに，式(10.26)を代入して整理すると，次の式が導かれます．

$$v_{out1}=-\frac{g_m(R_D/\!/r_D)}{1+2g_m r_s}\left[\left(1+g_m r_S-\frac{r_S}{r_D}\right)v_{in1}-r_S\left(g_m+\frac{1}{r_D}\right)v_{in2}\right] \tag{10.29}$$

$$v_{out2}=-\frac{g_m(R_D/\!/r_D)}{1+2g_m r_s}\left[\left(1+g_m r_S-\frac{r_S}{r_D}\right)v_{in2}-r_S\left(g_m+\frac{1}{r_D}\right)v_{in1}\right] \tag{10.30}$$

ここでは，

$$\frac{1}{R_L /\!/ r_D} = \frac{1}{R_L} + \frac{1}{r_D}$$

としています．これらの式から，差動出力 v_{out} は，次のようになります．

$$v_{out} = v_{out1} - v_{out2} = -g_m(R_D /\!/ r_D)(v_{in1} - v_{in2}) \tag{10.31}$$

これから，差動利得は

$$A_v = \frac{v_{out}}{v_{in}} = -g_m(R_D /\!/ r_D) \tag{10.32}$$

となります．つまり，式(10.24)の R_D を，R_D と r_D の並列抵抗に置き換えた形になります．このように，差動出力には，電流源の MOSFET のドレイン抵抗 r_S の影響が全くみえなくなっています．

10.6　同相信号入力と同相利得

式(10.10)および(10.11)より，差動増幅回路の入力信号は，それぞれ

$$V_{in1} = V_{CM} + \frac{\Delta V_{in}}{2} \tag{10.33}$$

$$V_{in2} = V_{CM} - \frac{\Delta V_{in}}{2} \tag{10.34}$$

で表されます．

このコモン電圧 $V_{CM}(=(V_{in1}+V_{in2})/2)$ が同相成分，電圧変化分（$\pm\Delta V_{in}/2$）が差動成分です．もし，差動成分がゼロで同相成分だけを入力した場合，差動増幅回路の対称性から $V_{out1}=V_{out2}$ となりますので，差動出力電圧 ΔV_{out} は，ゼロとなります．つまり，差動増幅回路は，出力信号に入力信号の同相成分の影響が基本的に現れず，同相成分を増幅しないこととなります．

しかし，出力信号に同相成分の影響が全く現れないというわけではありません．この影響について考えてみましょう．

いま，入力電圧が同じ方向に変化したとして，その変化分の出力電圧に対する影響を式(10.27)と式(10.28)および式(10.26)から計算すると，$v_{in1}=v_{in2}=v_{CM}$ として，次の式になります．

$$\frac{v_{out1}+v_{out2}}{2} = -(R_D /\!/ r_D)\left[g_m v_{CM} - \left(g_m + \frac{1}{r_D}\right)v_S\right] \approx -g_m(R_D /\!/ r_D)(v_{CM} - v_S)$$

$$\approx -g_m(R_D /\!/ r_D)\left(1 - \frac{2g_m r_S}{1+2g_m r_S}\right)v_{CM} = \frac{-g_m(R_L /\!/ r_D)}{1+2g_m r_S}v_{CM}$$

$$\left(\because \quad g_m + \frac{1}{r_D} \approx g_m\right) \tag{10.35}$$

これから，出力電圧の同相成分 $(v_{out1}+v_{out2})/2$ は，入力電圧の同相成分 $(v_{in1}+v_{in2})/2=v_{CM}$ の影響を受けることがわかります．つまり，差動入力電圧のコモン電圧が変わると（ノイズなどで変動すると），差動出力電圧も変動が起きるこ

とを意味しています．マイナス符号なので変化する方向は逆です．また，この影響度合いは，電流源のドレイン抵抗 r_S によることもわかります．これから，入出力の同相電圧の関係を求めると，次のようになります．

$$\frac{(v_{out1}+v_{out2})/2}{v_{CM}}=\frac{(v_{out1}+v_{out2})/2}{(v_{in1}+v_{in2})/2}=A_C=-\frac{g_m(R_D\,/\!/\,r_D)}{1+2g_mr_S}$$

$$\approx -\frac{R_D\,/\!/\,r_D}{2r_S}\quad\mathrm{or}\quad -\frac{g_mR_D}{1+2g_mr_S}$$

$$(\because\quad g_mr_S\gg1\quad\mathrm{or}\quad r_D\gg R_D)\quad(10.36)$$

これは，同相利得 A_C とよばれています．入力のコモン電圧が変わったときの出力電圧の変動はできるだけ避けたいので，同相利得 A_C は小さいほどよいとされています．式(10.36)からわかるように，同相利得は電流源のドレイン抵抗 r_S を高くすることで抑えられます．つまり，電流源のチャネル長 L は，サイズが許す限り太くしたほうがいいことになります（コラム 8.1 参照）．

また，差動増幅回路は，一般的に高い差動利得 A_v と低い同相利得 A_C が求められますので，その指標として同相除去比（Common Mode Rejection Ratio：CMRR）が定義されています．CMRR を式(10.32)と式(10.36)から求めると，

$$\mathrm{CMRR}=\frac{A_v}{A_C}\approx\frac{-g_m(R_L\,/\!/\,r_D)}{-\dfrac{R_L\,/\!/\,r_D}{2r_S}}=2r_Sg_m\qquad(10.37)$$

となります．これから，CMMR を向上させるためには，差動入力の MOSFET の g_m を上げるとともに，電流源の定電流性をよくすることも重要です．

10.7　能動負荷型差動増幅回路

差動増幅回路の電圧利得は，式(10.24)より，$A_v=-I_BR_D/V_{eff}$ となります．つまり，利得を上げようとすると，分子（I_BR_D）を高めることが必要です．これはすなわち，電源電圧 V_{DD} からの抵抗 R_L による直流的な電圧降下を高めることと同義です．そのため，動作点の設定の関係から限界があり，せいぜい電源電圧の半分から 2/3 程度です．

分母の有効ゲート電圧 V_{eff} を下げるという手段もありますが，有効ゲート電圧 V_{eff} を下げた状態で $I_B/2$ のドレイン電流を流せるようにするには，W/L をかなり大きくしなければなりません．すると，回路面積が大きくなりますし，寄生容量も大きくなって高域遮断周波数が低下してしまうため，あまりやりたくはありません．

したがって，各抵抗における電圧降下 $(I_B/2)R_L$ を $V_{DD}/2$ に等しいとすると，最大の差動利得は $A_{v\_max}=-V_{DD}/V_{eff}$ となり，しきい値電圧 V_{TH} が既定なら，電源電圧 V_{DD} とコモン電圧 V_{CM} で決まってしまいます．たとえば，電源電圧を 3.3 V，有効ゲート電圧を 0.2 V とすると，最大の差動利得は 16.5 となります．これを高めるための方法を考えてみましょう．

10.7.1 能動負荷について

8.2.1 項のソース接地増幅回路では，動作点を V_{DD} の半分（＝1 V）に設定して，その付近で増幅動作をさせました．この様子を**図 10.11** に示します．なお，チャネル長変調効果（コラム 8.1 参照）込みの MOSFET のモデルでシミュレーションをしたため，図 8.7 とは I_D-V_{DS} 特性が変わっています．ただ，動作点は，I_D＝1 mA で V_{DS}＝1 V のところです．このときは，V_{GS}＝0.8 V となるように MOSFET のサイズを設定しました．

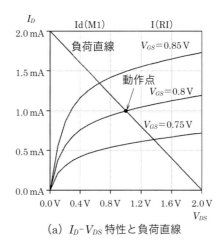

(a) I_D-V_{DS} 特性と負荷直線

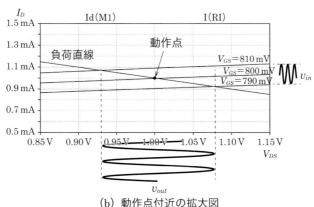

(b) 動作点付近の拡大図

図 10.11 ■ソース接地回路の動作点における動作

このように I-V カーブと負荷直線が交わる動作点を中心に 20 mV 振幅の入力信号が増幅されて，150 mV 振幅の出力信号になっているのがわかります．この出力の振幅（150 mV）は，負荷直線と電流カーブの 2 つの交点で規定されます．ここで，動作点を固定して電圧利得を高めるためには，負荷直線の傾きを下げて

2 つの交点の間隔を広くすればよいことが直感的にわかります.

　ところが負荷直線は，図 10.11(a) に示すように，必ず $V_{DS}=2\,\mathrm{V}$, $I_D=0\,\mathrm{A}$ の点を通らなければならない（$V_{DS}=V_{DD}$ なら電流は流れない）ので，動作点（$V_{DS}=1\,\mathrm{V}$, $I_D=1\,\mathrm{mA}$）を固定した状態で負荷直線の傾きを下げることは不可能です.

　しかし，実現する方法があります. **図 10.12** のような負荷曲線が描ければ，$V_{DS}=2\,\mathrm{V}$, $I_D=0\,\mathrm{A}$ の点と動作点（$V_{DS}=1\,\mathrm{V}$, $I_D=1\,\mathrm{mA}$）を通りつつ，動作点付近の負荷曲線の傾きを下げることが可能になります. このような曲線は NMOS の I_D-V_{DS} 特性を左右反転させた形なので，実は PMOS を使って実現することができます.

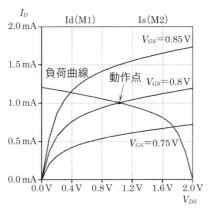

図 10.12■**能動負荷を使用した際の I_D-V_{DS} 特性**

　このように，MOSFET などのトランジスタを負荷に活用したものを能動負荷（アクティブロード，active load）とよびます. この能動負荷を簡単に実現できることが NMOS と PMOS を両方利用できる CMOS

CMOS は同一シリコン基板上に形成された NMOS と PMOS のセットです. 5.3.1 項，第 15 章を参照.

のメリットです. ある大学の教員の方が，CMOS は神様の贈り物とおっしゃっていましたが，それをまさに感じます.

10.7.2　カレントミラーを用いた差動増幅回路

　前述の能動負荷を利用した差動増幅回路を**図 10.13** に示します. この回路は負荷抵抗 R_D の代わりに PMOS を使用し能動負荷にするとともに，この一対の PMOS をカレントミラーのペアトランジスタとしています. この構造は差動増幅回路の基本形なので覚えておいてください. この構造により，高い電圧利得が実現されるとともに，一対の差動入力電圧から，単一の出力電圧が得られます. これは，差動・シングル変換といわれる機能です. これらは，次章で説明するオ

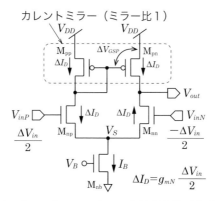

図10.13 カレントミラーを用いた能動負荷型差動増幅回路

ペアンプで活用されています.

　図10.13に示すように，相補の入力端子（V_{inP}, V_{inN}）が$\Delta V_{in}/2$と$-\Delta V_{in}/2$の信号変化をした場合，V_{inP}側のNMOS（M_{np}）には$\Delta I_D (= g_{mn}(\Delta V_{in}/2))$の電流変化が，$V_{inN}$側のNMOS（$M_{nn}$）には$-\Delta I_D$の電流変化がそれぞれ発生します. M_{np}の電流変化ΔI_Dは，それに繋がるPMOS（M_{pp}）での電流変化になりますので，それがカレントミラーにより，M_{nn}側のPMOS（M_{pn}）に伝えられます. このM_{pn}での電流変化は，M_{nn}での電流変化と出力端子V_{out}で足し合わされます. 図10.13の出力端子V_{out}で電流変化ΔI_Dの矢印が衝突しているのがわかると思います.

　出力端子V_{out}では，キルヒホッフの電流則より，端子に流入する電流が容量性の出力負荷C_L（図示していません）に流入して，過渡的に出力電圧V_{out}を上昇させます. この上昇分をΔV_{out}とします. そして，コラム8.1の式（C8.2）

> 式（10.38）と（10.39）でΔV_{out}が正ならばM_{nn}のI_Dは増加し，M_{pn}のI_Dは減少します. I_Dは電源からグランドの向きを正としています.
> 式（C8.2）と図C8.1からΔV_{GS}とΔV_{DS}に対するΔI_Dは，
> $$\Delta I_D = g_m \Delta V_{GS} + \lambda \Delta V_{DS}$$
> になります.

$$I_D \approx \frac{1}{2}\mu_n C_{OX}\frac{W}{L}(V_{GS}-V_{TH})^2(1+\lambda V_{DS})$$

を用いて，M_{nn}とM_{pn}の各ドレイン電流の変化分を表すと次のようになります. ΔV_{out}の増減に注意しながら式を立ててください.

$$\Delta I_{D\_N} = -g_{mn}\frac{\Delta V_{in}}{2} + \lambda_n \Delta V_{out} \tag{10.38}$$

$$\Delta I_{D\_P} = g_{mp}\Delta V_{GSP} - \lambda_p \Delta V_{out} \tag{10.39}$$

　ここで，M_{nn}とM_{pn}の各トランスコンダクタンスをg_{mn}, g_{mp}とし，各トランジスタのチャネル長変調係数をλ_n, λ_pとしています. また，M_{np}は入力電圧V_{inP}

の変化により ΔV_{GSP} の変化があったとしています.

　また,M_{pp} と M_{np} を考えると,ΔV_{GSP} を発生させた ΔI_D の電流変化が M_{np} と M_{pp} で等しいことより,

$$\Delta I_D = g_{mn}\frac{\Delta V_{in}}{2} = g_{mp}\Delta V_{GSP} \tag{10.40}$$

となり,式(10.40)を式(10.39)に代入すると,

$$\Delta I_{D\_P} = g_{mn}\frac{\Delta V_{in}}{2} - \lambda_p\Delta V_{out} \tag{10.41}$$

となります.この ΔI_{D_P} と式(10.38)の ΔI_{D_N} は,キルヒホッフの電流則より平衡状態で等しくないといけないので,

$$\Delta I_{D\_P} = \Delta I_{D\_N} = g_{mn}\frac{\Delta V_{in}}{2} - \lambda_p\Delta V_{out} = -g_{mn}\frac{\Delta V_{in}}{2} + \lambda_n\Delta V_{out} \tag{10.42}$$

となります.これから,ΔV_{out} を求めると

$$\Delta V_{out} = \frac{g_{mn}\Delta V_{in}}{\lambda_p + \lambda_n}$$

となります.したがって,電圧利得 A_v は

$$A_v = \frac{\Delta V_{out}}{\Delta V_{in}} = \frac{g_{mn}}{\lambda_p + \lambda_n} = g_{mn}\frac{\dfrac{1}{\lambda_p}\dfrac{1}{\lambda_n}}{\dfrac{1}{\lambda_p} + \dfrac{1}{\lambda_n}} \tag{10.43}$$

と表せます.コラム 8.1 でチャネル長変調係数 λ は,飽和領域における I_D-V_{DS} 特性の傾きを表していると書きました.つまり,その逆数($1/\lambda$)は MOSFET のドレイン抵抗を表します.これらを r_{DP}, r_{DN} とすると,式(10.43)は,次のようになります.

$$A_v = g_{mn}\frac{r_{DP}r_{DN}}{r_{DP} + r_{DN}} = g_{mn}(r_{DP}/\!/r_{DN}) \tag{10.44}$$

　つまり,能動負荷の差動増幅回路の電圧利得は,入力段の MOSFET とトランスコンダクタンス g_m と,出力端子が繋がる PMOS と NMOS の各ドレイン抵抗の並列接続の抵抗値の積で求まります.

　通常は,負荷に用いる抵抗値 R_D より,MOSFET のドレイン抵抗 r_D のほうが高いので,能動負荷の差動増幅回路の電圧利得は,抵抗負荷のものより高くすることができます.

10.7.3　能動負荷型差動増幅回路の小信号解析

　能動負荷型の差動増幅回路も,小信号等価回路に置き換えると解析がやりやすくなります.図 6.10〜6.12 に示した MOSFET の小信号等価回路を用いて,図 10.13 の差動増幅回路を置き換えると,**図 10.14** のようになります.場合分けし

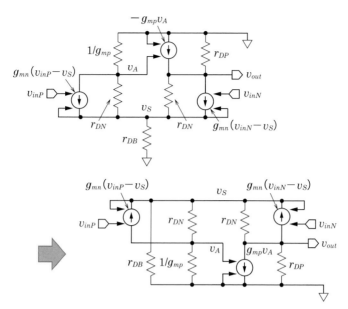

図10.14■差動増幅回路の小信号等価回路

て置き換えればよいので，バイポーラトランジスタ（BJT）に比べて置き換えやすいと思います．M_{nb} のトレイン抵抗を r_{DB} としています．

　この小信号等価回路の各接点において，キルヒホッフの電流則により次の式が得られます．

$$v_S : g_{mn}(v_{inP}-v_S) + \frac{v_A-v_S}{r_{DN}} + \frac{v_{out}-v_S}{r_{DN}} + g_{mn}(v_{inN}-v_S) - \frac{v_S}{r_{DB}} = 0 \qquad (10.45)$$

$$v_A : -g_{mn}(v_{inP}-v_S) + \frac{v_S-v_A}{r_{DN}} - \frac{v_A}{\dfrac{1}{g_{mp}}} = 0 \qquad (10.46)$$

$$v_{out} : -g_{mp}v_A + \frac{v_S-v_{out}}{r_{DN}} - \frac{v_{out}}{r_{DP}} - g_{mn}(v_{inN}-v_S) = 0 \qquad (10.47)$$

これらの式を整理します．まず，式(10.46)より，

$$v_S = \frac{g_{mn}v_{inP} + \left(\dfrac{1}{r_{DN}} + g_{mp}\right)v_A}{g_{mn} + \dfrac{1}{r_{DN}}} \approx \frac{g_{mn}v_{inP} + g_{mp}v_A}{g_{mn}} = v_{inP} + \frac{g_{mp}}{g_{mn}}v_A \qquad (10.48)$$

となります．これは，通常 $g_m \gg 1/r_D$ より，$g_m + 1/r_D \approx g_m$ として近似しました．

　また，式(10.47)を，同様に近似すると，次のようになります．

$$v_{out} = \frac{-g_{mp}v_A + \left(\dfrac{1}{r_{DN}} + g_{mn}\right)v_S - g_{mn}v_{inN}}{\dfrac{1}{r_{DN}} + \dfrac{1}{r_{DP}}} \approx \frac{-g_{mp}v_A + g_{mn}v_S - g_{mn}v_{inN}}{\dfrac{1}{r_{DN}} + \dfrac{1}{r_{DP}}}$$

(10.49)

この式に，式(10.48)を代入すると，

$$v_{out} \approx \frac{-g_{mp}v_A + g_{mn}\left(v_{inP} + \dfrac{g_{mp}}{g_{mn}}v_A\right) - g_{mn}v_{inN}}{\dfrac{1}{r_{DN}} + \dfrac{1}{r_{DP}}} = \frac{g_{mn}(v_{inP} - v_{inN})}{\dfrac{1}{r_{DN}} + \dfrac{1}{r_{DP}}}$$

(10.50)

となり，差動入力電圧が増幅されて出力されるのがわかります．

また，電圧利得は

$$A_v = \frac{g_{mn}}{\dfrac{1}{r_{DN}} + \dfrac{1}{r_{DP}}} = g_{mn}(r_{DP} /\!/ r_{DN})$$

(10.51)

となり，式(10.44)と同じになることがわかります．

このように，小信号等価回路に置き換えると，比較的簡単に動作解析を行うことができます．

また，同相利得 A_C は

$$A_C \approx -\frac{1}{2g_{mp}r_{DB}}$$

(10.52)

となり，CMRR は

$$CMRR = \frac{A_v}{A_C} \approx 2g_{mp}r_{DB}g_{mn}(r_{DP} /\!/ r_{DN})$$

(10.53)

となります．詳しくは，この章の演習問題を解いてみてください．

10.8　第 10 章のまとめ

　この章では，差動増幅回路について説明しました．差動増幅回路は，特性の揃ったトランジスタのペアを前提とし，一対の差動入力が必要になりますので，一見手間がかかりそうに思います．しかし，本章で述べたとおり，差動増幅回路は，構造上，直流バイアス電流と入力信号による電流変化分とを分離できるので，入力段にカップリングキャパシタは必要ありません．これは，非常に好都合で，入力段のハイパスフィルタ特性を気にすることなく，直流から信号を増幅することができます．差動増幅回路は，集積回路（IC）におけるアナログ設計の基本になっていますので，集積回路（IC）設計を志す人は必ずマスターしてください．

10.9　第10章の演習問題

（**1**）図 10.13 の能動負荷型差動増幅回路の CMRR を計算しなさい.

（**2**）図の差動増幅回路において，M_1 と M_2 の有効ゲート電圧 V_{eff} がともに 0.4 V，M_3 と M_4 のトランスコンダクタンス g_m が 2 mS，M_1〜M_5 のドレイン抵抗 r_{D1}〜r_{D5} が 10 kΩ，バイアス電流 I_B が 2 mA のとき，CMRR を概算しなさい.

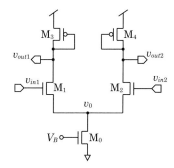

（**3**）図のダイオード負荷の差動増幅回路について以下の問いに答えなさい. ただし，トランジスタ M_0 の出力抵抗は r_0，トランジスタ M_1, M_2 のトランスコンダクタンスは g_{mn}，トランジスタ M_3, M_4 のトランスコンダクタンスは g_{mp} とし，トランジスタ M_1〜M_4 の出力抵抗は ∞ とする.

（**3-1**）小信号等価回路を導きなさい.

（**3-2**）差動利得 A_v を求めよ

（**3-3**）同相利得 A_C を求めよ

（**3-4**）CMRR を求めよ

（**4**）図に示す回路はカスコード・カレントミラー回路である. 本章で扱った図（a）のカスコード・カレントミラー回路を図（b）のように変形した. それぞれの回路の入出力における動作電圧を求め，図（b）の回路の利点を述べなさい. ここで，各トランジスタのしきい値電圧は V_{TH}，有効ゲート電圧は V_{eff} とする.

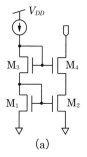

(a)

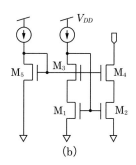

(b)

第11章

オペアンプ（演算増幅器）

　オペアンプは演算増幅器ともよばれ，直流信号の増幅が可能で利得も高いため，非常に使いやすい電子デバイスです．しかも，オペアンプを利用して加算回路，減算回路や微分回路など，さまざまな演算回路を構成することができるので，アナログ電子回路の最も基本的な素子といえます．この章では，オペアンプの基本と使い方について解説します．

11.1　オペアンプの概要

　オペアンプは，前章で説明した能動負荷型の差動増幅回路が基本となっています．図11.1(a)に示すように，差動増幅回路を入力段とし，この入力段からの出力電圧をさらに増幅して外部出力としています．差動・シングル変換は，いずれかの増幅回路で行うことになります．オペアンプは，通常 MOSFET により構成されて集積回路（IC）として提供されています．高い入力インピーダンスと低い出力インピーダンスをもっており，非常に使いやすい素子です．

　図11.1(b)にシングル出力のオペアンプの記号を示します．図の V_{inP} は正相入力端子，V_{inN} は逆相入力端子とよばれます．また，差動増幅回路と同様に，差動利得 A_v と同相利得 A_C が定義されています．ここでは，差動入力でシングル出力のオペアンプを示していますが，差動入力で差動出力のものもあります．

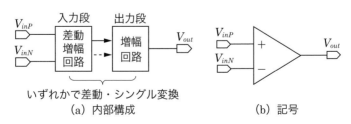

(a) 内部構成　　　　　　　　　　(b) 記号

図11.1■オペアンプ

11.2　オペアンプ使用の際の基本構成

　オペアンプは，基本的に**負帰還**（negative feedback）をかけて使います．負帰還については，次の第12章で詳しく述べますが，基本構成は，**図11.2**(a)に

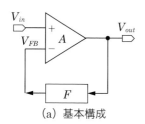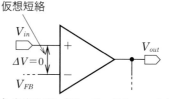

(a) 基本構成　　　(b) 仮想短絡（バーチャルショート）

図11.2■オペアンプと負帰還

示すように，負帰還回路 F を出力 V_{out} からオペアンプの逆相入力端子 V_{inN} に接続して，出力電圧を入力端子に帰還させています．つまり出力電圧 V_{out} が増加したら，差動入力電圧（$V_{inP} - V_{inN}$）が減少します．このようにシステム（系）として逆方向に動作するように帰還をかけるようにしています．負帰還回路 F は，基本的に抵抗やキャパシタなどの受動回路で構成され，入力電圧を減衰させて出力させるようにしています．この減衰率（電圧利得）を F（<1）とすると，出力電圧の増加分の F 倍を入力端子に帰還させていることになります．

11.3　オペアンプの直感的動作理解

図 11.2(a) の構成でオペアンプがどのような動作をするのか考えてみましょう．

もし出力電圧 V_{out} が上がったら帰還電圧 V_{FB} も上昇するので，差動電圧（$V_{in} - V_{FB}$）が減少します．すると，出力電圧 V_{out} が下がります．そして，帰還電圧 V_{FB} も降下して差動電圧（$V_{in} - V_{FB}$）が増加し，結果的に出力電圧 V_{out} が上がります．

つまり，帰還電圧 V_{FB} が上がったら，それを下げるように，帰還電圧 V_{FB} が下がったら，それを上げるように，それぞれシステム（系）が作用します．では，落ち着くポイントはどこかというと，差動電圧（$V_{in} - V_{FB}$）が零になり，出力電圧 V_{out} が変化しないポイントになります．つまり，$V_{in} = V_{FB}$ で落ち着くことになります．

この状態は，図 11.2(b) に示すように，オペアンプの入力が互いに短絡した状態と同様であるので，**仮想短絡（バーチャルショート）**とよばれます．これは非常に面白い状態です．オペアンプの一対の入力は前述のように非常に高い入力インピーダンスであるにもかかわらず，互いに短絡（ショート）するというのです．しかも短絡しても直流電流が流れないのです．オペアンプは負帰還をかけることにより，入力が互いに仮想短絡して，ある平衡点で落ち着きます．この平衡点をうまく利用すると，後に述べるように，所望の電圧利得や出力電圧を得ることができます．

11.4 　オペアンプの計算的解析

　図 11.2(a)において，オペアンプと負帰還回路の電圧利得を，それぞれ A と F とすれば，次の式が成り立ちます．

$$V_{FB} = F V_{out} \tag{11.1}$$

$$V_{out} = A(V_{in} - V_{FB}) = A(V_{in} - F V_{out}) \tag{11.2}$$

これを整理して，

$$V_{out} = \frac{A}{1 + AF} V_{in} \tag{11.3}$$

となり，分母分子を A で割ると，次のようになります．

$$V_{out} = \frac{1}{\dfrac{1}{A} + F} V_{in} \tag{11.4}$$

これからわかるように，$A \gg 1$ ならば，

$$V_{out} \approx \frac{1}{F} V_{in} \tag{11.5}$$

となりますので，

$$V_{in} \approx F V_{out} = V_{FB} \tag{11.6}$$

となり，仮想短絡（バーチャルショート）が数式からも導かれます．

　一方，式(11.4)において，F をかっこの外に出すと，

$$V_{out} = \frac{1}{F} \left(\frac{1}{\dfrac{1}{AF} + 1} \right) V_{in} \approx \frac{1}{F} \left(1 - \frac{1}{AF} \right) V_{in} \tag{11.7}$$

となります．この近似は，$f(x) = 1/(1+x)$ として，x が 0 近傍で，$f(x) \approx f(0) + f'(0)x$（マクローリン展開）を使いました．コラム 6.2 を参照してください．

　これからわかるように，オペアンプと負帰還回路の電圧利得の積 AF が十分に大きいときに式(11.5)の近似が成立します．ですが，例えば AF が 10 の場合は，式(11.7)より約 10 ％ の誤差が生じることになります．このため，オペアンプの電圧利得 A は，一般的に高いものが求められます．式(11.7)における $1/AF$ は，**利得誤差**（gain error）とよばれ，オペアンプの電圧利得 A が比較的小さい場合は問題になります．

11.5 　オペアンプを用いた演算回路

　オペアンプは，能動素子であるトランジスタを用いているため，その数値としての特性（絶対精度）はばらつきます．集積回路（IC）はトランジスタ特性が揃うと書きましたが，それは，ペアとなるトランジスタの相対的な特性（相対精度）が比較的揃うということであって，絶対精度は温度や電圧，製造状況によっ

てばらつきます．これに対して，抵抗やキャパシタやインダクタなどの受動素子は，その絶対精度（5% 以内など）が製品仕様で決められており，絶対精度のばらつきは能動素子と比べると非常に小さいです．この絶対精度が担保された受動素子で負帰還回路を構成すると，より狙った利得の増幅回路を構成できます．

11.5.1　反転と非反転の増幅回路

　図 11.3 に反転と非反転の増幅回路の構成例を示します．これらの特性は，仮想短絡（バーチャルショート）を用いると，非常に簡単に解析できます．バーチャルショート（virtual short）とは，前述のように，オペアンプの 2 つの入力が実際は繋がっていないけれど，あたかも繋がっているように同電位になることをいいます．バーチャルショートは，イマジナリーショートとよばれることもあります．

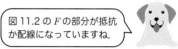

図 11.2 の F の部分が抵抗か配線になっていますね．

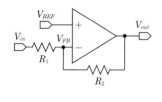
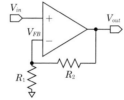
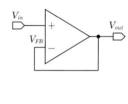

（a）反転増幅回路　　　（b）非反転増幅回路　　　（c）ユニティゲイン
　　　　　　　　　　　　　　　　　　　　　　　　　　　　バッファ

図 11.3 ■増幅回路

　では，実際にオペアンプと抵抗で構成した演算回路の例を見ていきます．

（1）反転増幅回路

　図 11.3(a)において，バーチャルショートにより，オペアンプの一方の入力電圧 V_{FB} は，他方の入力電圧 V_{REF} に等しいので，

$$V_{FB} = \frac{R_1}{R_1 + R_2}(V_{out} - V_{in}) + V_{in} = \frac{R_1}{R_1 + R_2}V_{out} + \frac{R_2}{R_1 + R_2}V_{in} = V_{REF} \qquad (11.8)$$

となります．これを整理すると，

$$V_{out} = \frac{R_1 + R_2}{R_1}\left(V_{REF} - \frac{R_2}{R_1 + R_2}V_{in}\right) = \frac{R_1 + R_2}{R_1}V_{REF} - \frac{R_2}{R_1}V_{in} \qquad (11.9)$$

となり，第 1 項は，直流成分なので，変化分だけに注目すると，

$$\Delta V_{out} = -\frac{R_2}{R_1}\Delta V_{in} \qquad (11.10)$$

で出力電圧の変化分が表されます．つまり，入力電圧の変化分 ΔV_{in} の R_2/R_1 倍の出力が得られます．すなわち，電圧利得が R_2/R_1 の増幅回路です．ただし，符号は逆（増減が入出力で逆）なので，**反転増幅回路**となります．

　この電圧利得 R_2/R_1 は，オペアンプの特性に無関係で抵抗値のみで決まります．したがって，非常に高い精度で電圧利得を設定できるのです．これがオペアンプを用いた増幅回路の最大のメリットです．

（2）非反転増幅回路

　図 11.3(b)において，バーチャルショートを適用すると，

$$V_{FB} = \frac{R_1}{R_1 + R_2} V_{out} = V_{in} \tag{11.11}$$

となるので，整理すると，

$$V_{out} = \frac{R_1 + R_2}{R_1} V_{in} = \left(1 + \frac{R_2}{R_1}\right) V_{in} \tag{11.12}$$

で出力電圧が表されます．つまり，電圧利得が $1 + R_2/R_1$ の電圧利得の増幅回路が構成されます．また，入出力の符号が同じなので，**非反転増幅器**となります．

　このように，図 11.3(a)(b)とも，増幅回路の電圧利得が負帰還回路の抵抗で決まるので，非常に高い絶対精度の増幅回路が構成できます．

（3）ユニティゲインバッファ

　図 11.3(b)の R_2 を 0 に，R_1 を∞にすると，式(11.12)より，電圧利得が 1 （＝ 0 dB）の増幅回路が構成できます．これを**ユニティゲインバッファ**とよび，図(c)に示しました．ユニティは 1 を，ゲインは利得をそれぞれ表しており，ユニティゲインバッファは，そのままの入力信号を出力します．オペアンプは，入力インピーダンスが高く，出力インピーダンスが低いため，ユニティゲインバッファは，インピーダンス変換でよく使われます．

11.5.2　加算回路と減算回路

　オペアンプを使えば，入力電圧を足したり引いたりして出力することもできます．**図 11.4** にオペアンプを利用した加算回路と減算回路を示します．

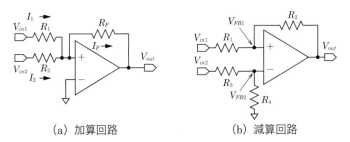

（a）加算回路　　　　　（b）減算回路

図 11.4■演算回路（加算・減算）

（1）加算回路

　図 11.4(a)に示すように，抵抗 R_1, R_2, R_F を流れる電流をそれぞれ I_1, I_2, I_F とすると，バーチャルショートにより $V_{FB} = 0$ と考えて，次の式が成り立ちます．

$$V_{in1} = R_1 I_1 \tag{11.13}$$

$$V_{in2} = R_2 I_2 \tag{11.14}$$

$$V_{out} = -R_F I_F \tag{11.15}$$

また，キルヒホッフの法則により，

$$I_F = I_1 + I_2 \tag{11.16}$$

なので，式(11.16)に式(11.13)～(11.15)を代入すると，

$$-\frac{V_{out}}{R_F} = \frac{V_{in1}}{R_1} + \frac{V_{in2}}{R_2} \tag{11.17}$$

となります．これを整理すると，

$$V_{out} = -\left(\frac{R_F}{R_1} V_{in1} + \frac{R_F}{R_1} V_{in2}\right) \tag{11.18}$$

で出力電圧が表されます．ここで，$R_1 = R_2 = R_F$ とすると，

$$V_{out} = -(V_{in1} + V_{in2}) \tag{11.19}$$

となります．つまり，入力の各電圧 V_{in1}，V_{in2} を足し合わせて符号を逆にしたものが出力電圧 V_{out} になります．

この加算回路は，入力電圧と抵抗を並列に足していけば，3入力以上でも同様に加算することができます．

(2) 減算回路

図 11.4(b)におけるオペアンプの各入力電圧を求めます．

$$V_{FB1} = \frac{R_1}{R_1 + R_2}(V_{out} - V_{in1}) + V_{in1} = \frac{R_1}{R_1 + R_2} V_{out} + \frac{R_2}{R_1 + R_2} V_{in1} \tag{11.20}$$

$$V_{FB2} = \frac{R_4}{R_3 + R_4} V_{in2} \tag{11.21}$$

そして，バーチャルショート（$V_{FB1} = V_{FB2}$）により，式(11.20)と(11.21)を整理して，

$$V_{out} = \frac{R_1 + R_2}{R_1}\left(\frac{R_4}{R_3 + R_4} V_{in2} - \frac{R_2}{R_1 + R_2} V_{in1}\right) = \frac{R_4(R_1 + R_2)}{R_1(R_3 + R_4)} V_{in2} - \frac{R_2}{R_1} V_{in1} \tag{11.22}$$

となります．ここで，$R_1 = R_3$，$R_2 = R_4$ とすると，

$$V_{out} = \frac{R_2}{R_1}(V_{in2} - V_{in1}) \tag{11.23}$$

となり，入力電圧の差分が R_2/R_1 倍になって出力されることがわかります．$R_1 = R_2$ にすれば，差分電圧（$V_{in2} - V_{in1}$）と同電位の出力が得られます．

11.6 周波数特性と帯域幅について

単体の差動増幅回路（差動アンプ）について周波数特性を考えます．9.2節や9.5節で述べたように，増幅回路はローパスフィルタ特性を有します．これについ

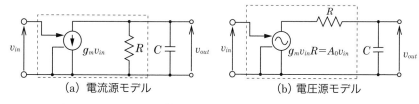

（a）電流源モデル　　　　　　　　（b）電圧源モデル

図11.5▪MOSFET差動アンプの小信号等価回路の簡易モデル

いて，少しおさらいをします．MOSFFT差動アンプをトランジスタの小信号等
価回路を使って簡易的にモデル化すると**図11.5**(a)のようになります．入力は，
1端子に集約しています．

　図11.5のキャパシタCは，アンプ自身の出力端の容量と負荷容量を合わせた
ものだと考えてください．そして，これをテブナン定理で置き換えると，図(b)
のようになり，ローパスフィルタ特性がよくわかるモデルになります．図(b)の
A_0は，直流状態での差動アンプの電圧利得です．

　図(b)において$\omega_s = \omega CR$とし，直流（$\omega = 0$）での差動アンプの単体利得がA_0
なので，角周波数ωに対する差動アンプの単体利得$A(\omega)$は，ローパスフィル
タで説明した式(9.2)を勘案すると，次のようになります．

$$A(\omega) = \frac{A_0}{1 + j\omega CR} = \frac{A_0}{1 + j\omega_s} = \frac{A_0}{\sqrt{1 + \omega_s^2}\, e^{j\phi}} \tag{11.24}$$

$\phi = \tan^{-1}\omega_s$ です．ここで，$\dfrac{1}{e^{j\phi}} = (e^{j\phi})^{-1} = e^{-j\phi}$ として，$-\phi = -\tan^{-1}\omega_s = \theta$
とすれば，

$$A(\omega) = \frac{A_0}{\sqrt{1 + \omega_s^2}\, e^{j\phi}} = \frac{A_0}{\sqrt{1 + \omega_s^2}}\, e^{j\theta} \tag{11.25}$$

$$\theta = -\tan^{-1}\omega_s \tag{11.26}$$

となります．この式から，差動アンプの単体利得Aの大きさは，

$$A = \frac{A_0}{\sqrt{1 + \omega_s^2}} \tag{11.27}$$

です．

　角周波数ωを変化させると，利得（ゲイン）と位相は次のようになります．

（1）$\omega_s = \omega = 0$のとき（直流状態）

　・$A = A_0$であり，$|v_{out}| = A_0|v_{in}|$（出力電圧の大きさは，入力電圧のA_0倍）

　・$\theta = 0°$であり，入力電圧と出力電圧の位相が等しい

（2）$\omega_s = 1$のとき（$\omega = 1/CR$のとき．このときのωをω_pとします．）

　・$A = \dfrac{1}{\sqrt{2}}A_0$であり，$|v_{out}| = \dfrac{A_0}{\sqrt{2}}|v_{in}|$（出力電圧の大きさは，入力電圧の$\dfrac{A_0}{\sqrt{2}}$倍）

　・$\theta = -45°$であり，出力電圧は，入力電圧に対して45°遅れる．

(3) $\omega_s = \infty$ のとき（周波数が非常に高いとき）

・$A = 0$ であり，$|v_{out}| = 0$（出力電圧が現れない）

・$\theta = -90°$ であり，出力電圧は，入力電圧に対して $90°$ 遅れる.

これを図に表すと，$\omega_s = 1$ のときの ω を ω_p として，**図11.6** のようになります. 詳細はコラム 9.2 を参照してください.

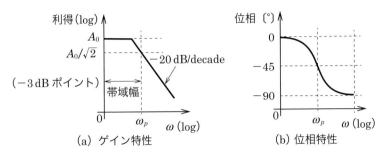

(a) ゲイン特性　　　　　　　(b) 位相特性

図11.6■単体の差動アンプの電圧利得と位相遅れの周波数特性

差動アンプは，10.4 節で説明した通り，差動増幅のためカップリングキャパシタが入力に必要ないので，$\omega = 0$（直流時）から利得が直流時の $1/\sqrt{2}$ までに抑えられる周波数（角周波数）までを**帯域幅**（bandwidth）といいます. ω_p を**極（ポール）**または**ポール角周波数**といいます.

また，利得は，式(11.27)より周波数が 10 倍になれば 10 分の 1 になるので，図 11.6 に示した通り，両対数表示で線形グラフになります. 利得が 10 分の 1 ということは，デシベル表示では 20 dB 低下することになりますので，-20 dB/decade の傾きとなります. decade は，10 倍の意味です.

一方，上記の $\omega_p = 1/CR$ を使って，入出力信号の関係を書き直すと，

$$v_{out} = \frac{A_0}{1 + j\omega CR} v_{in} = \frac{A_0}{1 + \dfrac{j\omega}{\omega_p}} v_{in} \tag{11.28}$$

となります. つまり，このような式で入出力信号が記載できると，ω_p で利得が $1/\sqrt{2}$（$= -3$ dB）になり，入力電圧に対して出力電圧の位相が $45°$ 遅れ（-45°）ます.

11.7　アンプの多段接続

図11.7（簡略化のために 1 入力で例示しています）に示すように，複数の増幅器（アンプ）を縦続接続にすると，全体としての電圧利得を高めることができます. このように，増幅器などを複数個直列に接続（縦続接続）することをカスケード（cascade）接続といいます.

この図に示すように，各アンプの電圧利得を A_i とすると，全体の電圧利得 A_v

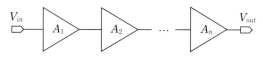

図11.7▪アンプのカスケード接続

は，次のように表せます．

$$A_v = A_1 \times A_2 \times \cdots \times A_n = \prod_{i=1}^{n} A_i \qquad (11.29)$$

$\prod$ は，直積の記号です．

　では，電圧利得の高いアンプが得るために，たくさんカスケード接続すればよいかというと，そういうわけではありません．第9章や11.6節で述べた通り，アンプが一般的にローパスフィルタ特性を示すために，1つの極で位相が90°回転してしまいます．

　MOSFETを使用して集積回路（IC）として設計されるアンプは，基本的にカップリングキャパシタを用いないので，低域特性はあまり考えなくてよくなります．また，高域特性についても，集積回路（IC）であるため，寄生容量が小さいのと出力端が容量負荷のため，出力側で決まる極を考えれば基本的に足りるので，単一極として処理することが多いです．しかし，アンプを複数接続すると，極が複数発生しますので，位相が180°を超えて大きく回転してしまい負帰還をかけたときに系の安定性を確保できなくなってしまいます．詳細は負帰還回路の説明で述べます．

　なお，負帰還をかけなければ，アンプのカスケード接続は利得向上の有効な手段ではあります．ただ，レベルダイヤグラムをうまく考えないと，ノイズ特性が悪くなってしまうという課題もあります．

> レベルダイヤグラムとは，図11.7のようなシステムにおいて信号やノイズ，歪みのレベルをアンプごとに計算し視覚化したもので，最終的な利得や信号対雑音比S/Nを求めることができます．これにより，各アンプの最適性能を見積もれます．

11.8　CMOSオペアンプ

　オペアンプは，図11.1(a)に示したように，内部に差動増幅回路（差動アンプ）と，差動増幅回路からの出力をさらに増幅する回路を備えています．つまり，アンプが複数段構成になっています．**図11.8**にCMOS（NMOSとPMOSを両方使う構成）の代表的なオペアンプの構成を示します．これは，A級とよばれるオペアンプです．

　図に示したように，第10章の差動増幅回路にシングル入力の増幅回路（点線枠）をカスケード接続した構成になっています．

　このCMOSオペアンプの小信号等価回路を，10.7節の差動増幅回路を参考に

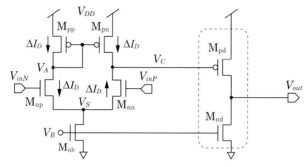

図11.8■CMOS オペアンプ

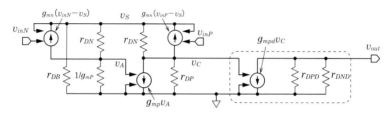

図11.9■CMOS オペアンプの小信号等価回路

図**11.9**に示します．点線が出力段のシングル入力の増幅回路になります．

まず，v_Cは式(10.50)を参考に次のように表せます．入力端子のPとNが逆になっていることに注意が必要です．

CMOS オペアンプは反転出力の増幅回路を2段のカスケード接続にしています．これは位相補償のためです（12.4節参照）．

$$v_C \approx \frac{-g_{mn}(v_{inP}-v_{inN})}{\dfrac{1}{r_{DN}}+\dfrac{1}{r_{DP}}} \tag{11.30}$$

また，v_{out}は出力段の増幅回路（点線枠）から，次のようになります．

$$v_{out}=\frac{-g_{mpd}}{\dfrac{1}{r_{DND}}+\dfrac{1}{r_{DPD}}}v_C \tag{11.31}$$

したがって，オペアンプの特性式は，次のようになります．

$$v_{out} \approx \frac{g_{mn}}{\left(\dfrac{1}{r_{DN}}+\dfrac{1}{r_{DP}}\right)}\frac{g_{mpd}}{\left(\dfrac{1}{r_{DND}}+\dfrac{1}{r_{DPD}}\right)}(v_{inP}-v_{inN}) \tag{11.32}$$

この式から，差動入力電圧が増幅されて出力されることがわかります．電圧利得は次のようになり，差動増幅回路単体より高くなっています．

$$A_v \approx \frac{g_{mn}}{\left(\dfrac{1}{r_{DN}}+\dfrac{1}{r_{DP}}\right)}\frac{g_{mpd}}{\left(\dfrac{1}{r_{DND}}+\dfrac{1}{r_{DPD}}\right)} \tag{11.33}$$

11.9　CMOS オペアンプの周波数特性

　このオペアンプの周波数特性を解析します．11.6 節で述べたように，寄生容量を含めた出力の容量負荷で決まる極が周波数特性に強く影響しますので，図 **11.10** に示すように，差動増幅回路と出力段の増幅回路との出力容量をそれぞれ C_A と C_L とします．さらに，実際には位相余裕を確保するための位相補償用の容量 C_C が付加されます．位相余裕と位相補償については，次の負帰還の章で説明します．位相補償容量 C_C については，12.4 節を参照してください．

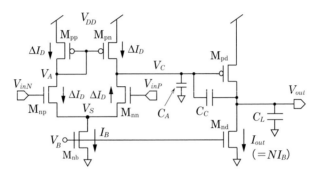

図 11.10■容量を付記した CMOS オペアンプ

　このオペアンプの小信号等価回路を図 **11.11** に示します．これは，簡略化のために式(11.32)の近似式から等価回路を作成し，それに負荷容量 C_A, C_L, C_C を追加した構成です．

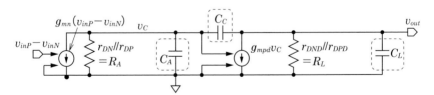

図 11.11■周波数解析のための小信号等価回路

　v_C について，次の式が成り立ちます．

$$g_{mn}(v_{inP}-v_{inN})+sC_C(v_C-v_{out})+\left(\frac{1}{R_A}+sC_A\right)v_C=0 \tag{11.34}$$

　v_{out} について，次の式が成り立ちます．

$$g_{mpd}v_C + sC_C(v_{out} - v_C) + \left(\frac{1}{R_L} + sC_L\right)v_{out} = 0 \tag{11.35}$$

これらから計算して，極と零点を導きます．素直に解くと次のようになります．

$$v_{out} =$$

$$\frac{R_A R_L g_{mn}(g_{mpd} - sC_C)(v_{inP} - v_{inN})}{R_A R_L[(C_C + C_L)C_A + C_C C_L]s^2 + [R_L(C_C + C_L) + R_A(C_A + C_C) + R_A R_L C_C g_{mpd}]s + 1} \tag{11.36}$$

ここで，分母の近似解を考えます．この解は極なので ω_{p1}, ω_{p2} とすると，$\omega_{p2} \gg \omega_{p1}$ として，次のように近似できます（2次方程式の近似解）.

$$\omega_{p2} \approx -\frac{[R_L(C_C + C_L) + R_A(C_A + C_C) + R_A R_L C_C g_{mpd}]}{R_A R_L[(C_C + C_L)C_A + C_C C_L]} \tag{11.37}$$

$$\omega_{p1} \approx -\frac{1}{[R_L(C_C + C_L) + R_A(C_A + C_C) + R_A R_L C_C g_{mpd}]} \tag{11.38}$$

抵抗は kΩ，容量は pF，トランスコンダクタンスは mS オーダーと考えると，$R_A R_L C_C g_{mpd} \gg R_L(C_C + C_L) + R_A(C_A + C_C)$ として，さらに近似をします.

$$\omega_{p2} \approx -\frac{R_A R_L C_C g_{mpd}}{R_A R_L[(C_C + C_L)C_A + C_C C_L]}$$
$$= \frac{-C_C g_{mpd}}{(C_C + C_L)C_A + C_C C_L} \tag{11.39}$$

$$\omega_{p1} \approx \frac{-1}{R_A R_L C_C g_{mpd}} \tag{11.40}$$

よって，次のように近似できます.

2次方程式の近似解について，$ax^2+bx+c=0$ の解を x_1, x_2 とすると，$x_1+x_2=-b/a, x_1x_2=c/a$ が成り立ちます．これは，解の公式からも明らかです．ここで，これらの解は，ともに正もしくは負であり，かつ $|x_2| \gg |x_1|$ とすれば，以下の近似ができます.
$$x_1+x_2=-\frac{b}{a}\approx x_2$$
$$x_1=\frac{c/a}{x_2}\approx\frac{c/a}{-b/a}=-\frac{c}{b}$$

$$v_{out}$$

$$\approx \frac{R_A R_L g_{mn}(g_{mpd} - sC_C)}{(R_A R_L C_C g_{mpd} s + 1)\left(\dfrac{(C_C + C_L)C_A + C_C C_L}{C_C g_{mpd}}s + 1\right)}(v_{inP} - v_{inN})$$

$$\approx \frac{R_A R_L g_{mn} g_{mpd}\left(\dfrac{-C_C}{g_{mpd}}s + 1\right)}{(R_A R_L C_C g_{mpd} s + 1)\left(\dfrac{(C_C + C_L)C_A + C_C C_L}{C_C g_{mpd}}s + 1\right)}(v_{inP} - v_{inN}) \tag{11.41}$$

この式(11.41)から，極（分母が0になる s）と零点（分子が0になる s）が，次のように求まります．式(9.33)を参照してください.

$$\omega_{p1} \approx \frac{1}{R_A R_L C_C g_{mpd}} = \frac{\left(\dfrac{1}{r_{DN}} + \dfrac{1}{r_{DP}}\right)\left(\dfrac{1}{r_{DND}} + \dfrac{1}{r_{DPD}}\right)}{g_{mpd}C_C} \tag{11.42}$$

$$\omega_{p2} \approx \frac{C_C g_{mpd}}{(C_C + C_L)C_A + C_C C_L} \approx \frac{g_{mpd}}{C_L} \quad (\because \quad C_A \ll C_C, C_A \ll C_L) \tag{11.43}$$

$$\omega_z \approx \frac{g_{mpd}}{C_C} \tag{11.44}$$

これらの意味を考えてみます．まず，第1極（ファーストポール）は，差動増幅段とその出力負荷で決まるローパスフィルタの遮断角周波数を表しています．まず差動入力段の出力インピーダンスは，$r_{DN} /\!/ r_{DP}$ で表されます．また出力負荷はミラー効果（9.3節参照）により位相補償容量 C_C が出力段の電圧利得 g_{mpd}（$r_{DND} /\!/ r_{DPD}$）倍になります．容量 C_A は，C_C に比べて小さいので省略しています．したがって，差動段の遮断角周波数 ω_{C1} は，

$$\omega_{C1} = \frac{1}{(r_{DN} /\!/ r_{DP})g_{mpd}(r_{DND} /\!/ r_{DPD})C_C} = \frac{\left(\dfrac{1}{r_{DN}} + \dfrac{1}{r_{DP}}\right)\left(\dfrac{1}{r_{DND}} + \dfrac{1}{r_{DPD}}\right)}{g_{mpd}C_C} \tag{11.45}$$

となり，ω_{p1} と一致します．

また，第2極（セカンドポール）は，出力段のシングル入力増幅回路とその出力負荷で決まるローパスフィルタの遮断角周波数を表しています．この場合の負荷容量は，出力負荷 C_L です．また，出力インピーダンスは，位相補償容量 C_C により PMOS（M_{pd}）のゲートとドレインが短絡された状態になるので，図 6.12 の等価回路により，$1/g_{mpd}$ になります．なお，これに並列接続される NMOS（M_{nd}）のドレイン抵抗値は，$1/g_{mpd}$ よりかなり高いので省略しています．したがって，出力段の遮断角周波数 ω_{C2} は，

$$\omega_{C2} = \frac{1}{\dfrac{1}{g_{mpd}}C_L} = \frac{g_{mpd}}{C_L} \tag{11.46}$$

となり，ω_{p2} と一致します．

また，零点は，通常は第2極より高く設定します．零点を第1と第2の極の間に入れて位相余裕を改善する方法もありますが，MOSFET や容量の特性バラツキによる不確定要素を考慮して極だけで位相余裕を制御するほうが安全です．したがって，$\omega_{p2} < \omega_z$ となるので，位相補償容量 C_C は，通常は容量値が出力負荷 C_L よりも小さくなるように設定されます．実際に設計するときは，ω_z は ω_{p2} の 10 倍以上に設定します．

したがって，オペアンプの周波数特性は，**図 11.12** に示すような特性になります．ここでは $A_0 = R_A R_L g_{mn} g_{mpd}$ としています．図 11.6 の単体アンプの場合との比較からわかるように，帯域幅の異なる単体アンプを 2 つカスケード接続した特性になります．また，零点 ω_Z で利得の落ち方が緩やかになり，位相も戻ります．

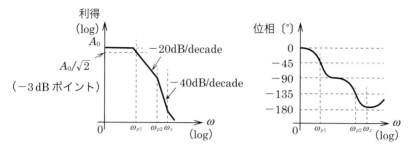

図11.12■オペアンプの周波数特性

11.10　スルーレート

　オペアンプの入力信号の振幅が大きくかつ高速に変化する場合，すなわち遷移が非常に速い大信号が入力された場合は，出力信号が追随できず一定の傾きで遷移します．**図11.13**(a)に示すように，矩形波を入力した場合に一定の傾きで出力が遷移します．これは，大信号入力の場合に，オペアンプの出力段のトランジスタの直流的なオン抵抗と負荷容量との時定数で傾きが決まってしまうからです．この傾きを，**スルーレート**（slew rate：SR）といいます．

$$SR = \frac{\Delta V}{\Delta t} \tag{11.47}$$

　このスルーレートは，出力における入力波形の再現性に影響を与えます．例えば，図11.13(b)に示すように，周波数の高い正弦波が入力された場合に，出力波形の遷移が追い付かず正弦波を出力すべきところが三角波になってしまいます．つまり，出力波形に大きな歪みが発生します．

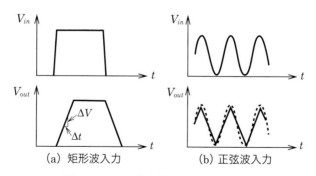

図11.13■入出力波形とスルーレート

　これを回避するためには，スルーレートが少なくとも入力波形の傾きよりは急でなければなりません．入力波形を

$$V_{in} = V_m \sin \omega t \tag{11.48}$$

とすると，その傾きは，

$$\frac{dV_{in}}{dt} = \omega V_m \cos \omega t \tag{11.49}$$

と表せますので，その最大値は，ωV_m となります．したがって，スルーレートは，次の要件を満たす必要があります．

$$SR > \omega V_m \tag{11.50}$$

この式から，スルーレートと入力振幅が決まっている場合の入力波形の最大入力周波数は，

$$f_{max} = \frac{SR}{2\pi V_m} \tag{11.51}$$

となります．

また，スルーレートは大信号におけるオペアンプの動作で規定されますので，各段の増幅回路の最大出力電流と負荷容量で決まる遷移時間より高くは設定できません．図 11.10 から，差動入力段と出力段の増幅回路の最大出力電流は I_B および I_{out} であり，負荷容量は C_C および C_L なので，次の式を満足させる必要があります．

$$\frac{I_B}{C_C} > SR \tag{11.52}$$

$$\frac{I_{out}}{C_L} > SR \tag{11.53}$$

また，MOSFET の M_{nb} と M_{nd} はカレントミラーの関係ですので，そのミラー比を N とすると，次の式が導かれます．

$$\frac{I_{out}}{C_L} = \frac{NI_B}{C_L} > SR \tag{11.54}$$

したがって，式(11.52)より，$I_B > C_C SR$ として，式(11.54)に代入するとともに，代入後の値が SR より大きいとすると

$$\frac{NI_B}{C_L} > \frac{NC_C SR}{C_L} > SR \tag{11.55}$$

となり，これを整理すると，次の式になります．

$$\frac{NC_C}{C_L} > 1 \tag{11.56}$$

$$N > \frac{C_L}{C_C} \tag{11.57}$$

つまり，ミラー比 N は負荷容量 C_L と位相補償容量 C_C の比（C_L/C_C）より高く設定する必要があります．なお，大信号動作を前提にしているので，C_C のミラー効果は考えないこととしています．

11.11 第11章のまとめ

　この章ではオペアンプについて述べました．集積回路（IC）の代表的な増幅回路であり，IC を使って回路設計する場合には，ほぼ必ず登場します．オペアンプを用いることで，増幅回路を設計する場合に接地形態を気にすることなく，抵抗をうまく組み合わせるだけで所望の利得の増幅回路が実現できてしまいます．高い入力インピーダンスと低い出力インピーダンスをもち，直流からの信号も増幅できますので，非常に使い勝手のよい電子デバイスです．

　三角記号の素子ですので，トランジスタのことを忘れがちになってしまいますが，第10章の差動増幅回路が基本になっています．その構造を思い出しながら，周波数特性やスルーレートの性能指標を理解してほしいと思います．

11.12 第11章の演習問題

（1）図 11.3(a) の反転増幅回路を用いて，電圧利得が 20 dB の増幅回路を設計したい．抵抗 R_1 が $1\,\mathrm{k\Omega}$ のとき，R_2 の抵抗値を求めなさい．

（2）図 11.4(a) の加算回路において，入力 V_{in1} と V_{in2} の和に係数 N を掛けたいとき，すなわち $V_{out} = -N(V_{in1} + V_{in2})$ としたいときに，R_1，R_2，R_F には，どのような関係があればよいか答えなさい．

（3）右図は，Low Dropout Regulator（LDO）とよばれる電源回路の一種である．オペアンプのゲインが∞のとき，V_{out} を求めなさい．

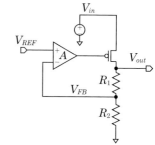

（4）右下図は1段オペアンプで利得を増やすことができるカスコード型オペアンプである．電圧利得を求めなさい．ここで，計算の簡略化のため，NMOS と PMOS のトランスコンダクタンスは g_m，NMOS の出力抵抗 r_{DN} と PMOS 出力抵抗 r_{DP} の並列抵抗を r_D とする．

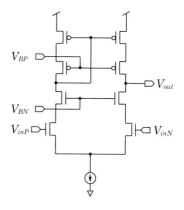

（5）$SR = 10\,\mathrm{V/\mu s}$ のオペアンプにおいて，振幅が $2\,\mathrm{V}$（$2\,\mathrm{V_{p-p}}$）の信号を出力可能な周波数を求めなさい．

第12章

負帰還回路

　トランジスタなどの能動素子は，前章でも述べたように，非線形素子のうえ特性にばらつきがあるため，オペアンプだけで利得の絶対精度を出すのは非常に困難です．したがって，実際は受動素子で構成する減衰器を負帰還回路として，オペアンプに負帰還をかけることによって狙った利得が得られるようにします．

　帰還とは，出力を入力に戻すことであり，負帰還は，反転して戻すことをいいます．そして，抵抗などの受動素子は，能動素子に比べて絶対精度の範囲が担保されており，高い絶対精度が得られます．さらに，受動素子（線形素子）により，線形な増幅特性も得られます．また，負帰還を適用することによって，他のメリットも出てきます．通常の増幅回路は，負帰還により出力を安定させて使用します．なお，正帰還は，ラッチ回路や発振回路（第13章）で利用します．

12.1　負帰還の原理

　図12.1に，電圧利得Aの増幅器（アンプ）に**減衰率**Fの減衰器を組み合わせた負帰還回路の例を示します．Fは帰還する割合で，**帰還率**ともいわれます．

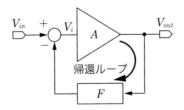

図12.1■負帰還回路

　この伝達特性は，式(11.3)に示すように，

$$V_{out} = \frac{A}{1+AF} V_{in} \tag{12.1}$$

となります．$A/(1+AF)$ は全体利得であり，AFはループ利得とよばれます．ここで，全体利得 A_v は，

$$A_v = \frac{A}{1+AF} \approx \frac{A}{AF} = \frac{1}{F} \qquad (\because \quad AF \gg 1) \tag{12.2}$$

と近似できますので，増幅回路の全体利得 A_v は減衰率 F で決まることになります．この減衰器は通常は抵抗で構成されますので，アンプの電圧利得 A に関係なく，全体利得で所定の絶対精度を確保できるのです．

12.2　負帰還の種類

　負帰還のかけ方には，出力からの信号の取り出し方（電流か電圧か）と帰還の仕方（直列か並列か）により，4 種類が存在します（**図 12.2**）．一番メジャーなのは電圧直列帰還形ですが，それぞれ特徴があります．入力インピーダンスと出力インピーダンスについては，演習問題を解いてみてください．

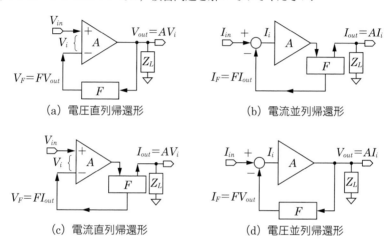

(a) 電圧直列帰還形　　　　　　　(b) 電流並列帰還形

(c) 電流直列帰還形　　　　　　　(d) 電圧並列帰還形

図 12.2 ■ 負帰還の種類

12.2.1　電圧直列帰還形（直列－並列帰還形）

　図 12.2(a)に示す方式を電圧直列帰還形といい，出力が電圧で帰還も電圧ですので，電圧増幅電圧帰還形ともいわれます．A は電圧増幅率を示しています．電位の異なる電圧を加減算する場合は直列になりますので（並列に繋いだら多量の電流が流れて使えません），電圧帰還の場合は直列接続になります．また，電圧を取り出すときは，電位差として取り出すため，並列接続になります（電圧計は並列に接続します）ので，電圧出力の場合は並列になります．したがって，直列－並列帰還形ともよばれています．

　入力電圧 V_{in} を印加した場合に，増幅回路にかかる電圧が V_F だけ減るため，流れ込む電流が減少します．そのため，入力インピーダンスは見かけ上高くなります．また，出力電圧は負帰還により，出力での電圧低下分を補うことになるので，見かけ上の出力インピーダンスは下がります．

12.2.2　電流並列帰還形（並列－直列帰還形）

図 12.2(b) に示す方式で，出力が電流で帰還も電流ですので，電流増幅電流帰還形ともいわれます．A は電流増幅率を示しています．値の異なる電流を加減算する場合は並列接続になりますので（直列に繋いだらキルヒホッフの電流則を満たせません），電流帰還の場合は並列になります．また，電流を取り出すときは直列接続になります（電流計は直列に接続します）ので，電流出力の場合は直列になります．したがって，並列－直列帰還形ともよばれています．

負帰還がかかると，入力端子から流れ込む電流は I_F だけ増えるので，入力インピーダンスは見かけ上，低下します．また，出力電流が減少した場合は，帰還電流も減少するため，増幅回路に入力される電流が増えるので，出力電流の変化が抑えられることになります．したがって，定電流源特性がよくなることになるので，出力インピーダンスは増加することになります．

12.2.3　電流直列帰還形（直列－直列帰還形）

図 12.2(c) に示す方式で，出力が電流で帰還が電圧ですので，電圧増幅電流帰還形ともいわれます．したがって，A は相互コンダクタンス（トランスコンダクタンス）を示しています．また，電圧帰還で電流出力ですので，直列－直列帰還形ともよばれています．

負帰還をかけると，電圧直列帰還形と同様に流れ込む電流が減るので，入力インピーダンスは増加します．また，電流並列帰還形と同様に定電流特性が向上するので，出力インピーダンスは増加します．

12.2.4　電圧並列帰還形（並列－並列帰還形）

図 12.2(d) に示す方式で，出力が電圧で帰還が電流ですので，電流増幅電圧帰還形ともいわれます．したがって，A は電流－電圧変換係数（トランスインピーダンス）を示しています．また，電流帰還で電圧出力ですので，並列－並列帰還形ともよばれています．

負帰還により，電流並列帰還形と同様に，入力端子から流れ込む電流は I_F だけ増えるので，入力インピーダンスは見かけ上低下します．また，電圧直列帰還形と同様に，負帰還により出力での電圧低下分を補うことになるので，見かけ上の出力インピーダンスは下がります．

12.3　負帰還の効果

負帰還をかけると，全体利得 A_v が，増幅器の単体利得 A のループ利得 AF 分の 1（$=A/AF$）になるというデメリットはありますが，全体利得 A_v の絶対精度が向上するメリットがあると書きました．実は，他にもメリットがあります．負帰還のメリットを以下に述べます．

12.3.1 利得の絶対精度の向上

前述のように，減衰器の減衰率 F により全体利得 A_v が決まるので，増幅器の利得 A がばらついても，全体利得 A_v に所定の絶対精度が確保できます．ただし，利得誤差 $1/AF$ には気を付けなければなりません（11.4 節参照）．

12.3.2 周波数帯域幅の拡大

負帰還をかけると利得が下がる代わりに周波数帯域が伸びます．これを説明するために，まず負帰還をかけない単体の増幅器（差動アンプ）について周波数特性を考えます．単体の増幅器の周波数特性は，図 11.6 に示したとおりであり，ポイントは，電圧利得が直流利得 $20 \log A_0$ から $3\,\mathrm{dB}$ 低下する周波数（$\omega_p/2\pi$）が帯域幅になるということです．

そして，負荷帰還により，利得が $1/(1+A_0F)$ になったとすると，電圧利得の周波数特性は，図 12.3 のようになります．y 軸はデシベル表示で，x 軸は対数表示（log scale）になっています．

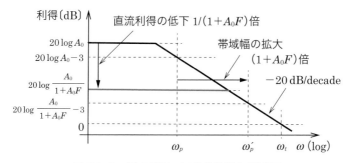

図 12.3 ■ 電圧利得の周波数特性と帯域幅

増幅器単体の利得を $A(\omega)$ は，最大利得（DC 利得）を A_0，帯域幅を ω_p とすると，式(11.28)より

$$A(\omega) = \frac{A_0}{1 + \dfrac{j\omega}{\omega_p}} \tag{12.3}$$

となります．そして，負帰還をかけた場合の利得 $A_v(\omega)$ は，$1/(1+A(\omega)F)$ 倍になることより，次のようになります．

$$A_v(\omega) = \frac{A(\omega)}{1 + A(\omega)F} = \frac{\dfrac{A_0}{1 + \dfrac{j\omega}{\omega_p}}}{1 + \dfrac{A_0}{1 + \dfrac{j\omega}{\omega_p}}F} = \frac{A_0}{1 + \dfrac{j\omega}{\omega_p} + A_0 F} = \frac{\dfrac{A_0}{1 + A_0 F}}{1 + \dfrac{j\omega}{(1 + A_0 F)\,\omega_p}} \tag{12.4}$$

　式(12.3)と(12.4)を比較することにより，負帰還をかけると，分子が表す DC 利得は，$1/(1+A_0F)$ 倍になりますが，分母が示す帯域幅は，$(1+A_0F)$ 倍になることがわかります．

12.3.3　ノイズやひずみの低減

　増幅器（アンプ）は，入力された信号を単純に増幅するだけではなく，ノイズや歪みを発生させます．能動素子であるトランジスタは，フリッカーノイズ（ゲート酸化膜とシリコン基板の界面にできるエネルギー準位にキャリアが不規則にトラップされることで発生するノイズ．別名，$1/f$ ノイズ）や熱ノイズ（導体中の電子が熱エネルギーを与えられてランダムに運動することで発生するノイズ），ショットノイズ（キャリアが pn 接合のポテンシャル障壁を越えるときに発生するノイズ．BJT で顕著）を発生させます．また，そもそも非線形素子ですので，歪みが発生します．入力信号の振幅によらず一定の増幅率なら歪みは出ませんが，信号の振幅が大きい場合は非線形特性が色濃く出てきて増幅率が変化しますので，出力波形が入力波形の所定倍にはならず歪みをもつわけです．

　これらのノイズと歪みは，負帰還をかけることにより，ある程度は抑制されます．

　図 **12.4** に示すようなモデルを考えます．ノイズや歪みの成分が増幅器（電圧利得 A）の入力側と出力側でそれぞれ重畳されるとします．それらの成分を v_{ni}，v_{no} とします．

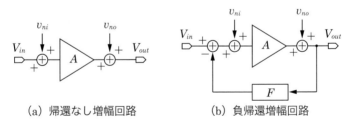

（a）帰還なし増幅回路　　　（b）負帰還増幅回路

図 12.4▪ノイズと歪みの重畳モデル

　図 12.4(a)に示すような帰還をかけない状態では，出力信号は，次のようになります．

$$V_{out}=A(V_{in}+v_{ni})+v_{no} \tag{12.5}$$

つまり，入力ノイズ v_{ni} も A 倍に増幅されますし，出力ノイズ v_{no} も乗ってきます．

　一方，図(b)に示すように，負帰還をかけた場合は，次のようになります．

$$V_{out}=A(V_{in}-FV_{out}+v_{ni})+v_{no} \tag{12.6}$$

これを整理し，$1\ll AF$ として近似すると，

$$V_{out} = \frac{A\left(V_{in} + v_{ni} + \dfrac{v_{no}}{A}\right)}{1 + AF} \approx \frac{V_{in} + v_{ni} + \dfrac{v_{no}}{A}}{F} = \frac{1}{F}(V_{in} + v_{ni}) + \frac{v_{no}}{AF} \qquad (12.7)$$

となります．式(12.2)で示したように負帰還回路の場合の電圧利得は $1/F$ になるので，入力ノイズ v_{ni} については，式(12.5)との対比からわかるように状況は変わりません．しかし，出力ノイズ v_{no} に関しては，$1/AF$ に抑制されることがわかります．つまり，出力側のノイズや歪みは，負帰還をかけることにより大幅に低減させることができます．

12.4　負帰還回路の安定性

　負帰還回路のエッセンスは，増幅器（オペアンプ）が制御（コントロール）の役割を担っているということです．出力電圧が所望の値に比べて高い場合は低下させ，低い場合は上昇させるのがオペアンプの役目です．所望の値自体は，入力電圧や帰還回路の状態や設定によりますので，オペアンプは関係ありません．

　これにより，出力電圧はオペアンプ特性の製造ばらつきなどに関係なくなり，系として狙った状態になります．この系のコントロールは，出力電圧を入力側に戻す（帰還をかける）ことと，その戻す先をマイナス側（負側）にすることで実現されます．この負帰還により，出力電圧の変化と逆の制御がかかり出力電圧が所望の値に収束していくわけです．

　ところが，負側に帰還する出力電圧が，入力に対して 180° 以上ずれていたとしたら，場合によってはプラス側に帰還をかける（正帰還）のと同様の状態になってしまいます．このような状態になると，出力が安定せず**発振**（第 13 章参照）する可能性があります．出力信号が入力信号に対して 180° ずれる場合について考えてみましょう．

　入力信号を受けてオペアンプが出力信号を出すまでには，必ず遅延時間が存在します．この遅延時間 t_d は，周波数が低い場合には，あまり問題になりません．**図 12.5**(a)に示すように，入力信号と反転出力信号は逆相の関係です．ところが，周波数が高くなると，遅延時間 t_d は変わらないので，1 周期に占める遅延時間の割合が増加して，図 12.5(b)に示すように，180° 以上ずれることになります．このようになると，入力信号と反転出力信号は，正相の関係になってしまいます．

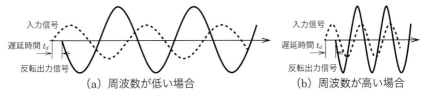

(a) 周波数が低い場合　　　　　(b) 周波数が高い場合

図 12.5■入力信号と反転出力信号

　これらのことから，増幅器に負帰還をかけた場合の安定性の判断には，高周波のときの入力信号と出力信号の位相関係に注意が必要なことがわかります．

　一方，どのような負帰還回路でも遅延時間 t_d は存在するので，周波数を上げていくと，いずれ出力電圧が入力電圧に対して 180° 以上ずれてしまいます．しかし，このような場合でも，系の利得が 0 dB（＝1）以下であれば，帰還ループを回っている間に出力信号自体が減衰していくので発振には至りません．ただ，このような高い周波数では出力電圧は所望の値になりませんので，増幅回路としての動作は期待できず動作周波数範囲外となりますが，どのような周波数でも発振状態にはならないので安全であるといえます．詳しくは，第 13 章の発振回路の発振条件で述べます．

　以上のようなことから，負帰還回路の安定性を判断する指標として，**位相余裕**（phase margin）があります．これについて，オペアンプなどの 2 段の増幅回路を例に**図 12.6** で説明します．各増幅回路の直流電圧利得を A_1, A_2〔dB〕，出力インピーダンスを r_1, r_2，および負荷容量を C_1, C_2 とそれぞれしています．

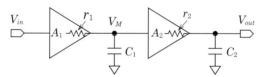

図 12.6■2 段増幅回路

　図 12.6 からわかるように，ローパスフィルタ特性で決まる 2 つの極（ポール）が次の式のように存在します．詳細は，11.6 節を参照してください．

$$\omega_{p1} = \frac{1}{r_1 C_1} \tag{12.8}$$

$$\omega_{p2} = \frac{1}{r_2 C_2} \tag{12.9}$$

　そして，この増幅回路のボード線図を図 9.11 および図 11.12 を参考に描くと，**図 12.7** に示すようになります．当該増幅回路の直流電圧利得をデシベル表示で A_0（＝$A_1 A_2$）〔dB〕としています．これは帰還をかけていないので，**開ループ特性**といわれます．負帰還をかけると**閉ループ特性**になり，直流利得が下がります（$1/AF$ 倍になる）．今回は帰還回路 F が抵抗で構成されており，帰還回路での位相回転がないという前提であり，高域での位相関係に着目しているので，開ループ特性で説明します．

　図 12.7 からわかるように，利得が 0 dB（＝1）になる周波数（＝ω_{GB}）のときの位相と，180° 遅れた位相との位相差を位相余裕といいます．これは，利得がなくなる周波数における位相反転状態（−180°）までの位相差であり，位相が反転するまでの余裕度を表しています．

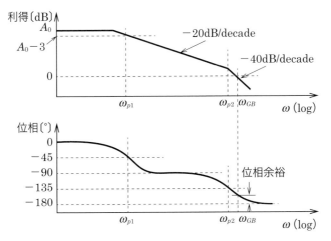

図12.7■2段増幅回路のボード線図

また，利得が 0 dB になる周波数 ω_{GB} は，**GB 積**（Gain Band width product）もしくは利得帯域幅積とよばれ，GBW で表されます.

ω_{p2} のときの位相遅れは－135° なので，$\omega_{GB}=\omega_{p2}$ ならば位相余裕は 45° になります.

実際の回路設計では，位相余裕は少なくとも 45°，できれば 60° 以上が一般的に求められます. したがって，ω_{GB} は ω_{p2} より低く設定するようにします. 位相余裕を増加させるには ω_{GB} を低くすればよいので，具体的には ω_{p1} を低く設定します. このためには容量 C_1 を増加させる必要があるので，図 12.5 の中間ノード（V_M）に位相余裕を増加させるための位相補償容量 C_C を追加します.

この位相補償容量 C_C の追加にはテクニックがあります. それは，9.3 節で説明したミラー効果を用いる方法です. 容量の両端間に $-A$ の電圧利得の増幅回路を介在させると，容量が $1+A$ 倍になるという効果です. 集積回路において容量は内部電源の安定化や信号のフィルタリングに重宝します. しかし，その容量値が面積に比例するため，なるべく小さな容量値にしたいという要望があります. 集積回路は基本的に面積で製造コストが決まるからです.

図 12.8 に，ミラー効果を利用して位相補償容量 C_C を挿入した 2 段増幅回路を示します.

ポイントは，各増幅回路を反転増幅にすることと，2 段目の増幅回路の入出力間に位相補償容量を挿入することです. 2 段の増幅回路なので，各段を反転増幅としても入出力の関係は非反転になり，利得も $A_1 A_2$ になります. また，位相補償容量 C_C は，出力段の増幅回路により，その容量値が $(1+A_2)C_C$ になりますので，C_C 自体の容量を小さく設定することができます. これから第 1 極は次のようになります.

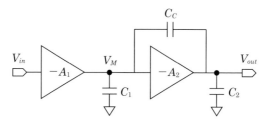

図 12.8■ミラー効果を活用した位相補償容量の追加

$$\omega_{p1} = \frac{1}{r_1[C_1 + (1+A_2)C_C]} \approx \frac{1}{r_1 A_2 C_C} \quad (\because \quad A_2 \gg 1, \ A_2 C_C \gg C_1) \quad (12.10)$$

つまり，所望の位相余裕が得られるように，位相補償容量 C_C を調整することになります．**図 12.9** に第1極 ω_{p1} を低く設定して，位相余裕を増加させた場合のボード線図を示します．直流利得は $A_1 A_2$ になります．このように ω_{p1} と ω_{GB} を ω'_{p1} と ω'_{GB} に低く設定することにより位相余裕を増加させることができます．

11.9 節の CMOS オペアンプの位相補償容量 C_C も同様の考え方に基づいています．

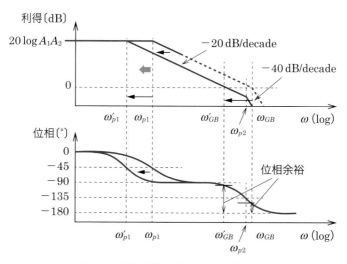

図 12.9■位相余裕を増加させたボード線図

ちなみにボード線図での利得の傾きは $-20\,\mathrm{dB/decade}$ であり，周波数が 10 倍になれば利得が $1/10$ になるので，利得とその利得における周波数の積である GB 積は一定になります．このため，利得が $0\,\mathrm{dB}$（$=1$）となる周波数 ω_{GB} が GB 積そのものになるのです．ω_{GB} を式(12.10)の ω_{p1} で表すことを考えます．ゲイン特性の傾き部分（反比例）の比例定数が 1 であるので，ω_{GB} と ω_{p1} の比は $A_1 A_2$ と 1（$=0\,\mathrm{dB}$）の比に等しくなります．したがって，$\omega_{GB} : \omega_{p1} = A_1 A_2 : 1$ より

$$\omega_{GB}=\omega_{p1}A_1A_2\approx\frac{1}{r_1A_2C_C}A_1A_2=\frac{A_1}{r_1C_C}\tag{12.11}$$

となります．つまり，初段の増幅回路で GB 積が決まります．また，実際の設計では，ω_{GB} の 3 倍くらいに ω_{p2} を設定します．これにより，十分な位相余裕が確保できるからです．

12.5　CMOS オペアンプの回路定数決定

12.4 節の安定性の解析結果を利用して，**図 12.10**（図 11.8 と実質的に同一）の CMOS オペアンプの回路定数（トランスコンダクタンス g_m や位相補償容量 C_C）を決めてみます．

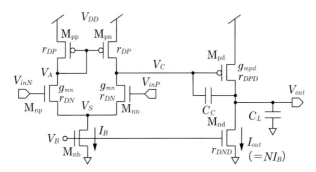

図 12.10■CMOS オペアンプ

まず，差動段と出力段の増幅回路の直流利得 A_1 および A_2 は，式(11.30)と式(11.31)より，それぞれ次のようになります．

$$A_1\approx\frac{-g_{mn}}{\dfrac{1}{r_{DN}}+\dfrac{1}{r_{DP}}}\tag{12.12}$$

$$A_2\approx\frac{-g_{mnd}}{\dfrac{1}{r_{DND}}+\dfrac{1}{r_{DPD}}}\tag{12.13}$$

図 12.6 との対比により，差動段の出力インピーダンス r_1 は次のようになります．

$$r_1=\frac{1}{\dfrac{1}{r_{DN}}+\dfrac{1}{r_{DP}}}\tag{12.14}$$

式(12.11)に式(12.12)，(12.14)を代入すると，

$$\omega_{GB}=\frac{A_1}{r_1C_C}=\frac{g_{mn}}{\dfrac{1}{r_{DN}}+\dfrac{1}{r_{DP}}}\left(\frac{1}{r_{DN}}+\frac{1}{r_{DP}}\right)\frac{1}{C_C}=\frac{g_{mn}}{C_C}\tag{12.15}$$

となるので，整理すると次の式になります．

$$g_{mn} = \omega_{GB} C_C \tag{12.16}$$

つまり位相補償容量 C_C が求まれば，差動入力の MOSFET（M_{np}, M_{nn}）のトランスコンダクタンスを決定できます．

また，式(11.43)で規定される第2極 ω_{p2} を，GB積 ω_{GB} の3倍に設定すると

$$\omega_{p2} \approx \frac{g_{mpd}}{C_L} = 3\omega_{GB} \tag{12.17}$$

となり，これより，

$$g_{mpd} = 3\omega_{GB} C_L \tag{12.18}$$

とすることができます．

また，零点を ω_{p2} の10倍に設定すると，式(11.44)から，

$$\omega_z \approx \frac{g_{mpd}}{C_C} = 10\omega_{p2} = 30\omega_{GB} \tag{12.19}$$

となり，これと式(12.19)より，次の関係が導けます．

$$C_C = 0.1C_L \tag{12.20}$$

また，この式と式(12.16)と(12.18)より，次の式が導かれます．

$$g_{mpd} = 3\omega_{GB} C_L = 30\omega_{GB} C_C = 30g_{mn} \tag{12.21}$$

したがって，ω_{GB} と C_L が仕様で決まっていれば，式(12.20)より C_C を決めることができます．これにより，式(12.16)から差動段の MOSFET M_{np}, M_{nn} のトランスコンダクタンス g_{mn} と，式(12.21)から出力段の MOSFET M_{pd} のトランスコンダクタンス g_{mpd} を決めることができます．

また，スルーレート SR が仕様で規定されていれば，式(11.52)より，図12.10 の M_{nb} のバイアス電流 I_B が求まります．この I_B の $1/2$ が M_{np}, M_{nn} に流れるバイアス電流ですから，この $I_B/2$ のバイアス電流で所望の g_{mn} が得られるサイズ（W と L）に M_{np}, M_{nn} を設定すればよいことになります．また，M_{nb} は，M_{np}（$= M_{nn}$）のサイズの2倍程度にすればよいことになります（それ以上でも構いません．V_b の設定によります）．さらに，式(11.57)と式(12.20)より，M_{nb} と M_{nd} のミラー比 N は，$C_L/C_C = 10$ 以上にする必要がありますので（11.10節参照），ミラー比を10以上として M_{nd} のサイズを設定します．また，そのバイアス電流 I_{out}（NI_b）で所望の g_{mpd}（例えば，$g_{mpd} = 30g_{mn}$）を満たすサイズに M_{pd} を設定します．この M_{pd} のサイズからミラー比の2倍（$= 2N$）でスケールダウンしたサイズ（$\times 1/(2N)$）に M_{pp} と M_{pn} を設定します．

このように，安定性を考慮すると，結構 MOSFET のサイズを決めていくことができます．注意するべきことは，すべての MOSFET が飽和領域に，十分になるようなサイズ設定にすることです．また，カレントミラーの精度やノイズの観点から，M_{nb}, M_{pp}, M_{pn}, M_{pd} と M_{nd} のゲート長 L は大きくしたほうがよいですし，利得の観点から M_{np} と M_{nn} の g_m は高くとりたいです．実際は，このようなことを考えながら回路定数を決めていきます．

12.6　第12章のまとめ

　アナログ回路が広く使われるようになった理由の1つに負帰還の発見があります．電子デバイスの製造において，その特性をそろえるのはきわめて困難です．現在の技術をもってしても，例えば BJT の電流増幅率 β をきっちりとそろえることはできません．しかし，負帰還を使うことによって，電子回路の特性を電子デバイスの特性に依存せずに細かく設定できるようになりました．これにより電子機器の安定性や信頼性が飛躍的に向上し，電子産業の発展に寄与したのです．

　負帰還は非常に有用な方式ですが，その安定性には細心の注意を払う必要がありますので，安定性解析はぜひマスターしてください．特に回路が複雑になると，寄生容量によりローパスフィルタとハイパスフィルタが複数できてしまいます．これらにより位相が両方向に回転して安定度解析が難しくなります．特に商用の電子回路を設計する場合は，できる限り安全サイドにパラメータを設定する必要があります．

12.7　第12章の演習問題

(1) 電圧利得 A が 1000 の増幅回路に，減衰率 F が 0.1 の減衰器で負帰還をかけた．ループ利得と電圧利得を求めなさい．

(2) 図 12.2 の各帰還方式について，単体の増幅回路の入力と出力の各インピーダンスを Z_i と Z_o とした場合に，各負帰還回路の入力および出力インピーダンスがどのようになるか計算しなさい．

(3) 図の CMOS オペアンプについて，ω_{GB} が $8 \times 10^7\,\mathrm{rad/s}$ であり，C_L が $20\,\mathrm{pF}$ のとき以下の定数の適切値を求めなさい．
　① 位相補償容量 C_C
　② $\mathrm{M_{np}}$ と $\mathrm{M_{nn}}$ のトランスコンダクタンス g_{mn}
　③ $\mathrm{M_{pd}}$ のトランスコンダクタンス g_{mpd}

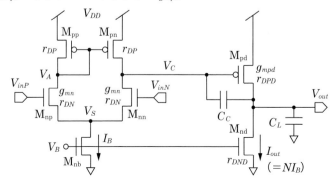

第**13**章

発振回路

第 12 章では，負帰還回路をどのように安定させるかということを考え，位相補償などの安定化手法について学んできました．本章では，あえて正帰還をかけて，安定ではない状態を積極的に活用することを考えます．つまり他からの励振なしで，一定の周期と振幅の振動を持続する発振という現象です．

この発振を発生させる回路を発振回路といいます．身近な例では，パソコンやスマートフォン内の IC で使われているクロック信号の発生回路があります．クロックが安定して発振することによって，パソコンやスマートフォン内のプロセッサにおいて同期設計されたデジタル回路が安定動作します．

クロックについては 14.3.2 項（2）を参照してください．

実際の発振回路においては，抵抗素子を使っていなくても寄生抵抗（配線の抵抗や部品間の接触抵抗など）が存在するので，それらの抵抗によりジュール損失が発生します．このエネルギー損失を補填して発振を持続させるためにオペアンプがよく使われます．なお，正帰還をかけずに，負性抵抗によりエネルギーを供給する方式もあります．

13.1　発振回路の種類

分類の仕方によって，いろいろな種類の発振回路があります[*]．

① **エネルギーの供給方法による分類**

a）正帰還発振回路：正帰還を用いてエネルギーを供給する方式

b）負性抵抗発振回路：負性抵抗を利用してエネルギーを供給する方式

② **出力波形による分類**

a）正弦波発振回路：正弦波振動を生じさせる方式

b）弛張発振回路：矩形波や三角波などの非正弦波振動を生じさせる方式

③ **発振周波数の設定方式により分類**

a）CR 発振回路：キャパシタ C と抵抗 R で周波数を設定する方式

b）LC 発振回路：インダクタ L とキャパシタ C で周波数を設定する方式

c）水晶発振回路：水晶発振子の振動周波数により周波数を設定する方式

d）リング発振回路：リング型に接続した素子の遅延時間により周波数を設定する方式

---

[*] 他の分類の仕方もあります．

13.2 正帰還発振回路

正帰還発振回路は本章の冒頭で述べたように，正帰還を利用してエネルギーを供給して発振を持続させる方式で，基本的な発振回路です．正帰還発振回路は「ブランコ」にたとえられます．ブランコは，適切なタイミングで足を振って振動を持続させます．したがって，「タイミング」と「足を振る（＝エネルギーを加える）」の2つの要素が必要になってきます．このことについて，説明していきます．

13.2.1 正帰還発振回路の原理

図13.1に正帰還発振回路の基本構造を示します．増幅器と帰還回路の利得をそれぞれ A および β とします（負帰還の減衰器と区別するため β としました）．ともに周波数特性をもつため s（$=j\omega$）の関数とします．そして，入出力の関係を式にすると，次のようになります．

$$v_{out} = A(s)v_i \tag{13.1}$$

$$v_i = v_{in} + \beta(s)v_{out} \tag{13.2}$$

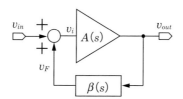

図13.1 正帰還回路

よって，次のようになります．

$$v_{out} = \frac{A(s)}{1 - A(s)\beta(s)} v_{in} \tag{13.3}$$

ここで，$A(s)\beta(s)$ はループ利得です．このループ利得が1ならば，たとえ v_{in} がゼロであっても，v_{out} はゼロになりません．この状態が発振状態です．

これには，ある特定の周波数で2つの条件が同時に満たされる必要があります．

13.2.2 発振するための条件

図13.1と式(13.1)〜(13.3)から，次の式が導けます．

$$v_F = \beta(s)v_{out} = \frac{A(s)\beta(s)}{1 - A(s)\beta(s)} v_{in} \tag{13.4}$$

これらの表現に複素ベクトルを用いるとともに，$\dot{v}_{in}$ と $\dot{v}_F$ のなす角を θ とすると，図13.1より

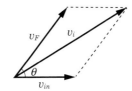

図13.2■入力信号と帰還信号のベクトル表示

$$\dot{v}_{in} + \dot{v}_F = \dot{v}_i \tag{13.5}$$

となり，これらを図示すると，**図13.2**になります.

これらからわかるように，$\dot{v}_{in}$ と $\dot{v}_F$ のベクトル和 $\dot{v}_i$ の大きさは，

$$|\dot{v}_i|^2 = (|\dot{v}_{in}| + |\dot{v}_F|\cos\theta)^2 + (|\dot{v}_F|\sin\theta)^2$$
$$= |\dot{v}_{in}|^2 + 2|\dot{v}_{in}||\dot{v}_F|\cos\theta + |\dot{v}_F|^2$$
$$= (|\dot{v}_{in}| + |\dot{v}_F|)^2 + 2|\dot{v}_{in}||\dot{v}_F|(\cos\theta - 1) \tag{13.6}$$

したがって，$\cos\theta = 1$ のとき，すなわち $\theta = 0, 2\pi, 4\pi, \cdots$ のときに，$\dot{v}_i$ の大きさ $|\dot{v}_{in}|$ が $|\dot{v}_{in}| + |\dot{v}_F|$ になります. このときの周波数を f_{osc} とします.

つまり，周波数が f_{osc} のときは，$\dot{v}_{in}$ と $\dot{v}_F$ の方向が完全に一致するので，常に代数和で $\dot{v}_i$ の大きさが決まることになります. このため，$|\dot{v}_i|$ が安定的に増加するための素地ができます. 一方，f_{osc} 以外の周波数のときは θ がゼロではないため，発振のたびに θ が加算されていき，$|\dot{v}_i|$ が増減するので，f_{osc} の場合のように安定的に発振できません.

周波数が f_{osc} のときは，式(13.4)において $\dfrac{A(s)\beta(s)}{1 - A(s)\beta(s)}$ の虚数部は0（$\theta = 0°$）であるので，

$$\text{Im}[A(s)\beta(s)] = 0 \tag{13.7}$$

という条件が導かれます.

また，周波数 f_{osc} において，$\dot{v}_i$ の大きさが大きくなる（成長する）ためには，ループ利得 $A(s)\beta(s)$ が1以上であることが必要ですので，

$$\text{Re}[A(s)\beta(s)] \geq 1 \tag{13.8}$$

という条件が導かれます.

実際の発振回路における入力信号 v_{in} は外部から入力されるわけではなく，回路内の抵抗やトランジスタの特定周波数の熱雑音です. この微小な雑音を起動源として，上記の式(13.7)，(13.8)の条件を満たした状態で発振回路は発振を持続していきます.

なお，この状態では $|\dot{v}_{in}|$ がゼロでも $|\dot{v}_i|$ は増え続けていきますが，増幅回路の非線形性により，$|\dot{v}_i|$ が大きくなると利得 $A(s)$ が減少します.

例えば，3.3Vとグランド電位（0V）に接続されて動作している電圧利得10の増幅回路において，入力信号の振幅が100mVの場合は出力信号が1Vになり

ますが，500 mV の場合は 5 V になるわけではありません．出力信号は電源電位とグランド電位を上下に超えることは絶対にないからです．したがって，出力信号が電源もしくはグランド電位に近づくと，出力振幅は頭打ちになってきます．つまり，通常の増幅回路は，入力信号の振幅が大きくなると利得は低下していきます．

以上のことから，どこかで $\dot{v}_i$ の振幅成長が止まり，振幅が一定になり以下の条件が満たされて，発振が安定します．

$$\mathrm{Re}[A(s)\beta(s)]=1 \qquad (13.9)$$

このイメージを図示すると，**図 13.3** のようになります．

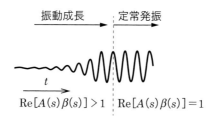

図 13.3 ■ 発振の際の信号のイメージ

以上のことから，発振するための条件は次のようになります．

$$\mathrm{Re}[A(s)\beta(s)]\geq 1 \qquad (13.10)$$
$$\mathrm{Im}[A(s)\beta(s)]=0 \qquad (13.11)$$

式(13.10)を**電力条件**もしくは**振幅条件**といい，ブランコの足を振る行為に相当します．式(13.11)を**周波数条件**もしくは**位相条件**といい，足を振る適切なタイミングに相当します．これらの発振条件をまとめて，**バルクハウゼンの発振条件**とよびます．

13.2.3 ウィーンブリッジ発振回路

正帰還発振回路の例として，**ウィーンブリッジ発振回路**を取り上げます．**図 13.4** に示すように，ハイパスフィルタ（低域遮断回路），ローパスフィルタ（高域遮断回路），非反転増幅回路を組み合わせた回路です．

基本的な思想は，図 13.4(a)に示すように，ハイパスフィルタとローパスフィルタでバンドパスフィルタを構成し，特定の周波数の信号だけを抜き出して，増幅回路に印加するというものです．また，図 13.4(b)に示すように，基本的な振る舞いはホイートストンブリッジ回路などのブリッジ回路と同じです．ブリッジの平衡条件 $(Z_1R_a = Z_2R_b)$ が成立したときに，オペアンプの入力 v_p, v_n の電位差 v_{in} がゼロになります．

では，発振条件を求めてみます．ハイ

バンドパスフィルタは特定の周波数帯の信号を通すフィルタです．

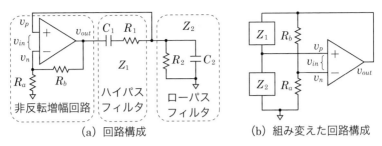

（a）回路構成　　　　　　（b）組み変えた回路構成

図13.4■ウィーンブリッジ発振回路

パスフィルタとローパスフィルタのインピーダンスをそれぞれ Z_1 と Z_2 とすると，それぞれ次のようになります．

$$Z_1 = R_1 + \frac{1}{j\omega C_1} \qquad (13.12)$$

$$Z_2 = \frac{1}{\frac{1}{R_2} + j\omega C_2} = \frac{R_2}{1 + j\omega R_2 C_2} \qquad (13.13)$$

> 式(13.13)は式(9.2)と同じ形になっていますから，ローパスフィルタであることがわかります．

そして，図13.4(b)を参照し，オペアンプの入力 v_{in} と出力 v_{out} から，ループ利得 $A\beta$ を求めます．出力電圧の分圧から次のようになります．

$$v_{in} = v_p - v_n = \frac{Z_2}{Z_1 + Z_2} v_{out} - \frac{R_a}{R_a + R_b} v_{out} \qquad (13.14)$$

これと式(13.3)から，ループ利得 $A\beta$ は

$$A\beta = 1 - A\frac{v_{in}}{v_{out}} = 1 - A\left(\frac{Z_2}{Z_1 + Z_2} - \frac{R_a}{R_a + R_b}\right) \qquad (13.15)$$

となります．したがって，ループ利得 $A\beta$ は，式(13.15)に式(13.12)，(13.13)を代入して，

$$A\beta = 1 - \left(\frac{\dfrac{AR_2}{1 + j\omega R_2 C_2}}{R_1 + \dfrac{1}{j\omega C_1} + \dfrac{R_2}{1 + j\omega R_2 C_2}} - \frac{AR_a}{R_a + R_b}\right)$$

$$= 1 + \frac{AR_a}{R_a + R_b} - \frac{AR_2}{R_1(1 + j\omega R_2 C_2) + \dfrac{1 + j\omega R_2 C_2}{j\omega C_1} + R_2}$$

$$= 1 + \frac{AR_a}{R_a + R_b} - \frac{AR_2}{R_1 + R_2 + \dfrac{R_2 C_2}{C_1} + j\left(\omega R_1 R_2 C_2 - \dfrac{1}{\omega C_1}\right)} \qquad (13.16)$$

となります．これから，まず周波数条件を求めます．ループ利得 $A\beta$ の虚数部がゼロより，

$$\omega R_1 R_2 C_2 - \frac{1}{\omega C_1} = 0 \tag{13.17}$$

よって，発振角周波数 ω_{OSC} は次のようになります．

$$\omega_{OSC} = \frac{1}{\sqrt{R_1 R_2 C_1 C_2}} \tag{13.18}$$

また，電力条件より，

$$1 + \frac{AR_a}{R_a + R_b} - \frac{AR_2}{R_1 + R_2 + \dfrac{R_2 C_2}{C_1}} \geq 1 \tag{13.19}$$

となり，次のようになります．

$$\frac{R_a}{R_a + R_b} - \frac{R_2}{R_1 + R_2 + \dfrac{R_2 C_2}{C_1}} \geq 0 \tag{13.20}$$

これを整理して

$$\frac{1}{1 + \dfrac{R_b}{R_a}} \geq \frac{1}{1 + \dfrac{R_1}{R_2} + \dfrac{C_2}{C_1}} \tag{13.21}$$

となり，分母に注目すると，以下のようになります．

$$\frac{R_b}{R_a} \leq \frac{R_1}{R_2} + \frac{C_2}{C_1} \tag{13.22}$$

定常発振のときに等号が成立するとともに，ウィーンブリッジ平衡条件となります．

一般的には発振周波数を安定させるために，$R_1 = R_2$，$C_1 = C_2$ とします（同じ素子なら特性が同じ）．そのため $R_b = 2R_a$ になります．この場合，発振角周波数は $\omega_{osc} = 1/(C_1 R_1)$ であり，この角周波数において増幅回路の利得 A は，11.5 節の非反転増幅回路の式(11.12)より 3 となり，$A\beta = 1$ より帰還回路の帰還率 β は 1/3 になります．

13.2.4 リング発振回路

実際の集積回路（IC）では，リング発振回路がよく使われます．リング発振回路は，図 13.5(a)に示すように，奇数段の反転増幅回路をループで帰還をかけてリング状にした構成です．シンプルで小型にできるとともに，可変周波数範囲が広いので，IC 内のクロック生成に使われています．

図 13.5(b)に単体アンプの小信号等価回路を示します．出力インピーダンスを r_L とし，負荷容量を C_L としています．

まず，単体アンプの状態を考えます．単体アンプにおける入出力の関係は，次の式のようになっています．

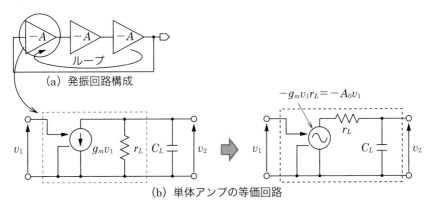

(a) 発振回路構成

(b) 単体アンプの等価回路

図13.5■リング発振回路

$$v_2 = -g_m r_L v_1 \frac{\dfrac{1}{j\omega C_L}}{r_L + \dfrac{1}{j\omega C_L}} = -g_m r_L v_1 \frac{1}{1 + j\omega C_L r_L} = -\frac{g_m}{\dfrac{1}{r_L} + j\omega C_L} v_1 \quad (13.23)$$

図 13.5(b)に示すように，ローパスフィルタ（高域遮断フィルタ）を形成しますので，遮断角周波数（ポール角周波数）は，9.2節と11.6節で述べたように

$$\omega_p = \frac{1}{C_L r_L} \quad (13.24)$$

となります．

また，発振角周波数 ω_{osc} においては，抵抗 r_L にかかる電圧を v_r とすると，v_1, v_2, v_r は，**図 13.6** に示す関係になります．

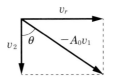

図13.6■単体アンプにおける入出力電圧関係

図 13.6 から，v_2 の v_1 に対する遅れ角 θ は，次のように表せます．

$$\tan\theta = \frac{|v_r|}{|v_2|} \quad (13.25)$$

そして，図 13.5(a)のリングオシレータは，2周でクロックの1周期分を生成するので，アンプ1段あたりは1周期の 1/6 の遅れとなります．したがって，上記の θ は 60° でなければなりません．式(13.25)に代入すると

$$\tan 60° = \frac{|v_r|}{|v_2|} = \sqrt{3} \quad (13.26)$$

抵抗 r_L と容量 C_L に流れる電流を i とすると, 次のように書き換えられます.

$$\frac{|v_r|}{|v_2|}=\frac{r_L i}{\dfrac{1}{\omega_{osc}C_L}i}=\frac{r_L}{\dfrac{1}{\omega_{osc}C_L}}=\omega_{osc}C_L r_L=\sqrt{3} \tag{13.27}$$

これより,

$$\omega_{osc}=\sqrt{3}\,\frac{1}{C_L R_L}=\sqrt{3}\,\omega_p \tag{13.28}$$

となり, これが周波数条件(位相条件)になります.

また, 発振を持続するためには, 発振角周波数 ω_{osc} において単体アンプの利得が 1 以上である必要があります. 式(13.23)と(13.28)から,

$$|A|=\frac{|v_2|}{|v_1|}=\left|\frac{g_m}{\dfrac{1}{r_L}+j\omega_{osc}C_L}\right|=\left|\frac{g_m}{\dfrac{1}{r_L}+j\sqrt{3}\,\dfrac{1}{C_L r_L}C_L}\right|=\left|\frac{g_m r_L}{1+j\sqrt{3}}\right|=\frac{g_m r_L}{2}\geq1 \tag{13.29}$$

となり, これが電力条件(振幅条件)になります. したがって, 単体アンプの直流電圧利得 $A_0\,(=g_m r_L)$ が, 2 以上の必要があります.

定常発振状態では式(13.29)の等号が成立し, $A_0=g_m r_L=2$ となりますので, 式(13.28)より,

$$\omega_{osc}=\frac{\sqrt{3}}{C_L r_L}=\frac{\sqrt{3}}{C_L\dfrac{2}{g_m}}=\frac{\sqrt{3}}{2}\frac{g_m}{C_L} \tag{13.30}$$

となります. つまり, トランジスタのトランスコンダクタンス g_m か, アンプの負荷容量 C_L を変えれば, 発振周波数を変更することができます.

通常はトランジスタに流す電流を変更することによって, トランスコンダクタンス g_m を変化させ, 周波数を変えるようにします. これを次に説明します.

13.2.5 電圧制御型 CMOS リング発振回路

リング発振回路を集積回路(IC)で利用する場合には, 図 **13.7**(a)に示すように, CMOS インバータ(14.2.1 項参照)でリングを構成し, そのインバータの動作電流を制御することよって発振周波数を可変にする場合が多いです. 図では, インバータの NMOS 側に電流源を挿入していますが, PMOS 側に挿入することもできます. この動作電流は, 適宜の値の直流(DC)電圧(図中の V_{ctrl})を入力することによって行われます. この制御電圧 V_{ctrl} の値によって制御電流 I_{ctrl} が増減し, リング発振回路の周波数が変化します. この構成の電圧制御型発振回路(Voltage Controlled Oscillator:VCO)は, 構成がシンプルなうえ, 周波数可変範囲を広く取れるので, IC でよく使われます.

この発振回路の周波数特性について考えてみます. 制御電圧 V_{ctrl} によりトラ

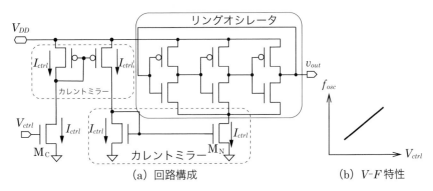

(a) 回路構成　　　　　　　　　　　(b) V-F 特性

図13.7■電圧制御型 CMOS リング発振回路

ンジスタ M_C に流れる電流 I_{ctrl} は，トランジスタ M_C が飽和領域に入っているとすると，次の式のように表されます．

$$I_{ctrl} = \frac{1}{2} \mu_n C_{OX} \frac{W}{L} (V_{ctrl} - V_{TH})^2 \tag{13.31}$$

V_{TH} は，トランジスタ M_C のしきい値電圧です．この電流 I_{ctrl} は，PMOS と NMOS の 2 段のカレントミラー回路を介して，CMOS リング発振回路の電流制御用トランジスタ M_N にコピーされます．そして，この制御電流 I_{ctrl} は，適宜インバータに分配されてインバータの動作電流になりますので，CMOS インバータのトランジスタのトランスコンダクタンス g_m を変えることができます．また，トランジスタの g_m は，次のようにドレイン電流のルートに比例します．式(5.25) に示した MOSFET の飽和電流の式の $\mu C_{OX} \frac{W}{L}$ を β とすると，$I_D = \frac{1}{2} \beta (V_{GS} - V_{TH})^2$ より，トランスコンダクタンス g_m は次の式のように表されます．

$$g_m = \frac{dI_D}{dV_{GS}} = \beta (V_{GS} - V_{TH}) = \beta \sqrt{\frac{2I_D}{\beta}} = \sqrt{2\beta I_D} \tag{13.32}$$

そして，この式と式(13.31)をあわせて考えると，制御電圧 V_{ctrl} の変化が 2 倍になれば制御電流 I_{ctrl} の変化が 4 倍になるので，トランジスタの g_m の変化は 2 倍になります．つまり，トランジスタの g_m は制御電圧 V_{ctrl} に比例することがわかります．

したがって，式(13.30)の発振周波数の式から，制御電圧 V_{ctrl} と発振周波数 f_{osc} は，図13.7(b)に示すような線形の関係になります．

$$f_{osc} \propto g_m \propto V_{ctrl} \tag{13.33}$$

このため，制御系の中で扱いやすいので，集積回路（IC）内の PLL（Phase Locked Loop）によく使われます．

> PLL は位相同期ループ回路とよばれ，外部からの周期的な信号（クロック）に同期した信号を出力します．この同期にはフィードバック制御が使われます．PLL により多様な周波数の出力信号を安定的に発生できます．

13.2.6 並列共振を用いた発振回路

インダクタ L とキャパシタ C の並列共振を利用した発振回路を図 **13.8** に示します．図(a)は，2 個のキャパシタと 1 個のインダクタで並列共振回路を構成しており，**コルピッツ発振回路**とよばれます．図(b)は，2 個のインダクタと 1 個のキャパシタで並列共振回路を構成しており，**ハートレー発振回路**とよばれます．

もし損失がなければ，共振回路で決まる共振周波数で発振し続けますが，実際には抵抗成分によるエネルギー損失がありますので，そのエネルギー損失を補填して発振を継続させるために反転増幅回路が用いられます．この反転増幅回路は，トランジスタ 1 個でも構成できますが，今回はオペアンプを使用しました．

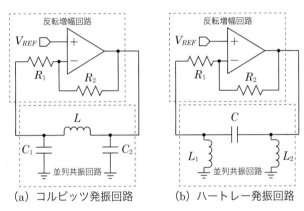

(a) コルピッツ発振回路 　　(b) ハートレー発振回路

図 13.8 ■ 並列共振を用いた発振回路

まず，図 13.8(a)のコルピッツ発振回路について，発振条件を求めてみます．図 **13.9** に示すように，反転増幅回路と並列共振回路との間の抵抗成分を R とし

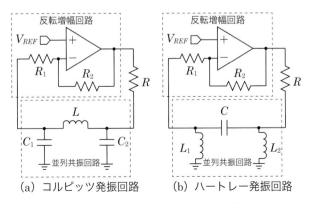

(a) コルピッツ発振回路 　　(b) ハートレー発振回路

図 13.9 ■ 並列共振を用いた発振回路（解析用）

て示しました．これは，帰還回路に実軸成分を発生させるためです．実際におい
ても，抵抗成分がない接続はありませんので，このようにしました．

　図より，LC 並列共振回路のオペアンプ出力側から見たインピーダンスを Z と
すると，次のようになります．

$$Z=\frac{1}{j\omega C_2}//\left(j\omega L+\frac{1}{j\omega C_1}\right)=\frac{1-\omega^2 LC_1}{j\omega(C_1+C_2-\omega^2 LC_1C_2)} \tag{13.34}$$

　帰還回路の利得 β は，図における分圧の
式より，次のように表されます．

帰還回路の β はオペアン
プの出力電圧と C_1 にかか
る電圧との比です．

$$\begin{aligned}\beta&=\frac{Z}{Z+R}\frac{\dfrac{1}{j\omega C_1}}{j\omega L+\dfrac{1}{j\omega C_1}}=\frac{1}{1+\dfrac{j\omega R(C_1+C_2-\omega^2 LC_1C_2)}{1-\omega^2 LC_1}}\frac{1}{1-\omega^2 LC_1}\\&=\frac{1}{1-\omega^2 LC_1+j\omega R(C_1+C_2-\omega^2 LC_1C_2)}\end{aligned} \tag{13.35}$$

　さらに，反転増幅回路の電圧利得 A は，式(11.10)より，

$$A=-\frac{R_2}{R_1} \tag{13.36}$$

となります．したがって，ループ利得 $A\beta$ は，次のようになります．

$$A\beta=\frac{-R_2/R_1}{1-\omega^2 LC_1+j\omega R_1(C_1+C_2-\omega^2 LC_1C_2)} \tag{13.37}$$

　これより，周波数条件は，発振角周波数 ω_{osc} として，

$$C_1+C_2-\omega_{osc}^2 LC_1C_2=0 \tag{13.38}$$

となり，ω_{osc} は，次のようになります．

$$\omega_{osc}=\sqrt{\frac{C_1+C_2}{LC_1C_2}} \tag{13.39}$$

　また，電力条件により，

$$-\frac{R_2}{R_1}\frac{1}{1-\omega_{osc}^2 LC_1}=\frac{R_2}{R_1}\left(\frac{1}{\dfrac{C_1+C_2}{C_2}-1}\right)=\frac{R_2}{R_1}\frac{C_2}{C_1}=1 \tag{13.40}$$

となるので，次の関係が得られます．

$$R_1C_1=R_2C_2 \tag{13.41}$$

　また，同図(b)のハートレー発振回路についても，同様に計算して，

$$\omega_{osc}=\sqrt{\frac{1}{C(L_1+L_2)}} \tag{13.42}$$

$$R_1L_2=R_2L_1 \tag{13.43}$$

の関係が得られます．計算自体は，演習問題でトライしてみてください．

13.3 弛張発振回路

弛張発振回路は，矩形波や三角波を発生させる発振回路であり，2つの定常状態の間を，ある時定数で往来する過渡現象を利用したものです．この時定数の設定には，キャパシタの充放電現象が使われます．

弛張発振回路は，正帰還発振回路が「ブランコ」で例えられるのに対して，「ししおどし」に例えられます．ししおどしは，竹筒の先端が上もしくは下の2状態が存在し，その2状態間を当該先端が往来して，その往来の周期で音を鳴らします．そして，その周期は，竹筒に注がれる水の流量（電流：電圧÷抵抗）と，その水を蓄える竹筒内部の容量（キャパシタンス）とで決まります．具体的には，抵抗 R と容量 C で時定数を決めることが多いです．このイメージをもつと，弛張発振回路の動作が理解しやすくなります．

弛張発振回路は，2状態を判定して往来の行きと帰りを切り換えるシュミットトリガ回路と，往来の周期を規定する時定数回路とで構成されます．シュミットトリガ回路は，コンパレータ回路に2値の基準電位をもたせて，入出力にヒステリシス特性をもたせています．

弛張発振回路のなかで，矩形波のような「0」「1」の継続パルス波形を発生させる回路を**マルチバイブレータ**といいます．なお，マルチバイブレータには「無安定」「単安定」「双安定」の3種類があり，発振回路は無安定マルチバイブレータになります．なお，単安定マルチバイブレータは，1ショットパルスの発生に使われます．また，双安定マルチバイブレータは，いわゆるフリップフロップ（14.3.3項を参照）です．

13.3.1 コンパレータ回路

オペアンプは単体利得が高いため，フィードバックをかけずにオープンループで使うと，入力信号の基準電圧に対する大小関係を比較する比較器（**コンパレータ回路**：comparator）として機能します．オペアンプをコンパレータとして使用する場合は，オペアンプの一方の入力端子に入力電圧 V_{in} を，他方の入力端子に基準電圧 V_{REF} を入れます．**図 13.10**(a)に基準電圧 V_{REF} をプラス側に入れた場合を，図(b)にマイナス側に入れた場合の回路図と入出力特性を示します．

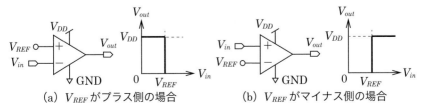

(a) V_{REF} がプラス側の場合　　(b) V_{REF} がマイナス側の場合

図 13.10 コンパレータ回路と入出力特性

　図 13.10 に示すように，コンパレータ回路は，入力電圧 V_{in} と基準電圧 V_{REF} の大小関係に応じて，出力電圧 V_{out} が High 電位（V_{DD}）と Low 電位（GND：0 V）を出力します．このコンパレータを使えば，三角波のような遷移時間が長い発振波形であっても，基準電圧 V_{REF} を横切る際に急峻な遷移の出力波形にすることができるので，三角波を同じ周期の矩形波にすることができます．

13.3.2　シュミットトリガ回路

　コンパレータ回路は，1 つの基準電位をもつので，基準電位より上下の 2 状態で規定すると，両状態間を往来する時間が非常に短くなって，弛張発振回路には使えません．このため，出力に応じた 2 つの基準電位（V_H, V_L）をコンパレータ回路にもたせた**シュミットトリガ回路**を使います．

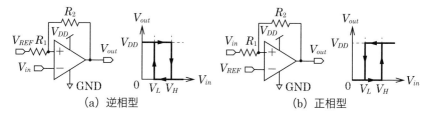

図 13.11　シュミットトリガ回路と入出力特性

　図 13.11(a)に示すように，コンパレータ回路の出力 V_{out} を，抵抗（R_1, R_2）を介して V_{REF} もしくは V_{in} に接続し，出力電位に応じた 2 値（V_H, V_L）を設けて，シュミットトリガ回路を形成します．つまり，基準電圧 V_{REF} は，オペアンプの出力電圧 V_{out} が V_{DD} のときは一方の値 V_H となり，GND（0 V）のときは他方の値 V_L となります．この 2 値（V_H, V_L）は，オペアンプの出力インピーダンスが抵抗に比べて十分低いとして，以下のようになります．

$$V_H = \frac{R_1}{R_1 + R_2}(V_{DD} - V_{REF}) + V_{REF} = \frac{R_1 V_{DD} + R_2 V_{REF}}{R_1 + R_2} \tag{13.44}$$

$$V_L = \frac{R_2}{R_1 + R_2} V_{REF} \tag{13.45}$$

　そして，出力電圧 V_{out} によって基準電位が変わりますので，入出力特性は，図 13.11(a)のように，入力電圧 V_{in} の増加する場合と減少する場合で別のルートを通ります．つまり，前回の比較結果である出力電圧 V_{out} によってルートが変更されることになり，状態変化が過去の履歴に依存することになります．これを**ヒステリシス特性**とよんでいます．このヒステリシス特性により，入力電圧 V_{in} が基準電圧 V_{REF} 付近であっても，出力電圧 V_{out} がバタつくことはありません．

　図 13.11(a)のタイプを**逆相型**といいます．逆相型では，入力電圧 V_{in} が V_L を下回ったら出力電圧 V_{out} が High に立ち上がり，V_H を上回ったら Low に降下し

ます. 入力電圧 V_{in} と出力電圧 V_{out} の変化の方向が逆になります.

また, 図 13.11(b)に示すタイプを正相型といいます. 正相型では, 基準電圧 V_{REF} は変わらないものの, 入力電圧 V_{in} と出力電圧 V_{out} が抵抗で分圧されてオペアンプのプラス側端子に入力されます. このように, オペアンプに入力する入力電圧を出力電圧に応じて変更することによって, 実質的に 2 値 (V_H, V_L) の変化点をつくり出しています. この 2 値の変化点は, 次のようになります.

$$V_H = \frac{R_1 + R_2}{R_2} V_{REF} \qquad (13.46)$$

$$V_L = \frac{R_1 + R_2}{R_2} V_{REF} - \frac{R_1}{R_2} V_{DD} \qquad (13.47)$$

図 13.11(b) で V_{in} の式を
たてることによって, V_H
と V_L を求められます.

正相型では, 入力電圧 V_{in} が V_L を下回ったら出力電圧 V_{out} が Low に降下し, V_H を上回ったら High に立ち上がります. 入力電圧 V_{in} と出力電圧 V_{out} の変化の方向が同じになります.

この基準電圧の 2 値 (V_H, V_L) を往来する時間を, 時定数回路で設定することによって, 弛張発振回路の発振周波数を規定するのです.

13.3.3　RC を用いた弛張発振回路

時定数回路を抵抗 R とキャパシタ C で形成した弛張発振回路を図 13.12 に示します.

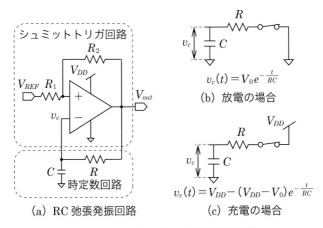

(a) RC 弛張発振回路

(b) 放電の場合

$$v_c(t) = V_0 e^{-\frac{t}{RC}}$$

(c) 充電の場合

$$v_c(t) = V_{DD} - (V_{DD} - V_0) e^{-\frac{t}{RC}}$$

図 13.12■RC を使った弛張発振回路

時定数回路のノード v_c が, シュミットトリガ回路の 2 つの基準値 (V_H, V_L) を所定の周期で往来します. この周期は, 時定数回路の RC で決まります. 往来における行きはキャパシタの充電に, 帰りはキャパシタの放電にそれぞれ対応します. この充放電は, 図 13.12(b)(c)のように, シュミットトリガ回路が V_{out} を

V_{DD} か GND（0 V）にすることによって切り換えます．この充放電を交互に切り換える必要上，シュミットトリガには逆相型を使っています．

　いま，V_{REF} を $V_{DD}/2$ に設定して，この弛張発振回路の周期を計算してみます．式(13.44)，(13.45)より，V_H と V_L は次のようになります．

$$V_H = \frac{R_1 V_{DD} + R_2 V_{REF}}{R_1 + R_2} = \frac{2R_1 + R_2}{2(R_1 + R_2)} V_{DD} \tag{13.48}$$

$$V_L = \frac{R_2}{R_1 + R_2} V_{REF} = \frac{R_2}{2(R_1 + R_2)} V_{DD} \tag{13.49}$$

　図13.13 に示すように，v_c が充電されて時刻 t_0 で V_H になったとします．すると，シュミットトリガ回路は V_{out} を GND（0 V）に切り換えてキャパシタ C の放電を開始します．

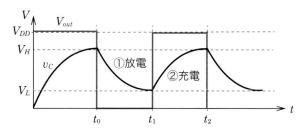

図13.13 弛張発振回路の発振波形

①　キャパシタ C の放電（t_0 から t_1 の期間）

　放電の等価回路を図13.12(b)に示しました．この回路方程式の一般解は，キャパシタの初期電圧 V_0 を V_H とすると，$t = t_0$ で $v_c = V_H$ ですから次のようになります．

$$v_c(t) = V_H \exp\left(-\frac{t - t_0}{RC}\right) \tag{13.50}$$

また，図13.13に示すように $t = t_1$ で $v_c = V_L$ ですから，式(13.50)より，

$$v_c(t_1) = V_H \exp\left(-\frac{t_1 - t_0}{RC}\right) = V_L \tag{13.51}$$

となり，

$$-\frac{t_1 - t_0}{RC} = \ln\frac{V_L}{V_H} \tag{13.52}$$

ln の中を逆数にしてマイナスを消しています．

となるので，この式に式(13.48)，(13.49)を代入すると，放電にかかる時間 $(t_1 - t_0)$ は，次のようになります．

$$t_1 - t_0 = RC \ln\frac{V_H}{V_L} = RC \ln\frac{2R_1 + R_2}{R_2} \tag{13.53}$$

　そして，$t = t_1$ で v_c が V_L に達したら，シュミットトリガ回路は V_{out} を V_{DD} に

切り換えて，キャパシタの充電を開始します．

②　**キャパシタ C の充電**（t_1 から t_2 の期間）

充電の等価回路を図 13.12(c)に示しました．この回路方程式の一般解は，キャパシタの初期電圧 V_0 を V_L とすると，$t=t_1$ で $v_c=V_L$ ですから

$$v_c(t)=V_{DD}-(V_{DD}-V_L)\exp\left(-\frac{t-t_1}{RC}\right) \tag{13.54}$$

また，$t=t_2$ で $v_c=V_H$ ですから，式(13.54)より，

$$v_c(t_2)=V_{DD}-(V_{DD}-V_L)\exp\left(-\frac{t_2-t_1}{RC}\right)=V_H \tag{13.55}$$

となり，

$$-\frac{t_2-t_1}{RC}=\ln\frac{V_{DD}-V_H}{V_{DD}-V_L} \tag{13.56}$$

となるので，この式に式(13.48)，(13.49)を代入すると，充電にかかる時間 (t_2-t_1) は，次のようになります．

$$t_2-t_1=RC\ln\frac{V_{DD}-V_L}{V_{DD}-V_H}=RC\ln\frac{2R_1+R_2}{R_2} \tag{13.57}$$

式(13.53)と(13.57)より，充放電の時間が同じであることがわかります．同じ電圧変化の充放電を同じ時定数で行っているので，当然の結果といえます．

したがって，この弛張発振回路の発振周期 T_{osc} は，

$$T_{osc}=2RC\ln\frac{2R_1+R_2}{R_2} \tag{13.58}$$

となるので，発振周波数 f_{osc} は，次のようになります．

$$f_{osc}=\frac{1}{T_{osc}}=\frac{1}{2RC\ln\dfrac{2R_1+R_2}{R_2}} \tag{13.59}$$

もし，$R_2 \gg R_1$ で発振振幅が小さい場合は，$1 \gg 2R_1/R_2$ となるので，$\ln(x+1) \approx x$（マクローリン展開）より，次のように近似できます．

> $f(x)=\ln(x+1)$ とすると
> $f(0)=0$, $f'(x)=\dfrac{1}{x+1}$ より
> $f(x) \approx f(0)+f'(0)x=x$
> となります．

$$f_{osc}=\frac{1}{2RC}\cdot\frac{1}{\ln\left(\dfrac{2R_1}{R_2}+1\right)}\approx\frac{1}{2RC}\cdot\frac{1}{\dfrac{2R_1}{R_2}}=\frac{1}{4RC}\cdot\frac{R_2}{R_1} \tag{13.60}$$

13.4　第13章のまとめ

この章では，発振回路について述べました．発振回路は，所望の状態に安定させることを目的とした前章の負帰還とは逆に，如何にして安定させないか（発振を止めないか）が主眼となります．デジタル化と IoT（Internet Of Things）の

時代になって，デジタル処理用のクロックや無線通信の搬送波の生成に高周波数で高精度な発振回路が使われるようになりました．本章では，発振回路の初歩的な事項を説明しており，高精度化などには触れていませんが，発振条件の理解により発振回路への興味をもってもらえればと思います．

13.5　第13章の演習問題

（1）図の発振回路の発振角周波数 ω_{osc} を求めるとともに，定常発振のためにオペアンプの電圧利得 A に求められる条件を答えなさい．

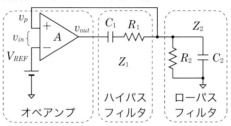

（2）図 13.8(b) に示したハートレー発振回路の発振条件を計算により確認しなさい．

（3）図に示すように，3 段の CR 回路により位相を 180° 進め，反転増幅回路に帰還させることによって正帰還発振を構成した．この発振回路の発振角周波数 ω_{osc} を求めるとともに，発振条件を答えなさい．

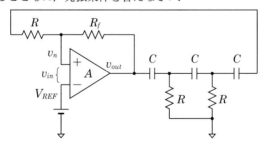

第14章

CMOS デジタル回路

　NMOS と PMOS の両トランジスタを使用する CMOS（Complementary MOS）テクノロジは，デジタル回路的な動作を行うのに非常に好都合な構造になっています．詳細は後に述べますが，非常に簡単な構成で論理回路を設計することができるので，集積回路（IC）の発展に寄与したといえます．この章では，論理回路を構成する基本回路と動作について述べます．今まではアナログ的な動作について動作点が変わらない小信号で解析を行っていましたが，この章ではデジタル的な動作である大信号で解析します．

14.1　論理回路について

　論理回路には，**組合せ回路**と**順序回路**があります．組合せ回路は入力の状態だけで出力が決まる回路であり，その状態の組合せにもよりますが，原則的に入力が変わるとすぐに出力も変わります．

論理回路は，論理演算や記憶を処理する回路のことをいいます．これを実現する電子回路のことをデジタル回路といいます．

　一方の順序回路は，制御信号（通常はクロック）が入力されて，このクロックおよび入力信号の状態と回路の以前の状態とで出力が決まります．たとえば，順序回路の代表格であるフリップフロップ（FF）は，クロックの立上りで入力を取り込むと同時に，その取り込んだ状態を出力します．出力後に入力やクロックが変化しても出力は保持されます．取り込んだ状態が記憶されているからです．したがって，FF が複数接続された状態では，各 FF においてはクロックに従って順番にデータが流れていきます．これを使えば，シフトレジスタや分周回路などが作成できます．

14.2　組合せ回路

　CMOS を使うと，**組合せ回路**をシンプルに構成することができます．最も簡単な構成の CMOS インバータについて以下に説明します．

14.2.1　インバータ（**NOT 論理**）

　図 **14.1** に**インバータ**の回路図と回路記号および真理値表を示します．図において，入

真理値表は論理演算の入力と結果を表にしたものです．

力 A に GND 電位（論理 0）を印加すると，PMOS と NMOS のゲートが GND 電位になりますので，PMOS のゲート下に正孔が集まりチャネルができて ON 状態になります．また，NMOS のゲート下には電子が集まらずチャネルができないので OFF 状態になります．したがって，出力 Y は V_{DD} 電位（論理 1）になります．

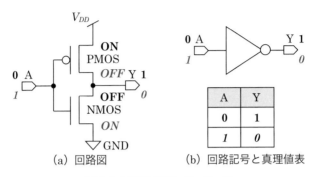

(a) 回路図 　　　　　 (b) 回路記号と真理値表

図 14.1 ■ CMOS インバータ

また，入力 A に V_{DD} 電位（論理 1）を印加すると，PMOS が OFF となり，NMOS が ON になるので，出力 Y は GND 電位（論理 0）になります．このように，論理 1 を入力すると論理 0 が出力され，論理 0 を入力すると論理 1 が出力されるので，インバータ（NOT 論理，否定論理）となります．つまり，反転論理を PMOS と NMOS のシンプルな接続で実現できるのです．これが CMOS のメリットになります．

そして上述のように，**PMOS と NMOS の一方は必ず OFF になるので，直流電流が流れません．つまり，入力が変わらない限り，電力を消費しないのです．これが，CMOS 論理回路の最大のメリットであり，回路の消費電力が非常に小さく低消費電力になります．** これにより，何億という回路素子を 1 チップに集積しても，現実的な消費電力に収まるので，パソコンやスマートフォンに代表される現代の電子機器が急速に発展しました．

また，論理 1 と 0 の出力を担当する PMOS と NMOS は，論理 0 と 1 の入力でそれぞれオンになるので，CMOS 論理回路は否定論理を基本とします．

次に，この CMOS インバータの動作をアナログ的に見てみます．**図 14.2** に CMOS インバータの入出力特性を示します．入力電圧 V_A が V_{LT} の付近で，出力電圧 V_Y が大きく変わります．この V_{LT} は，ロジカルスレッショルドとよばれ，出力論理 1 と 0 を切り換えるしきい値です．実は CMOS インバータは利得が高く，ロジカルスレッショルド V_{LT} 付近で急激に出力電圧が変化します．

アナログ動作については，ロジカルスレッショルド V_{LT} 付近を動作点として，それが変化しないという前提で小信号動作の解析をしていたイメージです．デジ

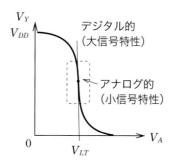

図 14.2■CMOS インバータの入出力特性

タル動作については，動作点付近という概念はなく，入力信号が大きく変わる場合の出力信号の変化ですので，大信号動作の解析になり，1 と 0 の論理値で表されることも多いです．

　大信号解析は，ON・OFF のスイッチング動作で置き換えることができるので，論理回路が非常に考えやすくなります．以下に他の論理素子の例を示します．

14.2.2　NAND 回路（Not-AND 論理）

　図 14.3 に 2 入力の NAND 回路と，その回路記号および真理値表を示します．このように，NMOS を縦積みにすることによって，入力 A および B がともに論理 1 になったときに出力 Y を論理 0 にし，他の組合せでは論理 1 を出力するようにしています．同じサイズの MOSFET を縦積みにすると，電流供給能力が半分になります（L が 2 倍になるイメージです）．

　通常，NMOS は PMOS より移動度が高いので，電流をより多く流すことができます．そのため，NMOS を縦積みにする NAND 回路は，次に述べる NOR 回

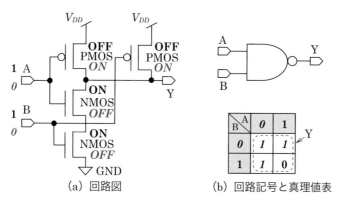

(a) 回路図　　　(b) 回路記号と真理値表

図 14.3■NAND 回路

路よりも，PMOS と NMOS のサイズのバランスがよくなります．このため，CMOS で論理回路を作る場合は，NOR 回路より NAND 回路を多用する傾向があります．

14.2.3　NOR 回路（Not-OR 論理）

図 14.4 に 2 入力の NOR 回路と回路記号を示します．このように，PMOS を縦積みにすることによって，入力 A および B がともに論理 0 になったときに出力 Y を論理 1 にし，他の組合せでは論理 0 を出力するようにしています．

NOR 回路は一般に，PMOS のゲート幅 W が NMOS よりかなり大きくなるので，NAND 回路に比べて，PMOS と NMOS のサイズのバランスは悪くなります．

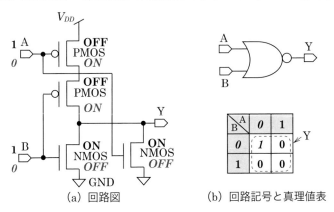

(a) 回路図　　　　　　　(b) 回路記号と真理値表

図 14.4　NOR 回路

14.2.4　加算器（Adder）

NOT 回路，NAND 回路，NOR 回路を適宜組み合わせると，どんな組合せ回路も基本的に実現できます．ただ，段数と遅延の関係上，できるだけ少ない素子数で構成することが求められます．ここでは，**加算器**を設計してみます．

加算器は，足し算をする回路ですが，**半加算器**（Half Adder）と**全加算器**（Full Adder）があります．下位の桁からの桁上げ（**キャリー**：carry）を考慮し

A	B	S	C
0	0	0	0
0	1	1	0
1	0	1	0
1	1	0	1

(a) 回路記号　　　　　　　(b) 真理値表

図 14.5　半加算器

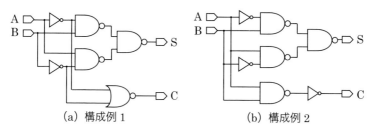

（a）構成例 1　　　　　　（b）構成例 2

図 14.6■半加算器の回路図

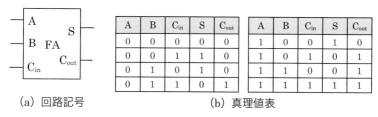

（a）回路記号　　　　　　（b）真理値表

図 14.7■全加算器

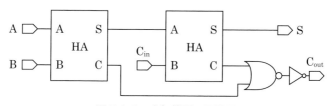

図 14.8■全加算器の回路図

ないものを半加算器とよび，考慮するものを全加算器とよんでいます．まずは，半加算器の回路記号と真理値表を**図 14.5** に示します．図(b)の真理値表からわかるように，A と B の足し算の結果が S，桁上げが C になっています．

　図 14.6 に半加算器の回路図を示します．回路の実現形式は，いろいろあります．図(a)は NOT 回路，NAND 回路，NOR 回路を使った例で，図(b)は NOT 回路と NAND 回路だけで構成した例です．

　図 14.7 に全加算器の回路記号と真理値表を示します．この図に示すように，3 ビット入力（A, B, C_{in}）で 2 ビット出力（S, C_{out}）のバイナリ加算器であることがわかります．

　図 14.8 に全加算器の回路図を示します．この例では，半加算器を 2 つ使って構成していますが，真理値表に基づいて組合せ回路で設計することも可能です．

14.3　順序回路

　順序回路は，出力後に入力状態が変化しても出力状態が変わらないと書きまし

た．つまり，過去の入力状態を現在に出力できる論理回路であり，入出力に時間的な前後関係（順序）が存在します．過去の状態を現在に反映させるので，前の状態を「記憶」することが必要になります．

14.3.1　記憶素子（メモリセル）

デジタル的な状態（1 か 0）を記憶するために，CMOS テクノロジは非常に簡単な素子を提供できます．図 14.9 に示すように，2 個の CMOS インバータをループ状に縦続接続（カスケード接続）することによって，2 つの安定状態（バイステーブル）にすることができます．つまり，なにもなければそのままの状態が維持され（保存），外部から高い駆動能力で状態をひっくり返すこと（書き込み）もできます．この構成は，パソコンの CPU 内のキャッシュメモリに使われる SRAM（Static Ramdom Access Memory）のセルに使われています．

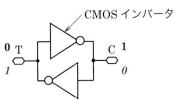

図14.9■メモリセル

14.3.2　ラッチ

前述のメモリセルを使って，順序回路の基本素子であるラッチについて，説明します．**ラッチ**とは，制御信号に応じて入力データを取り込んで記憶し，出力する回路素子です．ラッチ（latch）という語は掛け金のことで，制御信号によりデータを留めておくという意味合いです．

順序回路は，制御信号および入力信号の状態と回路の以前の状態とで出力が決まります，と書きました．つまり，前の状態（現在の出力状態）が次の出力状態に関係します．したがって，入出力をマトリックス表記する真理値表では状態を書き表せません．このため，順序回路の表現には，現在の状態と次の状態をあわせて記載する状態遷移表が用いられます．

（1）SR ラッチ

まずは，ラッチの中で比較的動作がシンプルな **SR ラッチ**について説明します．図 14.10 に回路記号とタイミング図を示します．S は Set で，R は Reset の意味合いです．これら S と R の入力が制御信号になります．図に示す通り，S が論理 1 のときは出力が論理 1（＝Set）に，R が論理 1 のときは出力が論理 0（＝Reset）になります．また，S と R がともに論理 0 のときは，出力（Q，$\overline{Q}$）は，現状の状態を保持します．

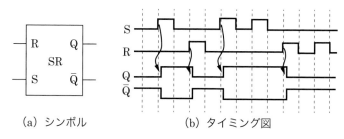

(a) シンボル　　　　　(b) タイミング図

図 14.10■SR ラッチ

表 14.1■SR ラッチの状態遷移表

S	R	現在の状態 Q	次の状態 Q	動作モード
0	0	0	0	Hold（保持）
0	0	1	1	Hold（保持）
0	1	0	0	Reset
0	1	1	0	Reset
1	0	0	1	Set
1	0	1	1	Set
1	1	0	不定	Inhibit（禁止）
1	1	1	不定	Inhibit（禁止）

状態遷移表を**表 14.1** に示します．$\bar{Q}$ は割愛しましたが，図 14.10(b) に示したように Q の否定論理です．状態遷移図からわかるように，S と R がともに論理 1 になることを禁止しています．回路の組み方によっては，出力が確定する場合もありますが，一般的な約束事として，S＝R＝1 は，禁止入力です．

図 14.11 に SR ラッチの回路図を示します．図(a)は，NOR 回路をベースに構成した回路であり非常にシンプルですが，NOR 回路なので PMOS と NMOS のサイズのバランスが悪いです．図(b)は，NAND ベースでサイズのバランスはよいのですが，インバータが別途必要です．このように，SR ラッチの実回路と

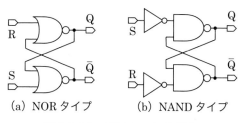

(a) NOR タイプ　　　(b) NAND タイプ

図 14.11■SR ラッチの回路図

しては、いろいろな種類があります。両図とも、入力 S と R がともに論理 0 の
ときは、NOR と NAND がインバータと等価になりますので、図 14.9 のメモリ
セルが実現されることがわかります。これにより、動作として Hold（状態保持）
ができるのです。

また、入力 S と R がともに論理 1 のときは、NOR タイプ（a）は、出力（Q、
$\bar{Q}$）がともに論理 0 になり、NAND タイプ（b）は、ともに論理 1 になります。
つまり、出力は不定ではないのですが、回路の組み方によって S＝R＝1 のとき
の出力が変わってくるので、一般的には不定だと考えてください。

（2）D ラッチ

SR ラッチは、2 つの入力をもち、入力された 1 または 0 を記憶して出力する
ものでした。これに対して **D ラッチ**は、1 つの入力の値（0 か 1）を記憶するか
どうかを、別途設けた制御端子への入力で制御できるというものです。この制御
端子には通常クロック信号が用いられます。

クロック（clock：Clk）は、**図 14.12** に示すように、論理 0 と 1 が一定周期
T で交互に現れる信号で、文字通り時間を規定するものです。組合せ回路は入力
だけで出力が決まるのですが、順序回路は前の状態（現在の出力状態）も関係す
るので、時間の概念が必要になります。このため、集積回路（IC）では、クロッ
ク信号と順序回路を用いてさまざまな信号の前後関係を決めています。

図の周期 T は**クロック周期**とよばれており、この逆数が**クロック周波数**（$f＝
1/T$）になります。基本的にクロック周期ごとに演算処理が行われていくので、
クロック周波数が高いほうが時間あたりの処理能力は高くなります。このため、
PC の性能指標として、CPU のクロック周波数が使われています。なお、クロッ
クにおける論理 1 と 0 の比を、クロックの**デューティ比**とよんでいます。デュー
ティ比は 50：50 が理想といわれています。

図 14.13 に D ラッチの回路記号とタイミング図を示します。D ラッチの動作
を考えるには、クロックによる制御動作を理解する必要があります。クロックに
より、以下の 2 つの制御が行われます。

① 　クロックが論理 1 のときは、入力 D の論理値が出力 Q にそのまま出力さ
れる（透過：Transparent）。

② 　クロックが論理 0 のときは、出力 Q は前の状態が保持される（保持：
Hold）。

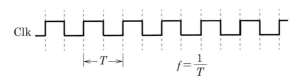

図 14.12■クロック信号のタイミング図

図(b)を見ると，クロック Clk が論理 1 のときは，入力 D の状態が，そのまま出力 Q に現れています（①の制御）．また，Clk の論理 0 から 1 へ遷移したときの入力 D の状態が保持され，出力 Q に出力されていることがわかります（②の制御）．そして，前の入力 D である現在の出力 Q と現在の入力 D の論理状態が異なるときは，Clk が論理 0 から 1 へ遷移したとき（立上り時）に次の出力 Q の論理が切り換わります．

特に気を付けないといけないことは，Clk が論理 1 のときに入力 D の状態が変わると，図に丸で囲ったところのように非常に細いパルス信号（グリッチ）が出力される場合があるということです．このようなパルス状の出力 Q は，後段の回路によっては，誤動作を引き起こす可能性があります．

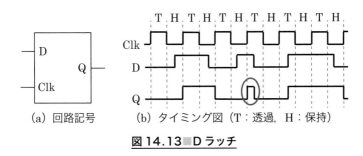

(a) 回路記号　　(b) タイミング図 (T：透過, H：保持)

図 14.13■D ラッチ

図 14.14 に D ラッチの回路図を示します．図(a)のように，組合せ回路により構成することができます．記憶動作には，上述の SR ラッチ（インバータ抜き）を用いています．ただし，実際に集積回路（IC）で使われるのは，**トランス**

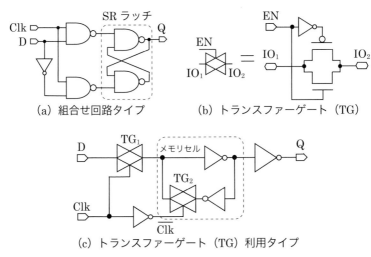

(a) 組合せ回路タイプ　　(b) トランスファーゲート (TG)

(c) トランスファーゲート (TG) 利用タイプ

図 14.14■D ラッチの回路図

ファーゲート（transfer gate）を利用したものが多いように思います．うまく作ると組合せ回路タイプより，Ｄ ラッチをコンパクトに作ることができます．

　トランスファーゲートとは，図(b)に示すように，CMOS のアナログスイッチです．制御端子（EN）が論理 1 のときに ON になって，IO_1 と IO_2 が導通します．EN が論理 0 のときは，OFF となって IO_1 と IO_2 は導通しません．このスイッチを使ってメモリセルへの書込制御を行うようにして構成したのが，図(c)に示す Ｄ ラッチです．

　Clk が論理 1 のときに一方のトランスファーゲート（TG_1）が ON になって，メモリセルに入力 D を書き込むとともに，出力 Q に入力 D を出力します（動作モード：透過）．そして，Clk が論理 0 になると，TG_1 が OFF になるとともに，他方のトランスファーゲート（TG_2）が ON になり図 14.9 のメモリセルを構成してデータを記憶します（動作モード：保持）．そのときは，メモリセルに保持されているデータが出力 Q に現れることになります．

14.3.3　フリップフロップ

　ラッチは，前の状態（現在の状態）を保持しておき，次の状態で出力 Q に出力することが可能ですが，SR ラッチも Ｄ ラッチも，入力が変化した際に出力が変化する場合があります（Set/Reset や透過）．したがって，Ｄ ラッチの例で述べたように，細いパルスが出力 Q に現れる場合があり，誤動作の原因になり得ます．

　これを解決したのが，**フリップフロップ**です．フリップフロップは，シーソーの左右の揺れの意味であり，シーソーのように論理 1 か 0 のどちらかに傾くのですが，その傾くタイミングは，クロック Clk の立上り（rising edge）か立下り（falling edge）のみで決めています．そして，どちらに傾くかは，Clk の立上り時（もしくは立下り時）の入力 D の状態によって決めています．したがって，出力 Q の変化するタイミングは，Clk の立上り時（もしくは立下り時）に限定されるため，出力 Q が Clk のエッジのタイミングで規定されるので，実際の回路設計やタイミング解析が非常にしやすくなります．

　図 14.15 に **D フリップフロップ**（**D-FF**）の回路記号と回路図を示します．

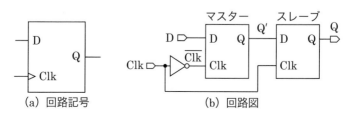

図 14.15■D フリップフロップの回路図

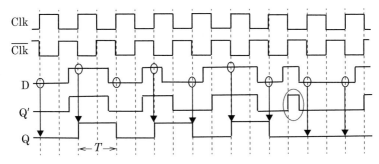

図14.16　Dフリップフロップのタイミング図

　回路記号はDラッチと似ていますが、クロック端子に三角のマークが入っており、これで区別しています。また、図(b)に示すようにDラッチを縦列接続した構成であり、マスター（master）のDラッチの出力Q′は、スレーブ（slave）のDラッチの入力Dに接続されています。この構成は**マスター・スレーブ型**とよばれます。マスターとスレーブのDラッチには、クロックCLKの反転と正転がそれぞれ入力されています。**図14.16**にタイミング図を示します。

　各Dラッチの動作は、前述のものと同じですので、マスターDラッチの透過期間の出力Q′には狭小パルス（**グリッチ**）が発生します。このとき、スレーブDラッチが保持期間ですので、このパルスはスレーブDラッチには取り込まれません。したがって、スレーブDラッチの出力Qには、図のようにClkの立上り時の入力データDが現れることになります。しかも、D-FFの出力QはClkに同期して出力されるとともに、クロック周期Tの整数倍の幅をもったパルスになりますので、後段の回路で誤動作が起きにくく、タイミング設計が非常にやりやすくなります。

　D-FFの"D"はDelayの意味で、データ線にD-FFを1個挿入すると、データを1クロック周期だけ遅延させることができます。このため、1クロックの遅延素子として使用されている、最も重要なフロップフロップです。DラッチはクロックClkが論理1のときはデータが遅延せず、どんどん先に進んでいってしまうことを考えると、完全にクロック同期がかかるD-FFは非常に使いやすい順序回路といえます。

14.4　クロック同期回路の必要性

　14.2節の組合せ回路と14.3節の順序回路によって実際に論理回路を設計する場合、通常はクロック同期回路にします。組合せ回路は入力の状態によって出力がすぐに変わると書きました。インバータ、NAND、NORなどの基本的な論理回路素子（**論理セル**とよびます）を組み合わせた論理回路においては、入力から出力までの遅延時間は論理セルと段数で基本的に決まります。そのため、論理回

路によって遅延時間はまちまちで，揃えることが実質的にできません．複数の論理回路の出力でさらなる論理を組む場合には，その遅延時間の差によって狭小パルスであるグリッチが発生します．このグリッチは論理回路の誤動作を引き起こす可能性があるため，グリッチが発生しないように回路を設計しなければなりません．このための方法が**クロック同期**という手法です．クロック同期で設計した回路を，**クロック同期回路**とよびます．

　図**14.17**にクロック同期の概念を示します．

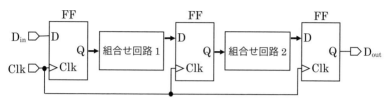

図14.17■クロック同期回路の概念図

　図に示すように，クロック同期回路は組合せ回路をフリップフロップ（FF）で挟んでいる構成です．前段の組合せ回路の論理演算結果をFFが出力するタイミングは，クロックによって規定されますので，次段の組合せ回路の論理入力のタイミングが揃います．さらに，FFが出力を保持するため，クロックの1周期の間はFFからの出力Qは変化しません．そのため，グリッチが発生することはありません．このように，クロックのエッジを基準として論理演算処理を進めていく手法を**クロック同期設計**といいます．

　この手法が成立するためには条件があります．それは各組合せ回路の論理確定に要する時間（遅延時間）がクロック周期よりも短いことです．短ければ，組合せ回路1と2の遅延時間が揃っている必要はありません．この条件は，集積回路（IC）の設計時にタイミング検証として，必ずチェックされます．

14.5　第14章のまとめ

　本章では，デジタル回路について述べました．いままでのアナログ回路の説明とはかなり毛色が変わった内容だったと思います．CMOSテクノロジを活用したデジタル回路は，集積回路（IC）を通してほぼすべての電子機器に搭載されて世界中で活躍しています．このデジタル回路があればこそ，世の中がデジタル化へシフトしていきました．内容的には，一般的なアナログ回路よりは親しみやすいのではないでしょうか．

　ただし，デジタル回路であっても過渡特性や遅延などのアナログ的な要素が存在します．特に，電子機器の高性能化に伴ってデジタル回路が高速動作するようになり，デジタル回路であってもアナログ的な見方ができるエンジニアが求めら

れています．プログラミング的な0か1かの考え方では対応できなくなってきています．本書を通して，デジタル回路であってもアナログ的な見方ができるようになってもらえればと思います．

14.6　第14章の演習問題

（1）図は複数の入力信号から1つを選択して出力するセレクタとよばれる回路である．**マルチプレクサ**ともよばれる．表に示すようなS＝0のときはAを，S＝1のときはBを出力する組合せ回路を示しなさい．

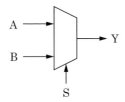

A	B	S	Y
0	0	0	0
0	1	0	0
1	0	0	1
1	1	0	1
0	0	1	0
0	1	1	1
1	0	1	0
1	1	1	1

（2）図に示すように，入力信号のパルスの数をカウントする回路を構成しなさい．カウンタは4ビットで最大15までカウントできるものとする．

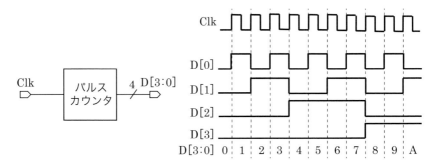

D[3:0]は，バス表記とよばれており，ここでは図中のパルスカウンタの出力D[3]，D[2]，D[1]とD[0]の4bitバス幅のデジタル信号をまとめて表しています．4bit幅の信号は，16進数で0〜F，または2進数で0000から1111で表記されることが多いです．

（**3**）前問（**2**）のパルスカウント回路を表のようなグレイコードとよばれる規則に従ってカウントする回路に構成しなおしなさい.

10進	16進	バイナリーコード	グレイコード
0	0	0000	0000
1	1	0001	0001
2	2	0010	0011
3	3	0011	0010
4	4	0100	0110
5	5	0101	0111
6	6	0110	0101
7	7	0111	0100
8	8	1000	1100
9	9	1001	1101
10	A	1010	1111
11	B	1011	1110
12	C	1100	1010
13	D	1101	1011
14	E	1110	1001
15	F	1111	1000

（**4**）前問（**2**）と（**3**）からグレイコードを用いる利点を示しなさい.

第15章

集積回路と応用例

　本章では，電子回路が実際にどのように用いられているかについて紹介します．まず，電子回路を構成する上で欠かせない集積化について説明します．集積化によって，電子回路の性能は飛躍的に向上し，また，電子部品の低コスト化，小型化をもたらしました．その結果，電子回路はあらゆる機器に搭載されるようになり，私たちの生活に不可欠な存在となりました．

　ここでは，電子回路の応用例の一つとして，センサシステムで用いられる電子回路について紹介します．近年，センサを活用したアプリケーションが急増しており，そのすべてにアナログ電子回路が搭載されています．アナログ電子回路の性能が，センサシステム全体の性能を左右していると言っても過言ではありません．

　最後に，電子回路を実現する半導体デバイスの現在における課題と，今後の解決策について，その最新動向を紹介します．

15.1　集積回路（IC）の必要性

　アナログ電子回路は，図 15.1(a)に示すように，トランジスタや抵抗，コンデンサなどの個別部品をプリント基板上に配置することで構成されてきました．そのため，さまざまな機能を実現しようとすると，部品数や部品間配線数が増加し，電子回路の面積増大を招くだけでなく，回路性能の劣化や信頼性の低下を引き起こしていました．そこで，1958 年に米国の Jack Kilby 氏と Robert Noyce 氏が**集積回路**（Integrated Circuit：IC）という概念を提案しました．

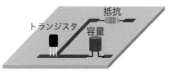

(a) 個別部品で構成した電子回路

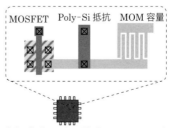

(b) 集積回路で構成した電子回路

図 15.1■集積回路（IC）

　集積回路は，トランジスタを構成する半導体基板（当時はゲルマニウム）上に，抵抗やコンデンサ，配線を形成し，電子回路を 1 つの小さなチップで構成するというものです．現在の集積回路は安定性に優れるシリコン基板が主流であり，図 15.1(b) に示すように，その上に MOSFET やポリシリコン（Poly-Si）抵抗素子，配線間容量パターン（Metal-Oxide-Metal：MOM 容量）などが配置され，1 チップに収められています．

　集積回路の利点は次の通りです．

　まず，個別部品に比べて圧倒的に面積が小さくなり，さまざまな機能を一つのチップで実現できるようになります．これは，電子機器モジュールの高機能化と軽薄短小化の両立を可能にするとともにシステムの低消費電力化を実現し，昨今のモバイル機器（スマートフォンなど）の発展に貢献しました．電子回路システムの小面積化は部品コストの削減にも寄与するため，高機能な電子機器を安価に手に入れることができるようになりました．

　次に，集積回路にすることで素子間の距離が縮まり，回路の寄生抵抗や寄生容量といった負荷が軽減しました．その結果，回路の高速動作が可能になりました．また，電子システムを個別部品で構成していた際は，基板・IC チップなどの部品間において接続不良の懸念がありましたが，集積回路にすることで接続不良のリスクが激減し，信頼性の向上に繋がりました．

　さらに，集積回路はアナログ電子回路の性能向上にも寄与しました．これまで述べてきた通り，アナログ電子回路は，差動増幅回路における差動経路間の素子マッチングや，電流源回路におけるカレントミラーの精度など，素子間の比精度が電子回路の演算精度に影響を与えます．しかし，個別部品のトランジスタや抵抗，容量素子では部品間でばらつきが生じるため，高精度な演算を要する電子回路の実現は困難です．一方，同じシリコンウエハ上に素子を構成する集積回路では比精度を確保しやすく高精度な演算が可能です．集積回路にすることの利点をまとめると以下のようになります．

- ・さまざまな機能の高密度集積によるシステムの低消費電力化
- ・小型化，低コスト化
- ・負荷軽減による高速化
- ・比精度向上による高精度化
- ・外付け部品点数削減による高信頼性

　現在では微細加工技術が進展し，さらに大規模な回路を小面積 IC チップに集積できるようになっています．その結果，高機能・高性能処理が 1 チップで実現できるようになっただけでなく，シリコンウエハ上に多数のチップを形成できるようになり，低コストの高機能チップが大量に市場に出回るようになりました．

15.2 センサシステムへの応用例

センサは，光・音・温度・圧力などの物理量を電気信号に変換する装置です．

図15.2に一般的なセンサ装置における，センサ信号の処理の流れをブロック図で示します．まず，光や音といった物理的な現象をセンサによって電気信号に変換します．このときの電気信号はアナログ信号であり，アナログフロントエンドとよばれる回路を経てデジタルデータへ変換されます．その後，プロセッサによってデータの処理や記憶，無線・有線伝送処理が行われます．この一連の信号処理は集積回路や個別部品を用いて実行され，センサシステムとして各種センサ機器（端末）に搭載されます．

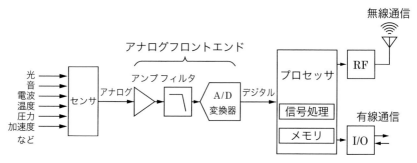

図15.2■センサシステム

近年，IoT（Internet of Things）の普及に伴い，センサ機器で得られた物理情報を活用したアプリケーションが急増しており，センサシステムの数や種類は爆発的に増加しています．アナログ電子回路はそのすべてのセンサシステムに必須の回路です．前述のように，センサが出力する電気信号はアナログ信号であり，デジタル信号へ変換するまでに，アナログフロントエンド回路においてさまざまな信号処理が必要だからです．例えば，アナログ信号に多くのノイズを含んでいればフィルタ回路が必要になりますし，信号振幅が小さい場合は増幅回路（アンプ）が必要になります．本節では，圧力センサを例に挙げ，アナログ電子回路のセンサシステムへの応用について紹介します．

図15.3は圧力センサ回路の一例です．圧力センサは高度計や水深計だけでなく，自動車や家電，FA機器などの高機能化を実現するために用いられています．抵抗型の圧力センサは，圧力を加えることによる電気抵抗の変化を電圧変化として取り出すことで，圧力を検知します．電気抵抗の変化量は微小なので，ホイートストンブリッジ回路を利用し，高感度化を図ります．図に示すホイートストンブリッジ回路では，初期状態において，すべての抵抗値が R で等しいため，電位差 V_X はゼロとなります．しかし，圧力が加わることにより，抵抗値が ΔR 変

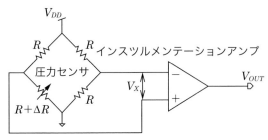

図15.3■圧力センサ回路

化すると，V_X に次式に示すような電位差が生じます．

$$V_X = \frac{\Delta R}{4R+2\Delta R} \cdot V_{DD} \tag{15.1}$$

　ここで，V_{DD} はホイートストンブリッジ回路にかかる電源電圧です．抵抗変化によって生じた電位差 V_X は，まだまだ微小であるため，増幅回路（アンプ）を用いて電圧を増幅します．その結果，後続のアナログデジタル変換器の入力レンジが拡大し，高精度に電圧変化を測定することができます．ここで，増幅回路に求められる仕様として，電流の流れ込みを抑えてセンサ回路に影響を与えないようにするために，高い入力インピーダンスを有することが挙げられます．また，センサ信号は同相（コモンモード）電圧を含みますので，差動回路によるコモンモード除去が必要です．これらの要求を満たす増幅回路として，**インスツルメンテーションアンプ**が用いられます．

　インスツルメンテーションアンプには，さまざまな回路方式（トポロジー）が存在しますが，ここでは3つのオペアンプを用いた構成について紹介します．**図15.4**に，インスツルメンテーションアンプの回路図を示します．回路図を詳しく見ると，オペアンプ A_1 と A_2 を用いた入力バッファ回路と，オペアンプ A_3 を用いた減算器回路の組合せで構成されていることがわかります．

　インスツルメンテーションアンプの特徴は，高い入力インピーダンスと高いコモンモード除去比です．そのため，生体センサや環境センサが取得する信号のよ

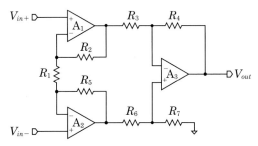

図15.4■インスツルメンテーションアンプ

うに，コモンモード成分を含む微弱信号の増幅に極めて有効であり，センサシステムのフロントエンド回路によく用いられます．日本語では**計装アンプ**ともよばれます．

インスツルメンテーションアンプの入出力特性は，オペアンプゲインが十分に高く，また，$R_2 = R_5$，$R_3 = R_6$，$R_4 = R_7$ の場合には次のように表せます．

$$V_{out} = \left(1 + \frac{2R_2}{R_1}\right) \cdot \frac{R_4}{R_3} \cdot (V_{in+} - V_{in-}) \tag{15.2}$$

式(15.2)から，抵抗 R_1 の値を変化させることで増幅率を調整できることがわかります．そのため，インスツルメンテーションアンプの種類によっては，抵抗 R_1 が外付け抵抗であったり，プログラマブルな抵抗であったりもします．

ここで，前提条件である $R_2 = R_5$，$R_3 = R_6$，$R_4 = R_7$ のように差動信号経路間のマッチングがとれないと，正しく演算回路が動作しません．その場合，同相成分が完全に除去されず，同相ノイズとして残ってしまいます．しかし，図 15.4 に示す通り，インスツルメンテーションアンプは差動信号経路間で対称に配置されており，素子間のバランスがとりやすい構造となっています．そのため，高い同相除去比（CMRR）を誇る増幅器として，センサシステムで幅広く用いられています．

15.3　半導体デバイスの動向

半導体デバイスは，今後もさまざまな分野で社会の発展を支えていくことが期待されています．半導体技術のさらなる進歩は，PC や家電，自動車の高性能化・高機能化をより一層促進し，さらに，IoT や AI（Artificial Intelligence）といった新たな領域において，イノベーション創出の基盤となることは間違いありません．本節では，半導体デバイスの動向として，三次元トランジスタと化合物半導体を取り上げ，それらの概要を紹介します．

15.3.1　3 次元トランジスタ

半導体の進化は，主に微細化によって加速されてきました．トランジスタを小型化することで集積度を向上し，15.1 節で述べたような高性能化の恩恵を多大に受けることができました．半導体の集積度は 18 か月で 2 倍になるという，米国の Intel 社の設立者の一人であるゴードン・ムーアが提唱した**ムーアの法則**におおむね従う形で向上してきました．近年では限界も指摘されていますが，今後しばらくは微細化による高集積化が進むといわれています．

しかし，微細化が進むにつれてトランジスタのゲート長が短くなり，しきい値電圧が低下します．その結果，サブスレッショルドリークとよばれる**リーク電流**が増大するという課題が発生します．本来，ゲート電圧がしきい値電圧よりも十分に低い状態，つまり，トランジスタが OFF の状態であればソース・ドレイン

間電流は流れないことが理想です．しかし，リーク電流の増大は，たとえ静止状態であっても電流を消費することを示唆しているため，低消費電力化の妨げとなります．ゲート長を長くすることでリーク電流を抑えることができますが，ゲート容量の増大などを招き，特にデジタル回路では不利となります．そこで，短いゲート長を保ちながらリーク電流を抑制する新たな半導体デバイス構造として，3次元トランジスタが誕生しました．

図15.5(a)に従来のMOSFETの構造，図(b)に3次元MOSFETの構造を示します．MOSFETでは，ゲートが絶縁膜を通して接する部分にチャネルが形成されます．従来は，ソース・チャネル・ドレインが平面上に並んだ配置となっているため，ゲートは一方向からしかチャネルに面していませんでした．そのため，チャネル長が短くなったときにドレイン空乏層が完全に閉じられなくなり，リーク電流が発生していました．

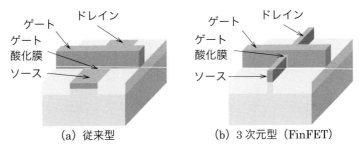

(a) 従来型　　　　　　(b) 3次元型（FinFET）

図15.5■MOSFETの構造

3次元トランジスタは，従来のMOSFETのソース・チャネル・ドレイン部分を縦に起こし，立体化したチャネルをゲートで囲う構成となっています．図のように3方向からゲートがチャネルを制御するために，トライゲートトランジスタとよばれることもあります．また，ソース・チャネル・ドレインがウエハ面からひれ（Fin）のように立ち上がって見えるため，FinFETともよばれます．

ゲートがチャネルと接する面積が広くなることでチャネルの電流駆動能力が上がるだけでなく，3方向からゲート電界を加えることで空乏層を完全に閉じることができるため，短いチャネル長でもリーク電流を抑制することができます．このような3次元トランジスタは，執筆時点の2020年の最先端プロセスである7nmにも採用されており，今後も微細プロセスにおいて3次元化は不可欠な技術となるでしょう．

15.3.2　化合物半導体

半導体デバイスのもう1つの動向として，現在，パワー半導体分野で急速に発展している化合物半導体について紹介します．パワー半導体は，電源制御や

モータ駆動などに用いられる半導体のことで，扱う電圧や電流が大きいことが特徴です．近年，電気自動車や再生可能エネルギーの普及が進んでおり，それらの高効率化を支えるキーデバイスとして，パワー半導体は重要な役割を果たしています．

次世代のパワー半導体材料として，シリコンカーバイド SiC（炭化ケイ素）とガリウムナイトライド GaN（窒化ガリウム）が注目されています．SiC は炭素とケイ素の化合物，GaN はガリウムと窒素の化合物であるため，これらを使った半導体は化合物半導体とよばれています．

どちらもシリコン単体と比較して，バンドギャップが広いため，破壊電界強度が大きいという特徴があります．したがって，シリコンと同じ耐圧を実現しようとしたときに，耐圧層を大幅に薄くすることができ，化合物半導体を利用することで電子機器やシステムの小型化・高効率化を実現することができます．

SiC デバイスは，高耐圧，低損失であるため，大電流・高耐圧領域のパワー半導体で普及が進んでいます．具体的には，ハイブリッド自動車や電気自動車のモータ駆動用インバータ回路，または発電システムや電化住宅において，システムの小型化や軽量化に貢献すると期待されています．GaN デバイスは，現在，SiC ほど耐圧を高くすることはできませんが，高周波用途に向いています．そのため，低～中耐圧分野におけるスイッチング電源の高効率化，小型が実現できます．具体的には，基地局やサーバの電源，PC やスマートフォンの充電器において GaN デバイスの応用が期待されています．

15.5　第15章のまとめ

本章では，電子回路の応用例について紹介しました．近年の電子機器システムの飛躍的な進化は半導体電子回路の集積化技術によってもたらされたと言っても過言ではありません．特に，アナログ回路の集積化はセンサ機器などの発展に大きく貢献し，我々の生活を豊かにしました．半導体技術は，いまなお進化しており，3 次元トランジスタなどの新たなデバイスも登場しています．今後ますます進化し続けるであろう半導体電子回路技術から目が離せません．

演習問題の解答・解説

第1章　電子回路とは

(1) 抵抗 R およびキャパシタの容量 C には，次の式が成り立つ.

$$V=IR, \quad Q=CV$$

時間 dt の間に移動する電荷の量が dQ のとき，

$$I=\frac{dQ}{dQ}=C\frac{dV}{dt}=CR\frac{dI}{dt}$$

が成り立つ. したがって，CR は時間の次元をもつ.

(2) インダクタのインピーダンス $Z_L=2\pi fL$ より

$$Z_L=2\pi\times10^7\times4.7\times10^{-4}=2.95\times10^4$$

よって，インピーダンスは約 30 kΩ になる. このように，比較的高い周波数では，イン ダクタは高いインピーダンスを示す. このため，インダクタは交流電流を流すことによっ て回路の端子を開放することに使われる.

(3) キャパシタのインピーダンス $Z=1/2\pi fC$ より

$$Z=\frac{1}{2\pi\times10^4\times10^{-4}}=0.16$$

よって，インピーダンスは約 0.16 Ω になる. このように，μF オーダーのキャパシタを使 えば，kHz オーダーの周波数でも，かなり低いインピーダンスを示す. このため，キャパ シタは電子回路の入出力に直列に挿入されて交流成分のみを通すことに使われる.

(4) $40=4\times10$ より，電圧比が 4 の場合と 10 の場合の各デシベル値を足せばよい. した がって，$12+20=32$ となるので，おおよそ 32 dB と求められる.

第2章　電子回路の解析手法

(1) 重ね合わせの理を使って求める. 図の回路を 次の 2 つの回路に分解し，それぞれの抵抗に流れ る電流を求める.

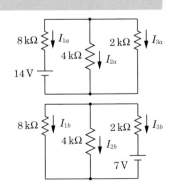

まず，I_{1a} は，次のようになる.

$$I_{1a}=\frac{14}{8+\dfrac{4\times2}{4+2}}=\frac{14}{8+\dfrac{4}{3}}=\frac{42}{28}=\frac{3}{2}\,\text{V/k}\Omega$$

よって，$I_{1a}=1.5\,\text{mA}$. また，I_{1a} の電流分配より，

$$I_{2a}=I_{1a}\frac{2}{4+2}=\frac{1}{3}I_{1a}, \qquad I_{3a}=I_{1a}\frac{4}{4+2}=\frac{3}{2}I_{1a}$$

よって，$I_{2a}=0.5\,\mathrm{mA}$，$I_{3a}=1\,\mathrm{mA}$．また，I_{3b} は，次のようになる．

$$I_{3b}=-\frac{7}{2+\dfrac{4\times8}{4+8}}=-\frac{7}{2+\dfrac{8}{3}}=-\frac{3}{2}\,\mathrm{V/k\Omega}$$

よって，$I_{3b}=-1.5\,\mathrm{mA}$．また，I_{3b} の電流分配より，

$$I_{1b}=-I_{3b}\frac{4}{8+4}=-\frac{1}{3}I_{3b},\qquad I_{2b}=-I_{3b}\frac{8}{8+4}=-\frac{2}{3}I_{3b}$$

よって，$I_{1b}=0.5\,\mathrm{mA}$，$I_{2b}=1\,\mathrm{mA}$．したがって，

$$I_1=I_{1a}+I_{1b}=1.5+0.5=2\,\mathrm{mA},\qquad I_2=I_{2a}+I_{2b}=0.5+1=1.5\,\mathrm{mA},$$
$$I_3=I_{3a}+I_{3b}=1-1.5=-0.5\,\mathrm{mA}$$

（**2**）まず，右図のように，抵抗 R_L を切り離し，電流 I_a と I_b を求める．

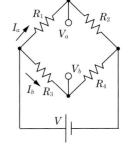

$$I_a=\frac{V}{R_1+R_2},\qquad I_b=\frac{V}{R_3+R_4}$$

また，図の V_a と V_b を求めると次のようになる．

$$V_a=V-I_aR_1=I_aR_2,\qquad V_b=V-I_bR_3=I_bR_4$$

したがって，等価電圧源 V_0 は

$$V_0=V_a-V_b=I_bR_3-I_aR_1=\left(\frac{R_3}{R_3+R_4}-\frac{R_1}{R_1+R_2}\right)V$$
$$=\frac{R_2R_3-R_1R_4}{(R_1+R_2)(R_3+R_4)}V$$

と求められる．

また，等価抵抗 r_0 は電圧源 V を短絡するため，$R_1/\!/R_2$ と $R_3/\!/R_4$ の和になる（$/\!/$ は並列接続を示す）．したがって，

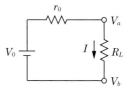

$$r_0=\frac{R_1R_2}{R_1+R_2}+\frac{R_3R_4}{R_3+R_4}=\frac{R_1R_2(R_3+R_4)-R_3R_4(R_1+R_2)}{(R_1+R_2)(R_3+R_4)}$$

これらより，電流 I は次のようになる．

$$I=\frac{V_0}{r_0+R_L}=\frac{\dfrac{R_2R_3-R_1R_4}{(R_1+R_2)(R_3+R_4)}V}{\dfrac{R_1R_2(R_3+R_4)-R_3R_4(R_1+R_2)}{(R_1+R_2)(R_3+R_4)}+R_L}$$
$$=\frac{R_2R_3-R_1R_4}{R_1R_2(R_3+R_4)-R_3R_4(R_1+R_2)+R_L(R_1+R_2)(R_3+R_4)}V$$

（**3**）設問の回路図は，右のような 3 つの回路の縦列接続である．したがって，各回路の F 行列の積により求まる．

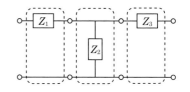

$$\begin{pmatrix} A & B \\ C & D \end{pmatrix} = \begin{pmatrix} 1 & Z_1 \\ 0 & 1 \end{pmatrix} \begin{pmatrix} 1 & 0 \\ \dfrac{1}{Z_2} & 1 \end{pmatrix} \begin{pmatrix} 1 & Z_3 \\ 0 & 1 \end{pmatrix} = \begin{pmatrix} 1+\dfrac{Z_1}{Z_2} & Z_1+Z_3+\dfrac{Z_1 Z_3}{Z_2} \\ \dfrac{1}{Z_2} & 1+\dfrac{Z_3}{Z_2} \end{pmatrix}$$

第3章　半導体と電子回路素子

（1）$E-E_F$ が $0.055\,\text{eV}$ であるから，これをジュールに置き換えると $0.055 \times 1.6 \times 10^{-19}\,\text{J}$ となる．したがって，k に $1.38 \times 10^{-23}\,\text{J/K}$，$T$ に $320\,\text{K}$（$=273+47$）を代入してフェルミ・ディラック分布関数を解くと，$f_n(E) \approx 0.12$ となるので，12 % 程度である．

（2）シリコンは地球上で 2 番目に豊富な元素であり，価格が安い．また，ゲルマニウムの酸化膜は水溶性であることに対し，シリコンの酸化膜は電気的・化学的にきわめて安定である．

（3）$2.8 \times 10^{-8} \times 10^{-3} \div (10^{-6} \times 10^{-5}) = 2.8\,\Omega$

（4）まず，室温での熱エネルギーは kT で表せることより，eV 表記にすると，

$$\frac{kT}{q} = \frac{1.38 \times 10^{-23} \times 300}{1.6 \times 10^{-19}} = 0.026\,\text{eV}$$

である．これは，ドナー不純物のイオン化エネルギーに近しいため，室温での熱エネルギーによりドナー不純物は多くがイオン化していると思われる．

第4章　pn 接合とダイオード

（1）交流（AC）を直流（DC）に変換するためには，一方向に流れる電流を取り出して平滑化する必要がある．両方向に流れる電流を平均したのでは，ゼロになってしまうからである．図のような半波整流回路により正の方向の電流を取り出すようにする．このように，単方向の電流を取り出すのにダイオードの整流作用を活用する．

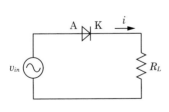

（2）$I = I_s \left(\exp \dfrac{qV}{kT} - 1 \right)$ より

$$I = 1.0 \times 10^{-12} \times \left[\exp\left(\frac{1.6 \times 10^{-19} \times 0.6}{1.38 \times 10^{-23} \times (273+27)} \right) - 1 \right] = 1.18 \times 10^{-2}$$

よって，$11.8\,\text{mA}$ となる．

(3) $I=I_s\left(\exp\dfrac{qV}{kT}-1\right)$ を変形して，

$$\dfrac{qV}{kT}=\ln\left(\dfrac{I}{I_s}+1\right)\quad\rightarrow\quad V=\dfrac{kT}{q}\ln\left(\dfrac{I}{I_s}+1\right)$$

と表される．ダイオード両端の電圧は，$V_{diode}=\dfrac{kT}{q}\ln\left(\dfrac{I}{I_s}+1\right)$ より，

$$V_{diode}=\left(\dfrac{1.38\times10^{-23}\times300}{1.6\times10^{-19}}\right)\times\ln\left(\dfrac{10^{-2}}{10^{-12}}+1\right)=0.596\approx0.60$$

よって，$V=0.60+50\times10^{-2}=1.10$．$1.10\,\mathrm{V}$ となる．

(4) 発光ダイオードの pn 接合に順方向の電圧をかけると，電子と正孔が移動して双方が結合する．電子と正孔の結合は，電子が伝導帯からエネルギーの低い価電子帯に落ちることによって起こる．電子がエネルギーの高い状態から低い状態に移るので，余ったエネルギーが光として外部に放出される．白色光 LED は白熱電球や蛍光灯に比べて長寿命，低消費電力のため，照明への利用が進んでいる．

　フォトダイオードは，pn 接合の空乏層に光が照射されると，そのエネルギーによって電子・正孔対が生成される．この電子と正孔は，拡散電位による電界のため，電子が n 型半導体（カソード）のほうへ，正孔が p 型半導体（アノード）のほうヘドリフトする．この電荷の移動により起電力を生じる．この電流により光を**センシング**できるのである．また，光が強いと多くの電流が流れるので，フォトダイオードにより，光の強度もわかる．この原理は，イメージセンサに応用されて，スマートフォンなどで使われている．

第 5 章　　トランジスタ

(1) $\beta=\dfrac{\alpha}{1-\alpha}=\dfrac{0.995}{1-0.995}=199$

(2) 式(5.10)

$$I_C=I_s\exp\dfrac{qV_{BE}}{kT}=I_s\exp\dfrac{V_{BE}}{U_T}$$

において，$U_T=26\,\mathrm{mV}$ より，V_{BE} が $52\,\mathrm{mV}$ 上がれば，コレクタ電流 I_C は e^2 倍になることがわかる．よって，$2.72^2=7.4$ 倍くらいになるので，$1.2\times7.4=8.88$ から，I_C は $9\,\mathrm{mA}$ 程度となる．

(3)

(3-1) $V_{GS}-V_{TH}>V_{DS}$ より線形領域である．したがって，

$$I_D=\mu C_{OX}\dfrac{W}{L}\left[(V_{GS}-V_{TH})V_{DS}-\dfrac{1}{2}V_{DS}{}^2\right]$$

$$=0.03\times3\times10^{-3}\times\dfrac{2\times10^{-6}}{1\times10^{-6}}\times\left[(1-0.6)\times0.2-\dfrac{1}{2}\times0.2^2\right]=10.8\,\mu\mathrm{A}$$

(3-2) $V_{GS}-V_{TH}<V_{DS}$ より飽和領域である．したがって，

$$I_D=\dfrac{1}{2}\mu C_{OX}\dfrac{W}{L}(V_{GS}-V_{TH})^2=\dfrac{1}{2}\times0.03\times3\times10^{-3}\times\dfrac{2\times10^{-6}}{1\times10^{-6}}\times(1-0.6)^2=14.4\,\mu\mathrm{A}$$

第6章　　トランジスタの等価回路

（**1**）まず，第1象限は V_{CE}-I_C 特性である．飽和領域では，I_C は V_{CE} に依存するが，活性領域では I_C は V_{CE} にほとんど依存しない．いわゆる V_{CE}-I_C 特性のグラフになる．

第2象限は I_B-I_C 特性である．$I_C = \beta I_B$ より，直線となる．β はエミッタ接地の電流増幅率である．

第3象限は，V_{BE}-I_B 特性である．ベースとエミッタは，pn 接合であり，ダイオードの電圧電流特性を示す．したがって，V_{BE} がある値を超えると I_B は指数関数的に増加する．

第4象限は V_{BE}-V_{CE} 特性であるが，V_{BE} がある値を超え，I_C が指数関数的に増加すると，高いコレクタ抵抗 r_C により，V_{CE} は急激に上昇する．

これらをグラフにすると，図のようになる．

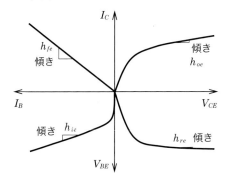

また，h パラメータの定義により，

$$h_{ie} = \left.\frac{v_{BE}}{i_B}\right|_{v_{CE}=0}, \qquad h_{re} = \left.\frac{v_{BE}}{v_{CE}}\right|_{i_B=0}, \qquad h_{fe} = \left.\frac{i_C}{i_B}\right|_{v_{CE}=0}, \qquad h_{oe} = \left.\frac{i_C}{v_{CE}}\right|_{i_B=0}$$

各象限のグラフの傾きは，図のようなパラメータを示している．

（**2**）$f(x) = 1/x$ とした場合，テイラー展開により $f(x+\Delta x) \approx f(x) + f'(x)\Delta x = 1/x - \Delta x / x^2$ と近似できる．したがって，

$$f(L) = \frac{1}{2}\mu_n C_{OX} W (V_{GS} - V_{TH})^2 \frac{1}{L}$$

とし，

$$f'(L) = -\frac{1}{2}\mu_n C_{OX} W (V_{GS} - V_{TH})^2 \frac{1}{L^2}$$

とすると，

$$f(L - \Delta L) = \frac{1}{2}\mu_n C_{OX} W (V_{GS} - V_{TH})^2 \frac{1}{L - \Delta L}$$

$$\approx \frac{1}{2}\mu_n C_{OX} W (V_{GS} - V_{TH})^2 \left(\frac{1}{L} - \frac{-\Delta L}{L^2}\right) = \frac{1}{2}\mu_n C_{OX} \frac{W}{L} (V_{GS} - V_{TH})^2 \left(1 + \frac{\Delta L}{L}\right)$$

よって増加分は，

$$\Delta I_D = \frac{1}{2}\mu_n C_{OX} \frac{W}{L} (V_{GS} - V_{TH})^2 \frac{\Delta L}{L}$$

つまり，チャネル長 L の減少割合分だけドレイン電流 I_D が増加する．これは，コラム 8.1 のチャネル長変調効果で利用される．

(**3**) 図 C6.1 より，傾きが同じとして式を立てる．

$$\frac{5\times10^{-3}}{V_A+5}=\frac{(5.1-5)\times10^{-3}}{10-5}$$

よって，

$$V_A=\frac{5\times5\times10^{-3}}{10^{-4}}-5=245\,\mathrm{V}$$

第 7 章　　トランジスタ増幅回路

(**1**) $I_{C0}\approx I_{E0}$ と近似すると，エミッタ抵抗は，

$$r_E=\frac{U_T}{I_{E0}}=\frac{2.6\times10^{-2}}{6\times10^{-3}}\approx4.3\,\Omega$$

となる．したがって，式(7.9)より，

$$A_v=\frac{-R_L}{R_E}=\frac{-1\times10^3}{4.3}\approx-232.6$$

(**2**) I_B-I_C 特性より，$I_{C0}=2.5\,\mathrm{mA}$ から，$V_{BE0}=720\,\mathrm{mV}$ と読み取れる．この付近の電流増幅率 β は，$V_{BE}=710\,\mathrm{mV}$ と $730\,\mathrm{mV}$ の I_B と I_C から

$$\beta=\frac{\Delta I_C}{\Delta I_B}=\frac{(4-2)\times10^{-3}}{(12-6)\times10^{-6}}\approx333$$

となる．また，$I_{C0}\approx I_{E0}$ と近似すると，エミッタ抵抗は，

$$r_E=\frac{U_T}{I_{E0}}=\frac{2.6\times10^{-2}}{2.5\times10^{-3}}=10.4\,\Omega$$

となる．したがって，式(7.22)より，

$$A_v\approx\frac{(1+\beta)R_L}{r_B+(1+\beta)(r_E+R_L)}=\frac{(1+333)\times1000}{50+(1+333)(10.4+1000)}\approx0.99$$

(**3**) 式(7.36)より $A_v\approx R_L/r_E$ となるので，必要なエミッタ抵抗は

$$r_E\approx\frac{R_L}{A_v}=\frac{1000}{200}=5\,\Omega$$

となる．したがって，必要なバイアス電流は，

$$I_{E0}\approx I_{C0}=\frac{U_T}{r_E}=\frac{2.6\times10^{-2}}{5}=5.2\times10^{-3}\,\mathrm{A}$$

となる．これより，

$$V_{CC}=2\times V_{out0}=2\times R_L\times I_{C0}=2\times10^3\times5.2\times10^{-3}=10.4\,\mathrm{V}$$

(**4**) コレクタからの交流的な負荷抵抗は，$R_C /\!/ R_L$ より，$160\,\Omega$ となる．したがって，R_E+r_E は $A_v\approx(R_C /\!/ R_L)/(R_E+r_E)=10$ より，$16\,\Omega$ となる．

　ここで，V_{C0} を V_{CC}（$10\,\mathrm{V}$）の半分程度として，$I_{E0}=6\,\mathrm{mA}$ に設定する．これより，$r_E=U_T/I_{E0}=26\,\mathrm{mV}/6\,\mathrm{mA}=4.3\,\Omega$ となるので，R_E は $12\,\Omega$ 程度となる．

　一方，前問（2）のグラフより，$I_{C0}=6\,\mathrm{mA}$ のときは，$V_{BE0}=740\,\mathrm{mV}$，$I_{B0}=18\,\mathrm{\mu A}$ となる．また，同グラフより，$V_{BE}=720\,\mathrm{mV}$ のときに $I_B=8\,\mathrm{\mu A}$ で $I_C=3\,\mathrm{mA}$ であり，$V_{BE}=760\,\mathrm{mV}$ のときに $I_B=40\,\mathrm{\mu A}$ で $I_{C0}=12\,\mathrm{mA}$ であるから，$\beta=(12\,\mathrm{mA}-3\,\mathrm{mA})/(40\,\mathrm{\mu A}-8\,\mathrm{\mu A})\approx280$ となる．

一方，$R_{in}=R_1 /\!/ R_2$ とすると，$S_\beta \approx (R_{in}+R_E)/(R_{in}+(1+\beta)R_E) \approx 0.35$ より，R_{in} は $(1+\beta)R_E = 3.4\,\mathrm{k\Omega}$ の半分程度として，$1.7\,\mathrm{k\Omega}$ くらいとする．したがって，$R_2 = 2\,\mathrm{k\Omega}$ とする．また，V_B は，$V_B = V_{BE0}+I_{E0}\times R_E = 740+12\times 6 = 812\,\mathrm{mV}$ となる．

これより，$R_1 = (V_{CC}-V_B)/[(V_B/R_2)+I_{B0}] = 9.9\,\mathrm{k\Omega}$ となる．$R_1 = 10\,\mathrm{k\Omega}$ として，$R_1 /\!/ R_2 = 1.7\,\mathrm{k\Omega}$ となり，S_β は 0.32 くらいとなる．このときの I_{R2} は $812\,\mathrm{mV}/2\,\mathrm{k\Omega} = 406\,\mu\mathrm{A}$ となり，I_{B0} の 10 倍くらいとなる．

第8章　MOSFET を使った増幅回路

(1) ソース接地増幅回路は，増幅率と入力インピーダンスが高いため，増幅回路の入力段に用いられる．ゲート接地増幅回路は，入力インピーダンスは低いが，後述のミラー効果が生じないために周波数特性がよく，高周波回路の増幅器に用いられる．また，アンプの増幅率を稼ぐためのカスコード段にも用いられる（第9章の演習問題(2)を参照）．ドレイン接地増幅回路は，増幅率はほぼ1倍であるが，出力インピーダンスを低くすることができるため，負荷を駆動するための出力段回路に用いられる．

(2)
(2-1) 電流源の抵抗はきわめて高い．したがって，右図のように近似できる．

出力インピーダンスは，式(8.12)より，

$$Z_{out}=\cfrac{1}{g_m+g_{mb}+\cfrac{1}{r_D}}=\cfrac{r_D}{1+r_D(g_m+g_{mb})}$$

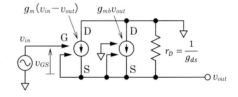

(2-2) 抵抗負荷のドレイン接地増幅回路に比べて，電流源負荷のドレイン接地増幅回路の場合は，式(8.8)の R_L がより大きくなるので，その電圧利得は，より1に近くなる．その結果，出力波形は入力信号とほぼ同じ波形で，オフセットが V_{GS0} 分電圧シフトした波形となる．

(2-3) バルク・ソース間電圧の変化がしきい値電圧の変化を引き起こすため，トランジスタのバルクとソースを接続することで，入力信号電圧によるしきい値変動を抑制することができる．

(3)
(3-1) 小信号回路は右図の通り．電圧増幅率は，ドレイン抵抗 r_D に流れる電流を無視すると

$$A_v \approx \frac{-g_m R_L}{1+g_m R_S}$$

となり，通常のソース接地増幅回路と比べて $1/(1+g_m R_S)$ 倍となる．

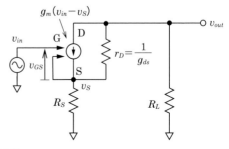

(3-2) 通常のソース接地増幅回路（$R_S = 0$）の V_{in}-I_{DS} 特性と，抵抗 R_S を挿入した際の V_{in}-I_{DS} 特性は次頁の図の通りである．

通常のソース接地増幅回路（$R_S = 0$）の V_{in}-I_{DS} 特性は2乗特性であるが，抵抗 R_S を挿入することにより，V_{in}-I_{DS} 特性は線形特性に近づく．これは，電流 I_{DS} が増加すると抵抗

R_S によりソース端子の電位が上昇し，電流の増加を抑制するためである．

　具体的に式で算出すると，抵抗 R_S を挿入した際のソース接地増幅回路のトランスコンダクタンス G_m は，演習問題(3-1)で求めた電圧増幅率 A_v から，次式の通りとなる．

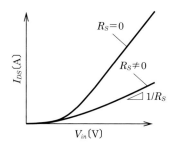

$$G_m = -\frac{A_v}{R_L} = \frac{g_m}{1 + g_m R_S}$$

　V_{in} が上昇するとオーバードライブ電圧が増加し，g_m も増加するため，G_m は $1/R_S$ に近似される．したがって，大きい V_{in} の値に対しては，出力電流 I_{DS} の特性は線形となる．

第 9 章　　増幅回路の周波数特性

(1) ミラー効果により，入力側からみると C_2 が $(1+A)C_2$ にみえ，出力側からみると $[1+(1/A)]C_2$ にみえる．したがって，

$$C_{in} = C_1 + (1+A)C_2, \qquad C_{out} = \left(1 + \frac{1}{A}\right)C_2 + C_3$$

(2)

(2-1) 式(7.38)から，$A_{v2} \approx R_L/r_{E2} = (I_{E2}/U_T)R_L$

(2-2) エミッタ接地増幅回路からみた負荷抵抗は，ベース接地増幅回路の入力インピーダンスになる．当該入力インピーダンスは，式(7.43)より r_{E2} となる．したがって，式(7.11)から $A_{v1} \approx -r_{E2}/r_{E1}$（$\because$ $I_{E2} = I_{C1} = \alpha_1 I_{E1}$）となる．よって，

$$A_{v1} \approx \frac{-r_{E2}}{r_{E1}} = \frac{-U_T}{I_{E2}} \cdot \frac{I_{E1}}{U_T} = \frac{-1}{\alpha_1}$$

(2-3) 式(9.30)より，入力段のポール角周波数は $\omega_{p1} = 1/(C_{in}R_{in})$ である．ここで，C_{in} は $(1+A_{v1})C_{CB1}$ であるので，$C_{in} = [1+(1/\alpha_1)]C_{CB1}$ となる．また，R_{in} は入力信号源の出力インピーダンス ρ に置き換えられるので，

$$\omega_{p1} = \frac{1}{(1+1/\alpha_1)C_{CB1}\rho}$$

(2-4) 式(9.31)より，出力段のポール角周波数は $\omega_{p2} = 1/(C_{out}R_{CL})$ である．ここで，C_{out} は Q_2 のベースが電圧固定されているので

$$C_{out} = C_{CB2}$$

となる．また，R_{CL} はベース接地増幅回路の出力インピーダンス R_L に置き換えられるので，

$$\omega_{p2} = \frac{1}{C_{CB2}R_L}$$

(2-5) Q_1 のベース接地電流増幅率 α_1 は，1 にかなり近い値であるので，上記の A_{v1} が -1 くらいとなり，ポール角周波数は，

$$\omega_{p1} = \frac{1}{(1+1/\alpha_1)C_{CB1}\rho} \approx \frac{1}{2C_{CB1}\rho}$$

となる．すなわち，通常のエミッタ接地増幅回路に比べて電圧利得を下げミラー効果を抑えることにより，入力段のポール角周波数をかなり高くできる．また，回路全体の利得 A_v

は，$A_v = A_{v1}A_{v2}$ で求められるので，$A_v \approx -\dfrac{R_L}{r_{E1}} = -\dfrac{I_{E1}}{U_T}R_L$ となり，通常のエミッタ接地増幅回路と同等の電圧利得が得られる．

　このようにベース接地増幅回路をエミッタ接地増幅回路の出力に接続する回路形態をカスコード回路といい，高い電圧利得と良好な周波数特性を両立することができる．また，通常のエミッタ接地増幅回路と同等の高い入力インピーダンスも実現できる．

第10章　　差動増幅回路

（1）まず，同相利得について考える．図 10.13 で V_{inP} と V_{inN} が同じ方向に同量だけ変化するということは，入力端子の V_{inP} と V_{inN} を短絡するのと同義である．このため，MOSFET の M_{np} と M_{nn} および M_{pp} と M_{pn} における電流変化は全く同一なので，節点 V_A と V_{out} を短絡するのと変わらない．したがって，図 10.14 の小信号等価回路は，図のようになる．

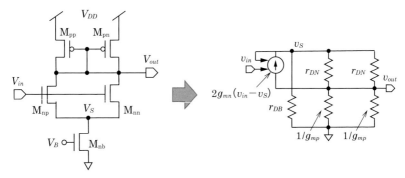

これから，節点方程式を立てると，次のようになる．

$$v_{out}:\quad \frac{v_S - v_{out}}{r_{DN}/2} - 2g_{mn}(v_{in} - v_S) - \frac{v_{out}}{1/2g_{mp}} = 0 \qquad ①$$

$$v_S:\quad 2g_{mn}(v_{in} - v_S) - \frac{v_S - v_{out}}{r_{DN}/2} - \frac{v_S}{r_{DB}} = 0 \qquad ②$$

①を整理すると，$r_{DN} \gg 1$ より，次のように近似できる．

$$2g_{mn}v_{in} - \left(\frac{2}{r_{DN}} + 2g_{mn}\right)v_S + \left(\frac{2}{r_{DN}} + 2g_{mp}\right)v_{out} \approx 2g_{mn}v_{in} - 2g_{mn}v_S + 2g_{mp}v_{out} = 0 \qquad ③$$

また，①＋②より，次の関係が導かれる．

$$v_S = -2r_{DB}g_{mp}v_{out} \qquad ④$$

よって，④を③に代入して整理すると，

$$g_{mn}v_{in} + g_{mp}(2r_{DB}g_{mn} + 1)v_{out} \approx g_{mn}v_{in} + 2g_{mp}r_{DB}g_{mn}v_{out} = 0$$

となり，これより，同相利得 A_C は，

$$\frac{v_{out}}{v_{in}} = A_C \approx -\frac{1}{2g_{mp}r_{DB}}$$

となる．よって，CMRR の定義と式（10.51）より，

$$CMRR = \frac{A_v}{A_C} \approx \frac{g_{mn}(r_{DP}/\!/r_{DN})}{1/2g_{mp}r_{DB}} = 2g_{mp}r_{DB}g_{mn}(r_{DP}/\!/r_{DN})$$

（2）式（10.22）より，M_1 と M_2 のトランスコンダクタンス g_{mn} は，

$$g_{mn} = \frac{I_B}{V_{eff}} = \frac{2 \times 10^{-3}}{0.4} = 5 \times 10^{-3} \quad \rightarrow \quad 5\,\text{mS}$$

よって，演習問題（1）の結果より，

$$CMRR = \frac{A_v}{A_C} \approx 2g_{mp}r_{DB}g_{mn}(r_{DN} /\!/ r_{DN}) = 2 \times 2 \times 10^{-3} \times 10 \times 10^3 \times 5 \times 10^{-3} \times (5 \times 10^3)$$

$$= 1000$$

デシベル表記すると，

$$20\log 1000 = 20\log 10^3 = 60$$

よって，$CMRR = 60\,\text{dB}$.

（3）

（3-1） 図の通り．

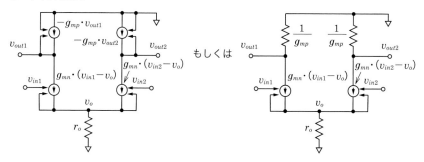

（3-2） 小信号等価回路より $-v_{out1}g_{mp} = (v_{in1} - v_o)g_{mn}$. したがって，

$$v_{out1} = -\frac{g_{mn}}{g_{mp}}(v_{in1} - v_o)$$

同様に

$$v_{out2} = -\frac{g_{mn}}{g_{mp}}(v_{in2} - v_o)$$

差動利得 A_v は

$$A_v = \frac{v_{out1} - v_{out2}}{v_{in1} - v_{in2}} = -\frac{g_{mn}}{g_{mp}}\left[\frac{(v_{in1} - v_o) - (v_{in2} - v_o)}{v_{in1} - v_{in2}}\right] = -\frac{g_{mn}}{g_{mp}}$$

（3-3） 同相利得 A_C は

$$A_C = \frac{v_{out1} + v_{out2}}{v_{in1} + v_{in2}} = -\frac{g_{mn}}{g_{mp}}\left[\frac{v_{in1} + v_{in2} - 2v_o}{v_{in1} + v_{in2}}\right]$$

ここで，v_o は次のように求められる．

$$v_o = r_o[g_{mn}(v_{in1} - v_o) + g_{mn}(v_{in2} - v_o)]$$

$$v_o = \frac{r_o g_{mn}}{1 + 2r_o g_{mn}}(v_{in1} + v_{in2})$$

したがって，v_o を代入すると，

$$A_C = -\frac{g_{mn}}{g_{mp}}\left(\frac{1}{1 + 2r_o g_{mn}}\right)$$

（3-4） $CMRR = A_v / A_C = 1 + 2r_o g_{mn}$

(**4**)

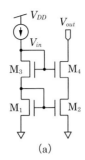
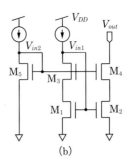

$$\text{(a)} \qquad\qquad\qquad \text{(b)}$$

定義より，$V_{eff}=V_{GS}-V_{TH}$ である．図（a）について，M_1 と M_3 のようなダイオード接続により $V_{GS}=V_{DS}>V_{TH}$ ならば，$V_{DS}=V_{eff}+V_{TH}$ で表せる．したがって，$V_{in}=V_{DS1}+V_{DS3}=V_{eff}+V_{TH}+V_{eff}+V_{TH}=2V_{TH}+2V_{eff}$ となる．

また，M_4 を飽和領域で動作させるためには，$V_{DS4}>V_{GS4}-V_{TH}$ から $V_{out}-V_{DS2}>V_{in}-V_{DS2}-V_{TH}$ となる．したがって，$V_{out}>V_{in}-V_{TH}=2V_{TH}+2V_{eff}-V_{TH}=V_{TH}+2V_{eff}$ となる．

なお，M_2 については，$V_{DS2}>V_{GS2}-V_{TH}=V_{DS1}-V_{TH}=V_{eff}$ であれば飽和領域であるが，M_4 のゲート電圧が V_{in} で，$V_{GS2}=V_{GS4}$ から，$V_{DS2}=V_{in}-V_{GS4}=V_{in}-(V_{eff}+V_{TH})$ より，$V_{DS2}=V_{eff}+V_{TH}$ となるので，$V_{out}>V_{TH}+2V_{eff}$ であれば，M_2 は飽和領域で動作する．

よって，

（a）の動作入力電圧は，V_{in} より，$2V_{TH}+2V_{eff}$

（a）の最小動作出力電圧は，V_{out} より，$V_{TH}+V_{eff}+V_{eff}=V_{TH}+2V_{eff}$

次に，図（b）の動作電圧を求める．

$V_{eff}=V_{GS}-V_{TH}$ であるから，$V_{in1}=V_{GS1}=V_{eff}+V_{TH}$ となり，$V_{in2}=V_{GS5}=V_{eff}+V_{TH}$ となる．また，M_2 と M_4 を飽和領域で動作させるためには，$V_{DS2}>V_{in1}-V_{TH}=V_{eff}$，$V_{DS4}>V_{in2}-V_{TH}=V_{eff}$ なので，図（b）より，$V_{out}=V_{DS2}+V_{DS4}>2V_{eff}$ となる．

なお，同様に M_1 と M_3 が飽和領域で動作するためには，$V_{in1}=V_{DS1}+V_{DS3}>V_{eff}+V_{eff}=2V_{eff}$ であるので，$V_{in1}=V_{eff}+V_{TH}>2V_{eff}$ より，$V_{TH}>V_{eff}$ が条件となる．

よって，

（b）の動作入力電圧は，V_{in1} と V_{in2} より，$V_{TH}+V_{eff}$

（b）の最小動作出力電圧は，V_{out} より，$2V_{eff}$

となる．

したがって，（b）のほうが低電圧動作に向いている．

第 11 章　オペアンプ（演算増幅器）

（**1**）電圧利得が 20 dB なので，$20\times\log(|V_{out}/V_{in}|)=20$ から，$|V_{out}/V_{in}|=10=R_2/R_1$ となる．よって，R_2 は 10 kΩ．

（**2**）加算回路の式 $V_{out}=-[(R_F/R_1)V_{in1}+(R_F/R_2)V_{in2}]$ より，$R_1:R_2:R_F=1:1:N$

（**3**）$V_{FB}=V_{REF}$（仮想短絡）より，$V_{out}=V_{REF}\times(1+R_1/R_2)$

LDO の出力電圧は V_{in} に依存しないことが特徴である．

（4）10.3 節より，カスコード回路では出力抵抗が真性利得（$g_m r_D$）倍されるため，カスコードオペアンプの出力抵抗（V_{out} からみた抵抗値）は

$$R_{out}=(g_m r_{DN})r_{DN}\mathbin{/\mkern-5mu/}(g_m r_{DD})r_{DP}\approx g_m r_D{}^2$$

となる．したがって，電圧利得は

$$A=g_m R_{out}=(g_m r_D)^2$$

（5）式（11.47）より，

$$f=\frac{SR}{2\pi V_m}=\frac{SR}{\pi V_{PP}}=\frac{10}{10^{-6}}\times\frac{1}{\pi\times2}=1.59\times10^6 \quad\rightarrow\quad 1.6\,\mathrm{MHz}$$

第12章　負帰還回路

（1）ループ利得：$AF=1000\times0.1=100$
　　電圧利得：$A_v=A/(1+AF)=1000/(1+100)\approx9.9$

（2）
① **電圧直列帰還形**
　v_{out} の F 倍が入力電圧 v_{in} に負帰還としてかかるので，等価回路で記載すると図のようになる．

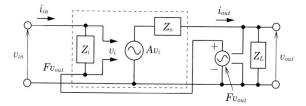

　したがって，$v_i=v_{in}-Fv_{out}$，$i_{in}=v_i/Z_i$，$v_{out}=Av_i-Z_o i_{out}$ となる．ここで，電圧増幅回路の出力インピーダンス Z_o は小さく $v_{out}\approx Av_i$ と近似できるとすると，$v_{in}\approx(1+AF)v_i$ となるので，$v_{in}\approx(1+AF)Z_i i_{in}$ と表せる．これより，$Z_{in}=v_{in}/i_{in}\approx(1+AF)Z_i$ となる．つまり，入力インピーダンスが，（$1+AF$）倍になる．
　また，入力端子を固定（$v_{in}=0$）して，出力側の電圧と電流をみると，$v_i=-Fv_{out}$ から，$v_{out}=Av_i-Z_o i_{out}=-AFv_{out}-Z_o i_{out}$ となるので，$Z_{out}=v_{out}/i_{out}=-Z_o/(1+AF)$ となる．つまり，出力インピーダンスが，$1/(1+AF)$ 倍になる．

② **電流並列帰還形**
　i_{out} の F 倍が入力電流 i_{in} に負帰還としてかかるので，等価回路で記載すると図のようになる．

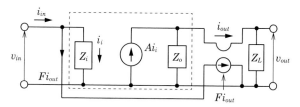

したがって，$v_{in}=Z_i i_i$，$i_i=i_{in}-Fi_{out}$ となり，電流増幅回路の出力インピーダンス Z_o は大きく $i_{out}\approx Ai_i$ とおくと，$i_{in}\approx(1+AF)i_i$ となる．これより，$Z_{in}=v_{in}/i_{in}\approx[1/(1+AF)]Z_i$ となる．つまり，入力インピーダンスが，$1/(1+AF)$ 倍になる．

また，入力端子を開放（$i_{in}=0$）して，出力側の電圧と電流を考えてみると，出力電流の変化 i_{out} が出力電圧の変化 v_{out} を引き起こしたとすると，$i_i=-Fi_{out}$ と表されることより，$i_{out}=-AFi_{out}-v_{out}/Z_o$ と表せる．したがって，$Z_{out}=v_{out}/i_{out}=-(1+AF)Z_o$ となる．つまり，出力インピーダンスが，$(1+AF)$ 倍になる．

③ 電流直列帰還形

i_{out} の F 倍が入力電圧 v_{in} に負帰還としてかかるので，等価回路で記載すると図のようになる．

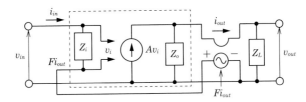

したがって，$v_i=v_{in}-Fi_{out}$，$i_{in}=v_i/Z_i$ となる．ここで，電流増幅回路の出力インピーダンス Z_o は大きく $i_{out}\approx Av_i$ と近似できるとすると，$v_{in}\approx(1+AF)v_i$ となるので，$v_{in}\approx(1+AF)Z_i i_{in}$ と表せる．これより，$Z_{in}=v_{in}/i_{in}\approx(1+AF)Z_i$ となる．つまり，入力インピーダンスが，$(1+AF)$ 倍になる．

また，入力端子を固定（$v_{in}=0$）して，出力側の電圧と電流を考えてみると，出力電流の変化 i_{out} が出力電圧の変化 v_{out} を引き起こしたとすると，$v_i=-Fi_{out}$ と表されることより，$i_{out}=-AFi_{out}-v_{out}/Z_o$ と表せる．したがって，$Z_{out}=v_{out}/i_{out}=-(1+AF)Z_o$ となる．つまり，出力インピーダンスが，$(1+AF)$ 倍になる．

④ 電圧並列帰還形

v_{out} の F 倍が入力電流 i_{in} に負帰還としてかかるので，等価回路で記載すると図のようになる．

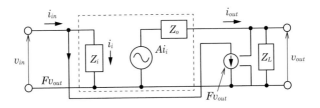

したがって，$v_{in}=Z_i i_i$，$i_i=i_{in}-Fv_{out}$ となり，電圧増幅回路の出力インピーダンス Z_o は小さく $v_{out}\approx Ai_i$ とおくと，$i_{in}\approx(1+AF)i_i$ となる．これより，$Z_{in}=v_{in}/i_{in}\approx Z_i i_i/[(1+AF)i_i]=[1/(1+AF)]Z_i$ となる．つまり，入力インピーダンスが，$1/(1+AF)$ 倍になる．

また，入力端子を開放（$i_{in}=0$）して，出力側の電圧と電流をみると，$i_i=-Fv_{out}$ から，$v_{out}=Ai_i-Z_o i_{out}=-AFv_{out}-Z_o i_{out}$ となるので，$Z_{out}=v_{out}/i_{out}=-Z_o/(1+AF)$ となる．つまり，出力インピーダンスが，$1/(1+AF)$ 倍になる．

(3) ① 式(12.20)より，

$C_C = 0.1 C_L = 0.1 \times 20 \times 10^{-12} = 2 \times 10^{-12}$　→　2 pF

② 式(12.16)より，

$g_{mn} = \omega_{GB} C_C = 8 \times 10^7 \times 2 \times 10^{-12} = 1.6 \times 10^{-4}$　→　0.16 mS

③ 式(12.21)より，

$g_{mpd} = 30 g_{mn} = 30 \times 1.6 \times 10^{-4} = 4.8 \times 10^{-3}$　→　4.8 mS

第13章　発振回路

(1) ハイパスフィルタとローパスフィルタのインピーダンスをそれぞれ Z_1 と Z_2 とすると，式(13.12)と(13.13)より，

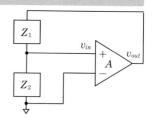

$$Z_1 = R_1 + \frac{1}{j\omega C_1}, \qquad Z_2 = \frac{1}{(1/R_2) + j\omega C_2} = \frac{R_2}{1 + j\omega R_2 C_2}$$

そして，電圧変化分に着目した右の等価回路において，分圧の関係から，オペアンプの入力 v_{in} は出力 v_{out} により次のように表され，帰還率 β が求まる．

$$v_{in} = \frac{Z_2}{Z_1 + Z_2} v_{out} = \frac{\dfrac{R_2}{1 + j\omega R_2 C_2}}{R_1 + \dfrac{1}{j\omega C_1} + \dfrac{R_2}{1 + j\omega R_2 C_2}} v_{out}$$

$$= \frac{R_2}{\left(R_1 + \dfrac{1}{j\omega C_1}\right)(1 + j\omega R_2 C_2) + R_2} v_{out} = \beta v_{out}$$

したがって，ループ利得 $A\beta$ を求めると，

$$A\beta = \frac{AR_2}{\left(R_1 + \dfrac{1}{j\omega C_1}\right)(1 + j\omega R_2 C_2) + R_2} = \frac{A}{1 + \dfrac{R_1}{R_2} + \dfrac{C_2}{C_1} + j\left(\omega C_2 R_1 - \dfrac{1}{\omega C_1 R_2}\right)}$$

この式を用いて，周波数条件を求めると $\omega_{osc} C_2 R_1 - 1/\omega_{osc} C_1 R_2 = 0$ より，

$$\omega_{osc} = \frac{1}{\sqrt{R_1 R_2 C_1 C_2}}$$

となる．したがって，ウィーンブリッジ発振回路と同じ周波数で発振する．C と R で発振周波数が決まっているので当然である．また，電力条件より定常発振時には $A/[1 + (R_1/R_2) + (C_2/C_1)] = 1$ となる．したがって，

$$A = 1 + \frac{R_1}{R_2} + \frac{C_2}{C_1}$$

が電圧利得 A に求められる条件である．

　この演習問題 **(1)** の発振回路を**ターマン発振回路**という．ウィーンブリッジ発振回路は，このターマン発振回路に抵抗（R_a, R_b）で帰還をかけて電圧利得を調整可能としたものである．一般的にオペアンプのオープンループ利得 A はコントロールしにくいので，ウィーンブリッジ発振回路のほうが実用的といえる．

(2) オペアンプの出力からみた LC 並列共振回路のインピーダンス Z は

$$Z=j\omega L_2 /\!\!/\left(j\omega L_1+\frac{1}{j\omega C}\right)=\frac{j\omega L_2(1-\omega^2 CL_1)}{1-\omega^2 C(L_1+L_2)}$$

また，帰還回路の利得 β は，図における分圧の式より，

$$\beta=\frac{Z}{Z+R}\cdot\frac{j\omega L_1}{j\omega L_1+\frac{1}{j\omega C}}=\frac{1}{1+R\frac{1-\omega^2 C(L_1+L_2)}{j\omega L_2(1-\omega^2 CL_1)}}\cdot\frac{-\omega^2 CL_1}{1-\omega^2 CL_1}$$

$$=\frac{\omega^3 CL_1L_2}{\omega L_2(\omega^2 CL_1-1)+jR[1-\omega^2 C(L_1+L_2)]}$$

また，反転増幅回路の電圧利得 A は $A=-R_2/R_1$ となる．したがって，ループ利得 $A\beta$ は，

$$A\beta=-\frac{R_2}{R_1}\cdot\frac{\omega^3 CL_1L_2}{\omega L_2(\omega^2 CL_1-1)+jR[1-\omega^2 C(L_1+L_2)]}$$

これより，周波数条件は，発振角周波数 ω_{osc} として

$$1-\omega_{osc}{}^2 C(L_1+L_2)=0$$

となり，ω_{osc} は

$$\omega_{osc}=\sqrt{\frac{1}{C(L_1+L_2)}}$$

となる．また，電力条件により，

$$-\frac{R_2}{R_1}\cdot\frac{\omega_{osc}{}^3 CL_1L_2}{\omega_{osc}L_2(\omega_{osc}{}^2 CL_1-1)}=-\frac{R_2}{R_1}\cdot\frac{CL_1L_2}{CL_1L_2-L_2/\omega_{osc}{}^2}=-\frac{R_2}{R_1}\cdot\frac{CL_1L_2}{CL_1L_2-L_2C(L_1+L_2)}$$

$$=\frac{R_2}{R_1}\cdot\frac{L_1}{L_2}=1$$

となるので，次の関係が得られる．

$$R_1L_2=R_2L_1$$

(**3**) オペアンプの仮想接地により，図のような回路となる．

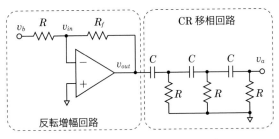

仮想短絡（バーチャルショート）において，片側の入力端子が接地されているとき，仮想接地といいます．

まず，CR 移送回路のインピーダンスから，帰還率 β を求めると，

CR 移送回路の β はキルヒホッフの法則で地道に解くしかありません．

$$\beta=\frac{v_a}{v_{out}}=\frac{(\omega CR)^3}{(\omega CR)^3-5\omega CR-j[6(\omega CR)^2-1]}$$

また，反転増幅回路の電圧利得 A は $A=-R_f/R$ となるので，ループ利得 $A\beta$ は

$$A\beta=-\frac{R_f}{R}\cdot\frac{(\omega CR)^3}{(\omega CR)^3-5\omega CR-j[6(\omega CR)^2-1]}$$

周波数条件より，$6(\omega_{osc}CR)^2-1=0$ となり，発振角周波数 ω_{osc} は，

$$\omega_{osc} = \frac{1}{\sqrt{6}\,CR}$$

また，電力条件より

$$\left| -\frac{R_f}{R} \cdot \frac{(\omega_{osc}CR)^3}{(\omega_{osc}CR)^3 - 5\omega_{osc}CR} \right| \geq 1$$

となるので，

$$\left| \frac{R_f}{R} \cdot \frac{(1/\sqrt{6})^3}{(1/\sqrt{6})^3 - 5(1/\sqrt{6})} \right| \geq 1$$

から，$R_f/R \geq 29$ となる.

　この演習問題（3）の発振回路を **CR 移相型発振回路**という．9.2 節で説明したとおり，CR のハイパスフィルタの 1 段で位相が最大 90° 進む．CR 移相回路はハイパスフィルタを 3 段に構成したもので，180° の位相の進みを図る．そして，位相が 180° 進んだ信号を反転増幅回路に帰還することによって，正帰還発振を実現する．ここでは CR 移相回路を使用したが，ローパスフィルタを 3 段にした RC 移相回路として，位相を 180° 遅らせるようにしてもかまわない．

第14章　CMOS デジタル回路

（1）例として，NAND 回路 3 つとインバータ回路 1 つで構成したセレクタ回路を示す.

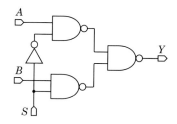

（2）図に示す通り．各 FF で入力を 2 分周すればよい.

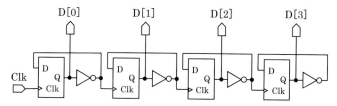

　D[0] を最下位ビット（LSB），D[3] を最上位ビット（MSB）にしている.

（3）図に示す通り．表より D[0] は 4 分周，D[1] は 8 分周，D[2] と D[3] は 16 分周である．D[3] は，バイナリーコードの D[3] と同じ動作である．各出力 D[3:0] の出力タイミングを考えて FF を設ける.

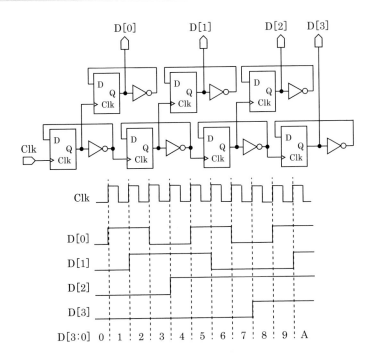

(4) グレイコードは隣接する値へ変化する際に，常に1ビットしか変化しない．そのため，データ読み出し時におけるタイミング誤差を最小限に抑えることができる．

参 考 文 献

（1）谷口研二：『LSI 設計者のための CMOS アナログ回路入門』，CQ 出版社，2005.

（2）Giuseppe Massobrio and Paolo Antognetti: "Semiconductor Device Modeling with SPICE," McGRAW-HILL, 1998.

（3）永田　真　編著：『アナログ電子回路』，オーム社，2017.

（4）松澤　昭：『はじめてのアナログ電子回路』，基礎回路編，講談社，2016.

（5）藤井信生：『アナログ電子回路－集積回路化時代の－』，昭晃堂，1984. オーム社，2017. 第 2 版，オーム社，2019.

（6）渡部英二　監修：『基礎からわかる電子回路講義ノート』，オーム社，2017.

（7）庄野和宏：『合点！　トランジスタ回路超入門』，CQ 出版社，2012.

（8）藤本　晶：『基礎電子工学』，森北出版，2012.

（9）Behzad Razavi 著，黒田忠広　訳：『アナログ CMOS 集積回路の設計』，基礎編，応用編，丸善出版，2003.

（10）株式会社東芝：『バイポーラトランジスタ Application Note』，2018.

（11）渋谷道雄：『回路シミュレータ LTspice で学ぶ電子回路』，第 3 版，オーム社，2019.

（12）佐藤和也，平元和彦，平田研二：『はじめての制御工学』，改訂第 2 版，講談社，2018.

索　引

〈著者略歴〉

吉 河 武 文 （よしかわ　たけふみ）

富山県立大学 工学部 電子・情報工学科　教授
博士（工学）（神戸大学），経営学修士（MBA）（神戸大学）
1988 年　同志社大学 工学部 電子工学科 卒業
1988 年　日本アイ・ビー・エム株式会社 野洲研究所
1997 年　松下電器産業株式会社（現パナソニック）半導体研究センター
2008 年　神戸大学大学院 自然科学研究科 博士後期課程 修了　博士（工学）
2013 年　神戸大学大学院 経営学研究科 修士課程 修了　経営学修士（MBA）
2015 年　長野工業高等専門学校 電子制御工学科 教授
2018 年より現職.

三 木 拓 司 （みき　たくじ）

神戸大学大学院 科学技術イノベーション研究科　特命准教授
博士（工学）
2006 年　立命館大学大学院 修士課程修了
2006 年　松下電器産業株式会社（現パナソニック）本社 R&D 部門 戦略半導体開発セ
　　　　ンター
2017 年　神戸大学大学院 システム情報学研究科 博士課程修了　博士（工学）
2017 年より現職.

等価回路でしっかり理解！

詳解　電子回路

2021 年 8 月 25 日　　第 1 版第 1 刷発行

著　　者　吉河武文・三木拓司
発 行 者　村 上 和 夫
発 行 所　株式会社 オーム社
　　　　　郵便番号　101-8460
　　　　　東京都千代田区神田錦町 3-1
　　　　　電話　03(3233)0641(代表)
　　　　　URL　https://www.ohmsha.co.jp/

© 吉河武史・三木拓司 2021

印刷　中央印刷　　製本　協栄製本
ISBN978-4-274-22734-9　Printed in Japan

本書の感想募集　https://www.ohmsha.co.jp/kansou/

本書をお読みになった感想を上記サイトまでお寄せください．
お寄せいただいた方には，抽選でプレゼントを差し上げます．

こだわりが
沢山ありますよ

僕たちが
大活躍！

シリーズのご紹介

 大特長

1 広く浅く記述するのではなく，
必ず知っておかなければならない事項について
やさしく丁寧に，深く掘り下げて解説しました

2 各節冒頭の「キーポイント」に
知っておきたい事前知識などを盛り込みました

3 より理解が深まるように，
吹出しや付せんによって補足解説を盛り込みました

4 理解度チェックが図れるように，
章末の練習問題を難易度3段階式としました

基本からわかる **電子回路講義ノート**
● 渡部 英二　監修／工藤 嗣友・高橋 泰樹・水野 文夫・吉見 卓・渡部 英二　共著
● A5判・228頁　● 定価(本体2500円【税別】)

基本からわかる **ディジタル回路講義ノート**
● 渡部 英二　監修／安藤 吉伸・井口 幸洋・竜田 藤男・平栗 健二　共著
● A5判・224頁　● 定価(本体2500円【税別】)

基本からわかる **電磁気学講義ノート**
● 松瀬 貢規　監修／市川 紀充・岩崎 久雄・澤野 憲太郎・野村 新一　共著
● A5判・234頁　● 定価(本体2500円【税別】)

基本からわかる **信号処理講義ノート**
● 渡部 英二　監修／久保田 彰・神野 健哉・陶山 健仁・田口 亮　共著
● A5判・184頁　● 定価(本体2500円【税別】)

基本からわかる **システム制御講義ノート**
● 橋本 洋志　監修／石井 千春・汐月 哲夫・星野 貴弘　共著
● A5判・248頁　● 定価(本体2500円【税別】)

基本からわかる **電気電子材料講義ノート**
● 湯本 雅恵　監修／青柳 稔・鈴木 薫・田中 康寛・松本 聡・湯本 雅恵　共著
● A5判・232頁　● 定価(本体2500円【税別】)

基本からわかる **電気回路講義ノート**
● 西方 正司　監修／岩崎 久雄・鈴木 憲史・鷹野 一朗・松井 幹彦・宮下 收　共著
● A5判・256頁　● 定価(本体2500円【税別】)

もっと詳しい情報をお届けできます．
◎書店に商品がない場合または直接ご注文の場合even
右記宛にご連絡ください．

ホームページ https://www.ohmsha.co.jp/
TEL／FAX TEL.03-3233-0643 FAX.03-3233-3440

(定価は変更される場合があります)